高职高专教改系列教材

农村饮水安全工程建设与运行管理

主　编　吴长春　唐祥胜
副主编　朱建华　涂有笑　王中雅　刘　磊

中国水利水电出版社
www.waterpub.com.cn

内 容 提 要

本书分为4个单元和1个工程实例。单元一简要介绍了农村饮水安全的基本知识，包括饮水安全与健康、农村饮用水源污染与卫生防控、农村饮水安全标准、农村饮水安全工程卫生学评价与饮水安全计划（WSPS）等内容；单元二对农村饮水安全工程规划与设计进行了详细论述，包括农村饮水安全工程规划与设计基本要求、供水系统设计、供水处理工艺设计、供水输配水系统设计等内容，并穿插了多个工程实例；单元三重点论述了农村饮水安全工程施工，包括供水工程构筑物施工和管网工程施工；取水构筑物施工、水池施工、构筑物渗漏检测、管道及其特殊施工、地下工程交叉施工、阀门及仪表的安装、水泵的安装及电气设备安装等；单元四讲述农村饮水安全工程运行管理与维护的有关内容，包括水源及取水构筑物的管理与维护、净水及调节构筑物的运行管理、供水管网的运行管理、主要机电设备运行管理等；附录以某集中供水工程为例，系统介绍了工程设计的基本步骤和设计内容。

本书可作为高等院校水利类专业的教材，也可供从事农村水利工程技术人员参考。

图书在版编目（CIP）数据

农村饮水安全工程建设与运行管理 / 吴长春，唐祥胜主编. -- 北京 : 中国水利水电出版社，2014.8(2024.7重印).
高职高专教改系列教材
ISBN 978-7-5170-2435-4

Ⅰ. ①农… Ⅱ. ①吴… ②唐… Ⅲ. ①农村给水一饮用水一给水工程一高等职业教育一教材 Ⅳ. ①TU991.2

中国版本图书馆CIP数据核字(2014)第201212号

书　　名	高职高专教改系列教材 **农村饮水安全工程建设与运行管理**
作　　者	主　编　吴长春　唐祥胜 副主编　朱建华　涂有笑　王中雅　刘　磊
出版发行	中国水利水电出版社 （北京市海淀区玉渊潭南路1号D座　100038） 网址：www.waterpub.com.cn E-mail：sales@mwr.gov.cn 电话：(010) 68545888（营销中心）
经　　售	北京科水图书销售有限公司 电话：(010) 68545874、63202643 全国各地新华书店和相关出版物销售网点
排　　版	中国水利水电出版社微机排版中心
印　　刷	天津嘉恒印务有限公司
规　　格	184mm×260mm　16开本　13.5印张　320千字
版　　次	2014年8月第1版　2024年7月修订　2024年7月第2次印刷
印　　数	2001—3000册
定　　价	**45.00**元

修订前言

“民以食为天，食以水为先。”习近平总书记始终关心农村供水问题，提出“要让农村人口喝上放心水，不能把饮水不安全问题带入小康社会”。党的十八大以来，数以万计的农村饮水安全工程在中华大地上全面铺开。翻山越岭的管网，见证着要让所有农村人口喝上放心水的决心和意志。

深刻认识农村饮水安全保障是巩固脱贫成果、推动乡村振兴的重要标志，建立健全从水源到水龙头的全链条全过程农村饮水安全保障体系。坚持问题导向和目标导向，因地制宜、分类施策，优先推进城乡供水一体化、集中供水规模化，加强小型供水工程规范化建设和改造，健全完善运行管理体制机制，强化农村供水工程标准化、规范化、专业化管理，推动农村供水高质量发展，保障工程长久稳定运行，确保农村群众饮水安全，不断提升农村群众的获得感、幸福感、安全感。到2035年，农村供水工程体系、良性运行的管护机制进一步完善，基本实现农村供水现代化。

教材事关国家和民族的前途命运，教材建设必须坚持正确的政治方向和价值导向。本书坚持党的二十大精神，全面贯彻党的教育方针，落实立德树人根本任务，为党育人，为国育才，弘扬劳动光荣、技能宝贵、创造伟大的时代风尚。

本书是水利工程类专业专业能力提升项目改革成果之一。以习近平新时代中国特色社会主义思想为指导，贯彻落实《中华人民共和国职业教育法》、《国家职业教育改革实施方案》、《高等职业学校专业教学标准》和全国职业教育大会精神，以学生能力培养为主线，以实际工程案例为载体，以工作任务为导向，根据最新规范，结合安徽省的农村饮水实际情况和工程实践编制而成。编写中践行“三教”改革，注重真实工作场景与过程，具有鲜明的时代特点，体现出实用性、实践性、创新性，是一部紧密联系工程实际，面向高职高专水利工程类专业教学的教材。

全书共14个项目，编写人员及分工如下：安徽水利水电职业技术学院吴长春编写项目一～项目四，项目五、项目十一～项目十三由安徽水利水电职业技术学院王中雅编写，项目六由安徽水利水电职业技术学院唐祥胜编写，项目七和项目八由安徽水利水电职业技术学院涂有笑编写，项目九和项目十由长丰县重点工程建设管理中心朱建华编写，项目十四和附录由安徽水利水电职业技术学院刘磊编写。全书由安徽水利水电职业技术学院吴长春担任主编并统稿。由安徽水利水电职业技术学院毕守一教授担任主审。

本书编写过程中，兄弟院校的相关领导和老师提出了许多宝贵意见，同时得到了安徽省农村饮水安全技术中心、安徽省水利水电勘测设计研究总院股份有限公司和安徽水安建设集团股份有限公司等单位的大力帮助，并参考了很多著作、教材，对提供帮助的同仁及资料、著作、教材的作者，在此一并致以最诚挚的感谢。

由于编者水平有限，不足之处在所难免，恳请广大师生和读者对书中存在的缺点和疏漏，提出批评指正，编者不胜感激。

编者

2024 年 6 月

前言

水是生命之源，饮用水是人类生存和发展的基本需求。安全可靠的农村饮用水直接关系到农村居民的身心健康和生活质量，关系到农村社会稳定与经济发展，关系到全面建成小康社会和社会主义新农村目标的实现。党中央、国务院高度重视农村饮水安全，我国政府已承诺下决心解决农村饮水安全问题，在2015年前为3亿农村人口提供安全饮用水。

目前，相当多的农村饮水工程设计不符合规范要求、施工质量差，管理工作跟不上，导致供水水质不达标，有些工程管理困难、操作复杂、使用成本高，供水工程不能正常发挥效益。加强村镇供水工程建设和运行管理是当前我国农村饮水安全工程持续发展的关键所在。

本书是水利类专业专业能力提升项目改革成果之一，是在SL 310—2004《村镇供水工程技术规范》、GB 5749—2006《生活饮用水卫生标准》、GB 50013—2006《室外给水设计规范》等规范的基础上，结合安徽省的实际情况和工程实践编制而成。编写中注重真实工作场景与过程，体现水利行业人才需求的特点，突出基本技能，力求做到“综合性、实际性、可操作性”，也突出了“以就业为导向、以岗位为依据、以能力为本位”的思想，既做到了理论知识全面系统，又考虑到了“必需、够用”的原则，使学生毕业后基木具备从事农村饮水工程一线施工建设管理的工作能力。

本书共由14个学习项目、43个任务构成，由以下人员编写完成：项目一～项目四由安徽水利水电职业技术学院吴长春编写，项目五、项目六、项目八由安徽水利水电职业技术学院唐祥胜编写，项目七由安徽水利水电职业技术学院李宏明编写，项目九和项目十由安徽省长丰县重点工程建设管理局朱建华编写，项目十一～项目十四由安徽长江职业学院毕金龙编写。全书由安徽水利水电职业技术学院吴长春主编并统稿，由安徽水利水电职业技术学院毕守一教授主审。

本书在编写过程中，专业建设团队老师提出了许多宝贵意见，学院及水利系领导也给予了大力支持，同时还得到了安徽农村饮水管理总站、安徽水利水电勘测设计院和安徽水利股份公司的积极参与和大力帮助，在此表示最诚挚的感谢。本教材引用了大量的规范、专业文献和资料，恕未在本书中一一标明，在此对有关作者表示诚挚的谢意。

本书内容体系是编者首次尝试，可能会有很多不妥之处，由于作者水平有限，不足之处在所难免，恳请广大师生和读者对书中存在的缺点和疏漏，提出批评和指正，以便在使用中不断更新和完善。

编者

2014年3月

目 录

单元一

农村饮水安全的基本知识

项目一 饮水安全与健康

生命起源于水，水是一切细胞和生命组织的重要成分，是构成自然界一切生命的重要物质基础。水是构成人体最主要的材料。人体的各种生理功能都是在水的参与下才能进行或实现，没有水就没有人体和人体器官的运动，也就没有人的生命。人可以一日无粮，但不能一日无水。人的健康与长寿，和其日常饮用水的品质以及饮水习惯有密切的关系。

我国居民健康饮水知识缺乏，有健康饮水行为的比例很低。例如，喝水量偏少，喝水时机不合适，不会消除瓶装水或桶装水的二次污染。尤其是农民不懂得饮水与环境卫生的关系，村庄存在垃圾随意堆放、污水随意排放；家庭的庭院和厨房卫生率很低，厕所位置与卫生状况不好等情况。但大多数人懂得喝水对健康有益，同时饮水不足时大多数人会产生各种不适的感觉。

任务一 饮水安全与健康

一、饮水与健康

水是生命之源，世界上最早的生命就是诞生于水中，在成人的组织中水的比重约占70%，中年人的组织中水的比重约占60%，老年的组织中水的比重占50%，其中血液里的占90%，脑组织里占85%，肌肉里占75%，骨骼里占50%，而新生儿体内的水可高达80%～90%。如果人体中水的比重低于50%，人的生命就会受到危险。

人体大约每天肾脏排尿1.5kg，加上皮肤蒸发、肺呼吸和粪便排出，人体每天排水大约2.5kg，要维持生命，达到水平衡，正常人每天需要摄入水分2.5kg。其中一日三餐混合膳食中补充水分约1kg，体内营养物质氧化产生代谢大约0.3kg，其余1.2kg，则需要通过饮水来补充。

安全饮用水指的是一个人终身饮用，也不会对健康产生明显危害的饮用水。根据世界卫生组织的定义，所谓终身饮用是按人均寿命70岁为基数，以每天每人2L饮水计算。安全饮用水还应包含日常个人卫生用水，包括洗澡用水、漱口用水等。如果水中含有害物质，这些物质可能在洗澡、漱口时通过皮肤接触、呼吸吸收等方式进入人体，从而对人体健康产生影响。

饮用水的基本卫生要求是：无致病微生物；不含对人体有害的化学物质；透明、无色；无异味和异臭等。可以通过看水中是否有可见物，闻水中是否有异味，摸水是否有稠度，来自我检查饮用水水质是否安全。当然，水质是否安全，最稳妥的办法还是请有资质的水质检测中心对水进行全面的化验。

水对人的健康来说很重要，但是现在我国的水质受到严重的污染。中国科学院1996年发布的国情研究报告指出：中国532条河流的污染状况进行的调查表明，已有436条河流受到不同程度的污染。中国湖泊达到富营养水平的已超过63.6%。在中国人口密集的地区、湖泊、水库已经全部受到了污染。

由于水质的污染，污水已成为人类健康的隐形杀手，世界卫生组织（WHO）调查显示：全世界80%的疾病是由于饮用水被污染造成的；全世界50%儿童的死亡是由于饮用水被污染造成的；全世界每年有2500万儿童，死于饮用被污染的水引发的疾病；全世界12亿人因饮用被污染的水而患上多种疾病。

饮用水质不达标的水，容易引发腹泻、霍乱、伤寒、肝炎、痢疾等传染病和氟中毒、砷中毒等地方病。

二、农村饮水安全的基本概念

依据《农村饮水安全评价准则》（T/CHES 18—2018），评价指标包括水量、水质、用水方便程度和供水保证率4项，4项指标全部达标才能评价为安全，4项指标中全部基本达标或基本达标以上才能评价为基本安全，只要有1项未达标或未基本达标，就不能评价为安全或基本安全。

表1-1　农村饮水安全指标评价标准和方法

评价指标	评价标准和方法	
	达　标	基本达标
水量	对于年均降水量不低于800mm且年人均水资源量不低于1000m³的地区，水量不低于60L/(人·d)；对于年均降水量不足800mm或年人均水资源量不足1000m³的地区，水量不低于40L/(人·d)	对于年均降水量不低于800mm或年人均水资源量不低于1000m³的地区，水量不低于35L/(人·d)；对于年均降水量不足800mm或年人均水资源量不足1000m³的地区，水量不低于20L/(人·d)
水质	千吨万人供水工程的用水户，水质符合GB 5749的规定；千吨万人以下集中式供水工程及分散式供水工程的用水户，水质符合GB 5749中农村供水水质宽限规定	对于当地人群肠道传染病发病趋势保持平稳、没有突发的地区，在不评价菌落总数和消毒剂指标的情况下，千吨万人供水工程的用水户，水质符合GB 5749的规定；千吨万人以下集中式供水工程的用水户，水质符合GB 5749中农村供水水质宽限规定；分散式供水工程的用水户，饮用水中无肉眼可见杂质、无异色异味、用水户长期饮用无不良反应
用水方便程度	供水入户（含小区或院子）或具备入户条件；人力取水往返时间不超过10min，或取水水平距离不超过400m，垂直距离不超过40m	人力取水往返时间不超过20min，或取水水平距离不超过800m、垂直距离不超过80m。牧区，可用简易交通工具取水往返时间进行评价
供水保证率	≥95%	≥90%，且≤95%

1. 4项指标全部达标才能评价为安全；4项指标中全部基本达标或基本达标以上才能评价为基本安全。只要有1项未达标或未基本达标，就不能评价为安全或基本安全。
2. 以上评价标准和方法为简化表述，详细内容以标准正文为准。

任务二 我国农村饮水安全状况

党的十八大以来，打赢农村饮水安全脱贫攻坚战，持续推进巩固拓展脱贫攻坚成果同乡村振兴有效衔接，取得重大成就。

一、农村饮水建设取得的成果

（一）我国农村饮水以往情况

2006年8月至2007年11月，全国爱卫会、卫生部联合组织开展了全国农村饮用水与环境卫生现状调查，调查评估结果显示：

全国农村饮水不安全人口3.23亿，占农村人口的34%。其中饮水水质不安全的有2.27亿人，占全国农村饮水不安全人口的70%，其他30%为水量、方便程度或保证率不达标人口。

在饮水水质不安全人口中，饮用水氟砷含量超标的有5370万人，占水质不安全人口的23%；饮用苦咸水的有3850万人，占水质不安全人口的17%；饮用水中铁锰等超标的有4410万人，占水质不安全人口的19%；饮用水源被严重污染涉及人口9080万人，占水质不安全人口的40%。

从分布来看，农村饮用高氟水人口主要分布在华北、西北、华东地区，80%的高氟水人口分布在长江以北。长期饮用高氟水，可引起地方性氟中毒，出现氟斑牙和氟骨症，重者造成骨质疏松、骨变形，甚至瘫痪，丧失劳动能力。

农村饮用高砷水人口主要分布在内蒙古、山西、新疆、宁夏和吉林等地。长期饮用砷超标的水，造成砷中毒，导致皮肤癌和多种内脏器官癌变。

农村饮用苦咸水人口主要分布在长江以北的华北、西北、华东等地区。长期饮用苦咸水导致胃肠功能紊乱、免疫力低下，诱发和加重心脑血管疾病。

农村饮用污染地表水的人口主要分布在南方，饮用污染地下水的人口主要分布在华北、中南地区。饮用水源污染，造成致病微生物及其他有害物质含量严重超标，易导致疾病流行，有的地方还因此暴发伤寒、副伤寒以及霍乱等重大传染病，个别地区癌症发病率居高不下。

近年来，南方局部地区血吸虫病疫情回升，疫区群众因生产和生活需要频繁接触含有血吸虫尾蚴的疫水，造成反复感染发病，严重威胁人民群众的身体健康和生命安全。

（二）现阶段取得的成果

据水利部统计，到2023年底，农村自来水普及率达到90%，九成的农民都喝上了自来水，规模化供水工程覆盖农村人口比例达到60%。困扰亿万农民祖祖辈辈吃水难的问题历史性地得到解决，推进农村供水高质量发展。

一是打赢了农村饮水安全脱贫攻坚战。到2020年底全面解决了1710万贫困人口的饮水安全问题，妥善解决了1095万农村人口饮用高氟水、苦咸水的问题。在应对2022年长江流域干旱等自然灾害过程中，全力保障农村群众的饮水安全。

二是持续推进农村供水工程建设。10年来，累计完成工程建设投资达到5556亿元，解决了1.3亿农村居民的饮水安全问题，巩固提升了5.1亿农村人口的保障水平。到

2023 年底，全国建成农村供水工程 563 万处，供水服务人口达到 8.7 亿。

三是积极探索创新资金筹措模式。在各级财政投入的同时，指导地方两手发力，多渠道筹措资金开展了农村供水工程建设。近三年共落实资金 3049 亿元用于农村供水工程建设，其中地方政府专项债券、金融信贷和社会资本等投资占比接近 80%。

四是建立健全管理体系，落实农村饮水安全“三个责任”“三项制度”农村集中供水工程全面定价收费，中央财政安排维修养护补助资金，支持地方加强农村供水工程的维养。

项目二　农村饮用水源污染与卫生防控

任务一　农村饮水污染源

水体污染是指人类活动排放的污染物进入水体，使水及水体底质的理化特性和水环境中的生物特性、组成发生改变，从而影响水的有效利用，造成水质恶化，危害人体健康或破坏生态环境的现象。引起水体污染的污染物主要来自生产或生活活动，除此以外，在某些地区，自然因素也可引起水质某些成分的改变，如黄河某些河段的水砷含量较高，我国北方一些地区水氟含量较高。但一般水体污染主要是指人为的污染。

水体污染源的种类是多种多样的，常见的分类方法是按其来源和污染物进入水体的方式而定。按其来源可分为以下几类。

一、工业废水

它的特点是水质和水量因生产品种、工艺和生产规模等的不同差别很大。如钢厂每炼1t钢排出约200～250t废水，其中主要含无机物；而造纸厂生产1t纸约需250～500t水，其中主要含有机物。另一特点是：除冷却水外，都含有生产原料、中间产品和终产品。对水体污染影响较大的工业废水主要来自冶金、化工、电镀、造纸、印染、制革等企业。

二、生活污水

居民日常生活中产生的废水，其中主要为粪尿和洗涤污水，水中含有机物及肠道病原菌、病毒和寄生虫卵等。粪便是生活污水中氮的主要来源。近年来大量使用含磷洗涤剂，使污水磷的含量显著增加，从而生活污水为水生植物提供了大量的营养物质，导致相当部分的地面水源（湖和河水等）产生严重的富营养化，受到藻类的污染。雨雪淋洗城市大气中的污染物和冲淋建筑物、地面、废渣、垃圾而形成的城市径流，也是生活污水的组成部分。来自医疗单位的污水，包括病人的生活污水和医疗废水，含有大量的病原体及各种医疗、诊断用的物质，是一类特殊的生活污水。

三、农业污水

农业污水指农牧业生产排出的污水及雨水或灌溉水流过农田表面后或经农田渗漏排出的水。农业污水主要含有氮、磷、钾等化肥，各种农药，粪尿等有机物，人畜肠道病原体及一些难溶性固体和盐分等。

按照污染物进入水体的方式可分为以下几种。

1. 点污染源

点污染源指的是通过沟渠管道集中排放的污染源。它们有固定的排放点，排放量和浓度随生产、生活活动有规律性的周期变化。

2. 面污染源

进入水体的污染物由广大的流域面积上或从一个城市区域汇集而来。它没有固定的排放点，排放量和浓度随降雨而有变化。它主要来源于农业生产、城镇径流、大气的干沉降和湿沉降以及矿藏的开采等。

近年来一些工业发达国家针对集中点源的污染，兴建了大量城镇、工业废水处理厂，但有些地区改善水环境质量的成效不大，因为有时是非点源污染起了重要作用。所谓非点源污染即是指不集中的、分散的面源污染。

任务二　水中的杂质及处理

一、微粒物质

微粒物质包括泥沙、铁锈、藻类、悬浮物、微纤维等微粒杂质，肉眼可见。这些微粒常常悬浮在水流之中，水产生的浑浊现象。这些微粒很不稳定，可以通过沉淀和过滤而除去。水在静置的时候，重的微粒（主要是沙子和黏土一类的无机物质）会沉下来。轻的微粒（主要是动植物及其残骸的一类有机化合物）会浮于水面上，用预沉，过滤等分离方法可以除去。

微粒物质是造成浊度、色度、气味的主要来源。自来水、二次供应的自来水、江河湖泊水中均可能存在。

二、胶体物质

胶体物质是比离子物质大而比颗粒物质小、直径在 $10^{-4}\sim10^{-6}$mm 之间的微粒。胶体是许多分子和离子的集合物。天然水中的无机矿物质胶体主要是铁、铝和硅的化合物。水中的有机胶体物质主要是植物或动物的肢体腐烂和分解而成的腐殖物。其中以湖泊水中的腐殖质含量最多，因此常常使水呈黄绿色或褐色。

胶体颗粒不能借重力自行沉降而去除，一般是在水中加入药剂破坏其稳定，使胶体颗粒增大而沉降予以去除。地表水或地下水都可能存在胶体物质。

三、离子物质

离子包括阳离子和阴离子。阳离子如钙离子、镁离子、铁离子等；阴离子如氯离子、硫酸盐离子、磷酸盐离子等。离子物质通常易溶于水中，溶解物质可以用离子交换或除盐等方法予以去除。

四、不反应的溶解气体

如空气中的氮气等。

五、可反应的溶解气体

天然水中常见的溶解气体有氧气、二氧化碳、有时还有硫化氢、二氧化硫、氮气和氨（NH_3）等。这些溶解于水中的气体，大都对金属有腐蚀作用，是引起水系统金属腐蚀的重要因素。

空气中的二氧化碳对纯水影响最大。二氧化碳存在于空气中并很容易溶于水中，使水质呈酸性，即 pH 值低于 7。水质越纯，越易受空气的影响，影响主要表现为 pH 值、电导（阻）率。

六、微生物

主要指水中的细菌含量。

七、热源

热源又称细菌内毒素，主要用于医药用水特别是注射用水时需考量热源的含量控制。实验室中有细胞培养等生物方面的应用时，对热源用含量控制要求。

八、有机物质

水中的有机物质主要是指腐殖酸、生活污水和工业废水的污染物。腐殖物质是水生生物一类的生命活动过程的产物。这些有机物污染着水体，并使水质恶化。

水中的有机物有个共同特点，就是要进行生物氧化分解，需要消耗水中的溶解氧，而导致水中缺氧。同时会发生腐败发酵，使细菌滋长，恶化水质，破坏水体；工业用水的有机污染，还会降低产品的质量。有机物是引起水体污染的主要原因之一。

地表水中有机物含量通常高于地下水中的含量。

九、残留消毒剂

自来水公司为控制水中的细菌含量，会添加消毒剂来控制总细菌数。常用的消毒剂为含氯制剂，当氯加到水中会产生含氧化性极强的化合物如余氯，起到消毒杀菌的作用。

对于采用反渗透技术的水处理设备而言，氧化性极强的余氯会对 RO 膜造成很大的损伤，因此在预处理中必须严格去除。常用活性炭吸附去除。

任务三　农村饮水水源卫生防控

保护农村饮用水源、确保农村饮用水安全是农村水环境保护的首要任务。目前，全国大多数城市对饮用水源保护区作了划分，建立了一大批水源保护区，并积极开展了水源地的污染防治工作，制定了一系列饮用水源保护的法规和条例。但目前缺乏专门针对农村饮用水源保护的法律法规，还没有针对农村饮用水源保护区的划分标准；虽有的地方在城市饮用水源保护法律法规中也涉及部分农村饮用水源保护的相关内容，但对因农村饮用水源变化引起保护区范围变化的科学论证工作相对滞后；对饮用水源如何保护缺少相应的规划和科学研究；对水源地源头周围污染源情况掌握和管理有滞后现象，缺少水源地日常动态管理系统、污染源动态档案系统和应急处理系统。

确保农村饮用水源卫生，保障农民用上足量安全的水，其根本措施就是构建科学合理的供水工程、控制和治理环境污染。对于农村地区，要合理开发、充分利用当地水资源，加快以雨水集蓄利用为重点的微型蓄水工程建设。污染一般是由人类活动带来的，对于农村饮用水源来说，主要是生活废弃物和工业“三废”引起的污染。这其中既有管理不善的问题，也有目前技术水平无法解决的问题，还包括生活习惯不良等因素。

由于土壤岩性、生活垃圾、卫生条件、农药化肥和工业废水肆意排放等因素造成了饮用水源地污染。针对于此，应制定和执行相应的保障饮用水源地安全的对策与措施。

1. 选择不易污染的水源

水源的选择应从技术和经济两方面综合考虑。由于地表水易受到工业废水、农灌尾水不同程度的污染，因此以地表水为饮用水水源会增加水质净化的难度。在同等条件下，地下水源不易受污染，易于防护，卫生条件好，宜优先选择水质符合要求的地下水。只有当地下水短缺或水中含氟、铁等物质过高、水味苦咸或遭受工业有害废弃物严重污染致使水质恶化时才应考虑地表水。

2. 严把水源工程关

确保水源水质符合国家饮水卫生标准，应建立坚持在水源工程开工前检验相关水源水质的制度，并尽量采用全封闭水源构筑物，避免污染物直接污染。

3. 加强水源卫生防护

作为生活饮用水的水源，应设置卫生防护地带，划分不同的水源保护区，并规定相应的保护措施。

4. 强化水质监测

加强对供水水源地的监测工作。为了防止水的污染，建立健全严格的水质检验制度。水源水质监测的目的是为了及时全面掌握水源水质的动态变化特征，为水源水质的准确评价和水源的合理开发利用以及水源污染防治提供准确可靠的数据依据。水源水质监测与评价应包括监测点的布置、监测项目、监测时间、监测频率的确定、监测方法的选择和水质评价等内容。其中具体监测项目可针对不同水源，按水源环境质量标准及水源污染的实际情况加以确定。

5. 制定农村饮用水源保护的专门法规

应总结国内外的饮用水源地管理经验，颁布不同类型水源地保护区划分和管理办法、水源地监测信息管理和发布规定，分层次建立保障农村饮用水源地安全的法制监管体系。通过建立和完善地方农村饮用水源地法规体系，为保护和合理开发利用农村饮用水资源、防治水污染提供法律保障。

6. 制定科学合理的农村饮用水源保护规划

社会和经济发展与饮用水源保护关系密切，良好的环境和水源是经济发展的必要条件，社会和经济发展又能为环境和水源保护提供条件。所以在制定农村社会和经济发展规划时必须考虑农村饮用水源保护规划，最好将其纳入经济和社会发展规划，使农村饮用水源保护规划与农村社会和经济发展规划相协调，促进经济发展。制定农村饮用水源保护规划，首先需完善本地区的水域功能区划分，并在同一流域内或相邻地区间予以协调，其次进行水污染防治规划，优先保护饮用水源。

7. 研究保护农村饮用水源安全的生物防控工程技术体系，构建生态保护屏障

大力开展生态恢复工程，水库上游流域内封山造林，保护植被；无法退耕还林的农田应实行生态农业、绿色农业，少用或禁用化肥农药；治理水库上游砂金矿，退耕还林，实现饮用水源一级保护区内的所有耕地全部退耕还林。针对农村饮用水源污染的威胁，结合当地水文气象和地形特点，调查农村饮用水源和植被分布格局及污染源空间分布，建立生态防控技术体系模拟分析系统，研究农村饮用水源生态防控机理，确定农村饮用水源地点源和面源污染的生物防控措施，设计农村水源地的生态屏障。同时进行生态防控措施的相关配套政策研究，建立农村水源地污染生物防控示范点，取得实践经验，为全国农村水源地保护提供技术支持。

以流域为单元并考虑水文循环与生态系统的相互作用，研究如何利用植被缓冲带等生态防控措施来保护水源地的水质安全是保障饮水安全的一个重要发展方向。

8. 建立健全农村饮用水源地应急保障体系

在坚持常规水源和储备水源相结合的基础上，建立健全水源地战略储备体系和特枯或连续干旱年以及水质受到污染情况下的应急供水体系。各地要针对每个集中式供水的农村饮用水源地，就可能发生的突发性事件，制定应急处置预案。根据国务院《突发公共卫生事件应急条例》及国家有关法律、法规要求，遵循预防为主、常备不懈的方针，在属地管理为主、各级政府对管辖范围内的农村饮用水源污染事故负总责的前提下，贯彻统一领导、分级负责、反应及时、措施果断、加强合作的原则，规范和强化本地区应对农村应用水源污染事故应急处置工作，形成和完善防范有力、指挥有序、快速高效和协调一致的农村饮用水源污染事故应急处置体系。

9. 构建农村饮用水源地水质预警实时监测体系

分类分级建立监测水源地水质预警实时监测体系，加强饮用水源地监控系统和监管能力建设，建设包括常规监测、移动监测、动态预警监测三位一体的监测网络，实时掌握水源地水量水质状况。

针对不同类型农村饮用水源地，结合当地水源地的水质特点建立适宜的饮用水源地监测技术体系；通过数据分析建立不同地区常规水质监测指标体系，提出不同地区农村饮用水水源地保护与监测技术规程；筛选自动化程度高、简单、快捷、灵敏度高的水质监测方法和设备，并实现自动控制和预警。

10. 建立信息发布制度

定期发布饮用水源地水量水质状况报告，维护公众知情权势在必行，发挥人民群众参与饮用水水源管理意义重大。通过发布饮用水水源地水量水质状况公报，为政府管理好当地水源地，防治水污染、预防突发性水污染事故、切实进行水源地保护及污染治理提供可靠依据；通过监测信息的发布，进一步提高人民群众对水源地水量水质的知情权，调动社会各界积极因素，促进农村饮用水源地管理工作的深入发展。

11. 制定农村饮用水源的水质监测技术规程

水源水质的监测指标主要包括感官性状、化学、毒理学、微生物学等四大类指标，对于这些指标，国家生活饮用水卫生标准中都规定了具体监测方法，而且根据监测条件与设备的不同，每种监测指标通常会对应一种以上的监测方法。目前，虽然中国饮用水源地相关水质标准中规定的监测指标很多，水质监测方法也比较完善，但是农村地区监测水平与经济能力有限，不可能每次都监测所有指标。而且，不同地区的农村饮用水源地水质特点不同，水质监测的硬件设施也不同，如何根据不同类型的农村饮用水源地，建立实用性强、经济、高效的水质监测技术规程，开发和筛选适用于农村饮用水源地监测的技术与设备仍是现今亟待解决的问题。

12. 建立科技进步创新体系

加强与农村饮用水源保护有关的科学研究依靠科技进步和科技创新促进农村水资源的合理开发和综合治理，加强劣质水、微污染水处理技术研究；加强安全高效消毒技术研究；加强农村饮用水卫生标准制定工作；加强制水工艺的改造和研究；加强流域水环境保护、纳污能力及污染总量分配技术与管理体系研究，依靠科技手段防控突发性水环境污染事件，实现防控工作的科学化和规范化。

13. 建立宣传教育体系，鼓励公众参与

保障农村饮用水源地安全需要全社会的支持与参与。要加强农村饮用水源地保护规划的宣传和引导，在规划实施过程中，充分利用广播电视等媒体，加大农村水资源保护工作宣传力度，以提高农民对加快农村水源地建设的认同程度。引导农民积极参与和支持农村水源地建设规划的实施，使规划实施取得更好的社会效果，形成农民关心、支持和参与的良好局面。鼓励农民积极参与工程的建设与管理运行，广泛听取农民意见，充分反映农民意愿，建立农村水源地环境信息公开制度，提高农民对加快水源地保护的认同程度。

项目三　农村饮水安全法规与标准

任务一　农村饮水安全相关法规

为了保证饮用水安全，国家出台了一系列的法律法规，在饮用水水源保护和水源监测方面进行了规定。如《中华人民共和国环境保护法》《中华人民共和国水污染防治法》《饮用水水源保护区污染防治管理规定》等。

一、饮用水源保护相关的法律法规

目前，我国与饮用水源保护相关的法律法规及标准主要有《中华人民共和国水法》《中华人民共和国环境保护法》《饮用水水源保护区污染防治管理规定》《中华人民共和国水污染防治法》《生活饮用水水源水质标准》《地下水质量标准》《地表水环境质量标准》《城市供水水质标准》《饮用水水源保护区划分技术规范》和《生活饮用水卫生标准》等。这些标准基本都涉及饮用水源保护的相关内容。

（一）中华人民共和国水法

《中华人民共和国水法》对于居民生活饮用水的相关规定，主要体现在水资源的保护、利用和节约等方面。其中第三十三条规定国家建立饮用水水源保护区制度。省、自治区、直辖市人民政府应当划定饮用水水源保护区，并采取措施，防止水源枯竭和水体污染，保证城乡居民饮用水安全。第三十四条规定禁止在饮用水水源保护区内设置排污口。第三十五条规定从事工程建设，占用农业灌溉水源、灌排工程设施，或者对原有灌溉用水、供水水源有不利影响的，建设单位应当采取相应的补救措施；造成损失的，依法给予补偿。第六十七条规定在饮用水水源保护区内设置排污口的，由县级以上地方人民政府责令限期拆除、恢复原状；逾期不拆除、不恢复原状的，强行拆除、恢复原状，并处五万元以上十万元以下的罚款。

（二）中华人民共和国环境保护法

《中华人民共和国环境保护法》第三十三条规定各级人民政府应当加强对农业环境的保护，促进农业环境保护新技术的使用，加强对农业污染源的监测预警，统筹有关部门采取措施，防治土壤污染和土地沙化、盐渍化、贫瘠化、石漠化、地面沉降以及防治植被破坏、水土流失、水体富营养化、水源枯竭、种源灭绝等生态失调现象，推广植物病虫害的综合防治。

（三）中华人民共和国水污染防治法

为了更大力度保护和改善水环境，《中华人民共和国水污染防治法》第四条明确了相关政府部门在饮用水源保护的职能。第四十九条规定了城市污水应当集中处理，并对国务院建设主管部门、县级以上人民政府以及城镇污水集中处理设施的运营单位在城镇污水处理工作上提出具体要求。第六十三条提出饮用水水源保护区分为一级保护区和二级保护区；必要时，可以在饮用水水源保护区外围划定一定的区域作为准保护区，并要求有关地方人民政府应当在饮用水水源保护区的边界设立明确的地理界标和明显的警示标志。第七十九条提出了 市、县级人民政府应当组织编制饮用水安全突发事件应急预案应对水污染事故。六十四条规定了在饮用水源保护区不得设置排污口。第九十二条明确了饮用水供水单位供水水质不符合国家规定标准的处罚规定。

（四）饮用水水源保护区污染防治管理规定

《饮用水水源保护区污染防治管理规定》对于集中式供水的饮用水地表水源和地下水源的污染防治管理有着明确的规定，共六章、二十七条：第一章总则、第二章饮用水地表水源保护区的划分和防护、第三章饮用水地下水源保护区的划分和防护、第四章饮用水水源保护区污染防治的监督管理、第五章奖励与惩罚、第六章附则。主要内容为：规定了饮用水水源保护区一般划分为一级保护区和二级保护区，必要时可增设准保护区，各级保护区应有明确的地理界线；提出了各级保护区划分的方法和保护区内的水质标准以及必须遵守的规定；制定了饮用水源保护区的污染防治管理规定和监督管理措施以及应对突发性事故的措施；根据执行此规定的情况，提出了相应的奖励和惩罚措施。

（五）生活饮用水卫生监督管理办法

《生活饮用水卫生监督管理办法》第十三条规定饮用水水源地必须设置水源保护区。保护区内严禁修建任何可能危害水源水质卫生的设施及一切有碍水源水质卫生的行为。第十七条规定新建、改建、扩建集中式供水项目时，当地人民政府卫生行政部门应做好预防性卫生监督工作，并负责本行政区域内饮用水的水源水质监督监测和评价。

二、饮用水源监测相关的法律法规

目前，我国与饮用水源监测相关的法律法规及标准主要有《中华人民共和国水法》、《中华人民共和国环境保护法》、GB 5749—2022《生活饮用水卫生标准》、GB/T 14848—2017《地下水质量标准》、GB 3838—2002《地表水环境质量标准》、CJ/T 206—2005《城市供水水质标准》、SL 219—2013《水环境监测规范》、NY/T 396—2000《农用水源环境质量监测技术规范》、HJ/T 91—2002《地表水和污水监测技术规范》和 HJ 164—2020《地下水环境监测技术规范》等。这些标准旨在确保居民饮用水的安全和可持续供应。

《中华人民共和国水法》第三十二条规定县级以上地方人民政府水行政主管部门和流域管理机构应当对水功能区的水质状况进行监测，发现重点污染物排放总量超过控制指标的，或者水功能区的水质未达到水域使用功能对水质的要求的，应当及时报告有关人民政府采取治理措施，并向环境保护行政主管部门通报。《中华人民共和国环境保护法》第十七条规定国家建立、健全环境监测制度。国务院环境保护主管部门制定监测规范，会同有关部门组织监测网络，统一规划国家环境质量监测站（点）的设置，建立监测数据共享机制，加强对环境监测的管理。

任务二　农村饮用水相关技术标准

一、饮用水源相关的标准

（一）生活饮用水水源水质标准

1993 年实施的 CJ/T 3020—1993《生活饮用水水源水质标准》主要内容为：①提出

了生活饮用水水源的水质指标、水质分级、标准限值、水质检验以及标准的监督执行；②说明了此标准适用于城乡集中式生活饮用水的水源水质（包括各单位自备生活饮用水的水源），分散式生活饮用水水源的水质参照使用此标准。此标准将生活饮用水水源水质分为二级，规定了两级标准的限值。

2022年修订的《生活饮用水卫生标准》在饮用水水源水质方面进行了多方面的调整和完善，旨在更好地保障人民群众的饮用水安全。通过增加、删除和调整水质指标，以及完善相关要求，更加科学、全面地反映了当前饮用水水源水质的实际情况和保障需求。其中："5.1 采用地表水为生活饮用水水源时应符合 GB3838 要求"、"5.2 采用地下水为生活饮用水水源时应符合 GB/T 14848—2017 中第四章的要求"，依据此标准的适用范围，农村饮用水水源水质也应执行此规定。

（二）地表水环境质量标准

2002年实施的《地表水环境质量标准》规定了集中式生活饮用水地表水源地一级保护区和二级保护区要分别达到其规定的Ⅱ类和Ⅲ类水质标准，并且将水质指标分为基本项目、补充项目和特定项目三大类及规定了相应指标的检验方法。除此之外，还规定了如果集中式饮用水地表水源地水质超标，则经自来水净化处理后，必须达到《生活饮用水卫生规范》的要求。为了标准能够更好地执行，《地表水环境质量标准》对集中式饮用水地表水源地水质评价的项目作了灵活规定，即基本项目和补充项目为必检项目，特定项目可以根据实际情况自主选择。

（三）城市供水水质标准

2005年实施的《城市供水水质标准》涉及到对饮用水水源水质的规定：5.1　选用地表水作为供水水源时，应符合 GB3838 的要求。选用地下水作为供水出源时，应符合 GB/T14848 的要求。5.2　水源水质的放射性指标，应符合表1的规定（见 CJ/T 206—2005《城市供水水质标准》）。5.3　当水源水质不符合要求时，不宜作为供水水源。若限于条件需加以利用时，水源水质超标项目经自来水厂净化处理后，应达到本标准的要求。

（四）饮用水水源保护区划分技术规范

HJ 338—2018《饮用水水源保护区划分技术规范》是为贯彻《中华人民共和国水污染防治法》，加强集中式饮用水水源地环境保护和治理、防范饮用水水源污染风险，保障饮用水安全制定的标准。此标准适用于集中式地表水、地下水饮用水水源保护区（包括备用和规划水源地）的划分和调整，农村饮用水集中式及分散式饮用水水源保护区的划分可参照此标准执行。此标准规定了地表水饮用水水源保护区、地下水饮用水水源保护区划分基本方法、定界、饮用水水源保护区图件制作和饮用水水源保护区划分技术文件编制的技术要求。

二、饮用水源监测相关的标准

（一）水环境监测规范

SL 219—2013《水环境监测规范》中对于生活饮用水源的监测也提出了一些要求：

（1）供水水源地、水生生物保护区以及水源型地方病发病区、水土流失严重区应设置采样断面。

（2）地表供水水源地等重要水域采样频次每年不得少于12次，采样时间根据具体要求确定。

(3) 地下水供水水源地区和饮水型地方病（如高氟病）高发地区应布设采样井。

(4) 平原（含盆地）地区地下水采样井布设密度一般为 1 眼/(200km^2)，重要水源地或污染严重地区可适当加密。

(5) 地下水饮用水源地区每月采样一次。

(6) 水源保护区应布设生物监测的采样垂线（点）。

（二）地表水和污水监测技术规范

HJ/T 91—2002《地表水和污水监测技术规范》主要内容包括：地表水监测的布点与采样、污水监测的布点与采样、监测项目与分析方法、流域监测、建设项目污水处理设施竣工环境保护验收监测、应急监测、监测数据整理、处理与上报、监测质量保证与质量控制和资料整编等。

其中，专门针对饮用水源的规定有：

(1) 饮用水源地的监测断面每月至少采样一次。

(2) 饮用水源保护区或饮用水源的江河除监测常规项目外，必须注意剧毒和“三致”有毒化学品的监测。

(3) 规定了洪水期和退水期要对饮用水源地的水质进行监测及其具体的监测方法。

（三）地下水环境监测技术规范

HJ 164—2020《地下水环境监测技术规范》规定了地下水环境监测点布设、环境监测井建设与管理、样品采集与保存、监测项目和分析方法、监测数据处理、质量保证和质量控制以及资料整编等方面的要求。此标准发布于 2004 年，2020 年在修订时增加了饮用水源保护区和补给区、污染源及周边等区域的地下水监测点的布设。

（四）其他相关的技术标准

GB/T 14848—2017《地下水质量标准》规定地下水质量应定期监测，依据地下水质量的动态变化，应定期开展区域性地下水质量调查评价等要求。《地表水环境质量标准》(GB 3838—2002) 规定了地表水水质监测的采样点、监测频率应符合国家地表水环境监测技术规范的要求，还规定了水质项目的分析方法优先选用该标准列出的方法，也可采用 ISO 方法体系等其他等效分析方法，但须进行适用性检验。

CJ/T 206—2005《城市供水水质标准》规定：

(1) 地表水水源水质监测应按《地表水环境质量标准》有关规定执行，地下水水源水质监测应按《地下水质量标准》有关规定执行，

(2) 规定了水源水的采样点布置、监测项目和监测频率，

(3) 规定了水质的检验方法应按《生活饮用水标准检验方法》等标准执行，也可采用其他等效分析方法，但应进行适用性检验。

任务三　巩固提升农村供水保障水平的举措

农村饮水安全事关亿万农村居民福祉，是巩固脱贫攻坚成果、推动乡村振兴的重要标志，保障农村饮水安全极端重要。但存在部分农村供水工程建设和管理薄弱，已建工程效

益未能全面有效发挥等影响农村饮水安全的问题。如何切实解决好群众身边的饮水问题，巩固提升农村供水保障水平是迫切需要解决的问题。

一、开展问题排查、动态监测与风险防控

（一）开展全覆盖排查

组织以县为单元，以农村供水工程为对象，对照《全国“十四五”农村供水保障规划》和GB 5749—2022《生活饮用水卫生标准》，逐村逐户开展大排查，建立工程和人口全覆盖台账，做到不漏一村、不落一人。排查重点包括有管无水、频繁停水断水、水质较差、未通自来水且自行取水困难、高价买水等群众反映强烈的问题。

（二）强化问题整改

对排查出的问题要全部建立清单台账，逐一分析问题产生的症结根源，分类精准施策，明确整改责任人、整改时限及整改措施，做到边查边改，务求实效，同时要及时妥善采取措施，切实保障群众基本饮用水需求。对需要新建或改造工程的整改项目，要向群众做好解释工作，及时公开项目进展。水行政主管部门要加强对整改情况的监督检查，确保整改成效。

（三）建立动态监测和风险防控机制

要针对极端天气呈趋多趋频趋强趋广态势，加强旱情、雨情监测预警、预测分析。加强对脱贫人口、脱贫地区、供水薄弱地区、自然灾害影响地区的动态监测，根据监测情况，结合用水需求、水源水量、工程供水能力、水源和供水水质、供水水压等指标，分析农村供水风险，以县或乡镇为单元制定应急预案，采取有效措施消除风险隐患。

（四）做好抗洪旱灾害保饮水工作

已经受旱情、持续高温等影响的地区，要通过应急调水、打井、建设应急抗旱水源、延伸供水管网、限制高耗水行业用水、分时供水、拉水送水等措施，解决好人畜饮水困难问题，牢牢守住饮水安全底线。加强暴雨、山洪等对农村饮水安全影响的分析研判，及时关闭进水阀，临时停水要确保通知到户，提醒群众做好储水准备。农村供水工程发生水毁后，要全力抢修，尽快恢复供水。抢修期间要采取设置临时集中供水点、送水等应急措施，确保群众基本生活饮水需求。加强受影响取水蓄水设施清洗和水质检测、净化消毒，保障水质安全。

（五）完善举报问题办理流程

地方各级水行政主管部门要畅通农村饮水群众举报通道，完善举报问题办理、销号、回访机制，将问题及时解决在基层、解决在当地。市县水行政主管部门要加强对确有困难乡村的技术指导帮扶。

二、强化农村供水水质保障

深刻认识农村饮水安全保障是巩固脱贫成果、推动乡村振兴的重要标志，建立健全从水源到水龙头的全链条全过程农村饮水安全保障体系。坚持问题导向和目标导向，因地制宜、分类施策，优先推进城乡供水一体化、集中供水规模化，加强小型供水工程规范化建设和改造，健全完善运行管理体制机制，强化农村供水工程标准化、规范化、专业化管理，推动农村供水高质量发展，保障工程长久稳定运行，确保农村群众饮水安全，不断提

升农村群众的获得感、幸福感、安全感。

（一）深入实施水质提升专项行动

要对标《生活饮用水卫生标准》（GB 5749—2022），全面检视水质问题，完善实施方案，加快推进农村供水水质提升专项行动，确保完成目标任务。要统筹改善水源水质，强化水源保护，配齐净化消毒设施设备，完善水质管理制度。千吨万人和有条件的千人供水工程要积极推广使用水质在线监测设备，其他工程要加强巡查，及时发现和消除水质风险。

（二）进一步规范水质自检

千吨万人供水工程出厂水一般日检 9 项指标，包括色度、浑浊度、臭和味、肉眼可见物、pH、高锰酸盐指数、总大肠菌群、菌落总数、消毒剂余量。水源水中氟化物、硝酸盐、铁、锰、溶解性总固体、氨等指标超标时，须增加出厂水中相应指标的日常检测。水源水一般月检 5 项指标，包括色度、浑浊度、臭和味、肉眼可见物、高锰酸盐指数，以地表水为水源的，增加检测 pH。

（三）加强水质巡检

县级水行政主管部门要全面完善供水水质巡检制度，每年对县域内农村集中供水工程全覆盖巡检，有分散供水工程的乡镇全覆盖巡检。巡检不合格的要督促整改，问题严重的要追责问责。

三、加快补齐农村供水工程短板

（一）优化农村供水工程布局

要围绕全面推进乡村振兴要求，瞄准让农民就地过上现代文明生活的目标，结合《“十四五”农村供水保障规划》中期评估，根据人口流动趋势、产业分布等，进一步优化农村供水工程整体布局，建设与乡村发展要求相适宜的农村供水工程网络体系。

（二）加快推进城乡供水一体化

要结合国家水网建设，在条件适宜地区推进城乡供水一体化，实现城乡供水同源、同网、同质、同服务、同监管。在大型引调水工程沿线和大中型水库周边地区，原则上以城乡一体化为主要方式，开展供水工程新建或改造。城市近郊区，优先实施城市供水管网延伸工程。城市管网覆盖范围内要加强自备水源井的管理，地下水超采区内公共供水管网覆盖或通过替代水源已经解决供水需求的，要限期关闭。城市管网短期无法覆盖的地区，要积极建设稳定水源，同步推动实施农村规模化供水工程，并推进建设应急备用水源，从根本上提升农村供水保障水平。

（三）加强千吨万人以下供水工程规范化改造

对近期确实无法纳入规模化供水范围的山丘区、人口分散地区，要因地制宜实施小水库、塘坝、蓄水池、机井等水源工程建设，开展千吨万人以下供水工程规范化建设和改造，提升工程供水保障能力。使用自动加药设备的，要督促按照设备使用说明规范操作。采取人工加药方式的，由县级水质检测中心根据水源水质及季节变化、药剂类别等，明确药剂投加量、投加时间、投加方式等，并加强水质净化消毒的巡回指导。同时，各地区要依据本地实际，减少直饮水窖水、水柜水农村人口数量。

四、加强农村供水工程运行管理

（一）压实农村供水管理责任

要将农村供水管理“三个责任”和“三项制度”真正落实到位，确保每处农村集中供水工程都有制度管、有人管、有钱管。推进农村供水县级或片区统一管理。千吨万人和有条件的千人供水工程，加快推行企业化经营、专业化管理。小型工程要尽快实现“专业化公司管理＋村级管水员”结合机制，提升管理水平。县级水行政主管部门要加强对供水单位的监督检查，确保供水单位落实运行管理责任。

（二）推进农村供水工程标准化管理

要加快推进标准化管理，提升农村供水工程管理水平，确保2024年底前，70％的千吨万人工程实现标准化管理，千人工程实现标准化管理的比例不低于10％。2025年底前，千吨万人工程全面实现标准化管理。2030年底前，100人以上的农村集中供水工程全面实现标准化管理。积极推进数字孪生农村供水工程建设，提高农村供水工程的数字化、网络化、智能化水平。

（三）加强基层管水人员培训

要围绕净化消毒、水质检测、管网巡查、维修养护等技术，加强农村供水从业人员知识和技能培训，提升管水人员专业化水平。针对村级管水员技能不足问题，要通过送训下乡、分片指定技术帮扶人等形式，在工程现场开展培训，切实提升技术能力水平。要加强对管水人员的考核评价，达不到要求的管水人员要尽快撤换。

五、强化支撑保障

（一）加强考核监督

按照中央统筹、省负总责、市县乡抓落实的要求，强化农村供水保障工作监督检查。在巩固拓展脱贫攻坚成果后评估、市县党政领导班子和领导干部推进乡村振兴实绩考核、最严格水资源管理制度考核中，加大农村供水工作考核力度。

（二）加大资金投入

要保障政府投入，发挥政府资金的引导作用，用好地方政府专项债券、银行信贷资金和其他社会资本，多渠道落实农村供水工程建设资金。充分发挥农村供水工程维修养护中央补助资金效益，省市县要落实资金保障农村供水工程正常运行。健全合理水价形成机制，强化水费收缴，促进共建共享。

（三）大兴调查研究

要结合学习贯彻习近平新时代中国特色社会主义思想主题教育，围绕农村供水保障，大兴调查研究，梳理本地区农村饮水安全突出问题，将其作为主题教育检视整改重点，深入水厂、深入农户，掌握实情、把脉问诊，推动问题解决。

项目四　农村饮水安全工程卫生学评价与饮水安全计划（WSPS）

任务一　农村饮水安全工程卫生学评价

为指导评价农村饮水安全工程的设计、建设以及运行状况满足卫生学的要求，卫生部办公厅、全国爱国卫生办公室于2008年5月6日下发了《农村饮水安全工程卫生学评价技术细则》（以下简称《技术细则》），规定了农村饮水安全工程卫生学评价的对象和范围、组织管理、工作程序及方法的基础上，着重突出了卫生学评价的技术要求，对农村饮水安全工程从水源到用户各个环节提出了主要的卫生学要求。

《农村饮用水安全卫生评价指标体系》（水利部、卫生部，2004年10月）对饮水安全作了定义和解释，从水质、水量、方便程度和保证率四个方面确定了饮水安全应达到的标准，其中，水质是卫生学关注的主要指标。卫生学评价的目的是通过对水源卫生、水厂制水工艺、厂区卫生、调节构筑物和管网等，在可能对水质产生影响的设计、建造和管理部分进行风险分析和评价，以保证水厂的最终产品——水，能达到GB 5749—2006《生活饮用水卫生标准》的各项指标要求。

一、着重于对水厂整体生产流程的评价

相对于水质检验等传统卫生监督和质量控制手段，卫生学评价着重于对水厂整体生产流程的评价，强调卫生学评价应参与水厂设计、建设、试运行和管理的全过程，在过程中发现问题并按要求整改，而不仅局限于针对水厂产品——水的质量检验。这种全过程参与式评价把防范卫生风险的关口前移，能避免水厂建成后再改造所造成的资金浪费。

二、突出卫生学关注点

为了科学指导农村供水工程的规划和设计，近年来在农村供水方面的技术规范和要求有《农村给水设计规范》（CECS，中国工程建设标准化协会）、GB/T 43824—2024《村镇供水工程技术规范》等。《技术细则》的部分内容基于这些设计规范，但是又在很大程度上突出了卫生学的特点，反映了卫生学的关注点。

《技术细则》在5.1.2水源卫生防护一条中提出：各级供水单位行政主管部门和卫生行政主管部门应同步开展饮水工程建设、环境卫生改善和公民健康素养教育活动，提高公众的保护水源和节约用水意识。这是经其他卫生项目实施验证的整体改善农村饮水与环境卫生的有效途径。

三、引入风险管理理念

由于饮水安全工程是一个多节点的水处理流程，在流程的各个节点都存在风险的可能性，同时上一环节的风险会增加下一环节的处理负荷，对最终产品的质量产生影响。此次出台的《技术细则》在方法上要求从卫生风险角度进行评价，对各水处理步骤和总体的风

险进行分级。

任务二　饮水安全计划（WSPS）及其在农村供水工程运行管理中的应用

“饮水安全计划”（Water Safety Plans，WSPS）是《WHO饮水水质准则》（2004）中提出的一种全面水质管理工具。这一方法充分应用了系统论和控制论的原理，以食品行业的危害分析和关键控制点原理（HACCP，hazard analysis and critical control points）以及水安全控制的多重屏障法为基础建立的。WSPS的组成包括系统评价、控制点建立和系统管理计划建立三大部分，其基本思想是安全的饮用水供应依赖于从原水到用户的系统控制，重点强调了基于供水过程中风险的管理机制，并以此作为最终供水水质监控的补充，是保障集中式供水安全的有效措施之一。WHO的《水安全手册》对WSPS方法有详细的描述，应该把WSP看作是一种供水企业的整体工作引导到保证持续地安全供水的风险管理策略。WSPS方法是动态的、实用的，不是另外一种程序。Steve E. Hrud等分析了供水系统中的潜在风险及控制技术，指出采取预防性的控制措施是保障供水安全的风险管理的核心措施。国外已开展了许多关于WSPS应用的案例研究，如澳大利亚、拉丁美洲及加勒比地区、英国（英格兰及威尔士）等。

根据中国疾病预防控制中心《饮水安全计划（WSP）在中国农村供水设施中的应用项目实施计划》的要求，浙江省嵊州市于2007—2010年期间对六个乡镇水厂先后实施了WSPS，以规范农村水厂管理，建立生活饮水的保障体系，从而促进和保护人的健康。实施WSPS后，试点各水厂的出厂水合格率均明显上升。与实施前相比，6个水厂WSPS实施后水样合格率平均提高15.05%，检验项次的项目合格率平均提高4.72%，控制水质安全效果明显，水质有较大的改善。2007年9月18日，联合国儿童基金会和世界卫生组织的官员对嵊州市三界自来水有限公司和长乐镇自来水厂WSP的实施进行了实地考察。官员们对当地政府在此次计划实施过程中所做工作表示感谢的同时，充分肯定了这两个农村自来水厂实施WSPS的效果，并希望能在中国农村地区自来水厂推广此项计划的开展，提高农村水厂的供水安全。后期4个水厂WSPS的继续实施也进一步证明了WSPS的可行性和显效性。

广西为探讨饮水安全计划在农村水厂管理中的应用效果，于2009年8月至2010年3月在广西某县选择1家具有代表性的乡镇水厂，应用《WHO饮水水质准则》（2004）中的“饮水安全计划”（WSPS）方法进行现场试点研究，通过对供水各环节进行风险识别与评价，建立起适宜的风险控制与应急管理技术并根据管网分布采集有代表性的末梢水水样对实施前后水质安全进行评价。结果显示：水源环节的“自然灾害（洪水）导致水源水质变化”，制水环节的“二氧化氯发生器故障”和“水源水质突然异常”，储水环节的“用水量低时，清水池储水时间过长”，配水环节的“管道维护后没有及时清洗”，以及其他环节中的“没有水质自检实验室”及“水厂制度建设不健全”等，是对供水水质影响较大的因素，为关键控制点，针对以上关键控制点，制定了相应的控制措施，如加强对水库水源水的卫生防护，使其符合有关卫生规范的要求；规范各项规章制度，明确岗位职责和规范操作流程；加强对消毒技术的培训，完善消毒过程各个环节；实施对供水管网的巡查和维护，积极接受和处理群众投诉；定期对试点水厂出厂水和末梢水水质进行采样检测并及时反馈检测结果等。实施前采集水样 4 份，合格率为 0，浑浊度和微生物指标超标，其他指标均合格；实施后 5 个月共采集水样 20 份，合格 13 份，合格率为 65%。实施前后水质合格率差异有统计学意义（P<0.05）。得出 WSPS 适用于该区农村水厂的管理的结论。

实践证明，相对于传统卫生监督和质量控制手段，WSPS 着重于对水厂整体生产流程的评价，在农村集中式供水单位中有效地制定和执行后可明显改善和提高农村饮水水质及卫生安全，值得进一步推广和应用。

单元二

农村饮水安全工程规划与设计

项目五　农村饮水安全工程规划与设计基本要求

任务一　农村供水工程规划设计前期工作

一、建设程序

从事建设工程活动，必须严格执行基本建设程序，坚持先勘察、后设计、再施工的原则。

设计工作一般可分为项目建议书、可行性研究报告、初步设计和施工图设计等四个阶段。

建设项目前期工作主要内容包括：项目建议书的编报与审批、可行性研究报告的编报与审批、初步设计的编报与审批。

初步设计文件批准后，进入建设准备阶段，可展开施工图设计和施工准备工作。根据规定，施工图文件未经审查批准的，不得施工。

在整个建设程序（图 5－1）中，必须在完成上一环节后方可转入下一环节，不得任意超越。

二、设计阶段

（一）项目建议书

项目建议书是由国家发改委、水利部等主管部门或本地区有关部门提出的对投资项目需要进行可行性研究的建议性文件，是对投资建设项目的轮廓性设想。

供水工程项目建议书一般包括以下内容：

（1）建设项目提出的必要性和依据。

（2）拟建规模、供水水质和建设地点的初步设想。

（3）水资源情况、建设条件、协作关系的初步分析。

（4）投资估算和筹措设想。

（5）项目的进度安排。

（6）经济效果和社会效益的初步估计。

（二）可行性研究

可行性研究是在项目投资决策之前，调查、研究与拟建项目有关的自然、社会、经济、技术资料，分析、比较可能的投资决策建设方案，预测评价项目建成后的社会经济效益，并在此基础上，综合论证项目投资建设的必要性、财务上的盈利性、经济上的合理

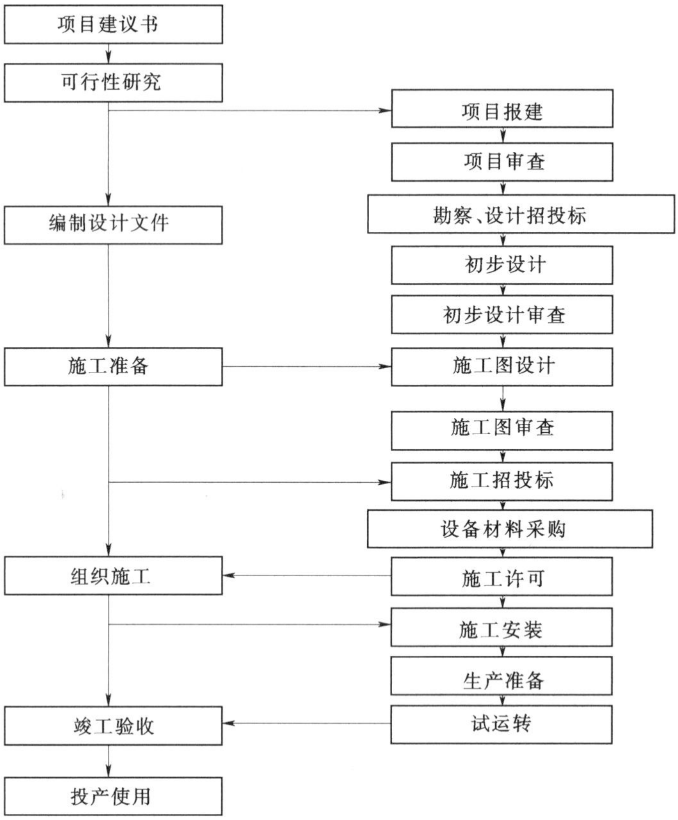

图 5－1　建设程序框架图

性、技术上的先进性和适用性以及建设条件上的可能性和可行性，为投资决策提供科学依据。

可行性研究的主要文件为可行性研究报告。给水工程可行性研究报告一般包括项目背景和建设必要性、需水量预测和供需平衡计划、工程规模和目标、工程方案和评价、推荐方案的工程组成和内容、环境保护、劳动保护、消防、节能和防震措施、项目实施计划、投资估算和资金筹措、财务评价和工程效益分析、结论和存在的问题、附件和附图。

（三）*初步设计*

初步设计文件应根据批准的可行性研究报告和可靠的设计基础资料进行编制。

给水工程初步设计文件包括设计说明书、工程概算书、主要材料设备表和设计图纸。设计说明书应有概述、方案选择、工程设计、劳动保护与工业卫生、环境保护、消防安全、节能与节电、防震措施、人员编制以及对下阶段设计要求等章节。设计图纸应包括总体布置图、枢纽工程布置图、主要管渠平纵断面图、主要构筑物工艺图、供电系统和主要配电设备布置图、自动控制仪表配置图等。

初步设计和工程概算批准后，是确定建设项目投资额，编制固定资产投资计划，签订建设工程总包合同、贷款合同，实行投资包干，控制建设工程拨款，组织主要设备订货，进行施工准备以及编制施工招标文件和编制施工图设计文件等的依据。

（四）施工图设计

施工图设计文件应根据批准的初步设计和主要设备订货情况进行编制。施工图设计的深度应能满足施工安装的要求和设备材料采购、非标准设备制作等需要。

供水工程施工图设计文件应包括设计说明书、施工图纸和施工图预算。设计文件还应注明建设工程合理使用年限。施工图预算经审定后，即作为预算包干、工程结算的依据。

（五）设计依据与相关标准

1. 依据

（1）国家方针、政策、法规。

（2）当地国民经济发展总体规划。

2. 相关专业标准、规范

（1）GB 50188《镇规划标准》。

（2）GB 50282《城市给水工程规划规范》。

（3）SL 310《村镇供水工程技术规范》。

（4）GB/T 14848《地下水质量标准》。

（5）GB 3838《地表水环境质量规范》。

（6）GB 50013《室外给水设计规范》。

（7）GB 5749《生活饮用水卫生标准》。

（8）CJ 3020《生活饮用水水源水质标准》。

（9）GB 11730《农村生活饮用水量卫生标准》。

（10）GB 50016《建筑设计防火规范》。

（11）CJJ 123《镇（乡）村给水工程技术规程》。

（六）基本资料的收集

建设农村供水工程时，首要任务是确定供水范围和选择水源。为做好这项工作，满足设计上的要求，必须收集地形、气象、水文、水文地质、地质方面的有关资料，并进行综合分析。

（1）1：5000～1：250000现状及规划发展图。用来确定给谁系统的范围，表明水源位置，并进行平面布置。

（2）1：1000～1：2000地形图。根据地面标高考虑取水点、净水构筑物、泵房、调节构筑物、水厂等的位置和输配水管的铺设。

（3）气象资料。根据年降水量和年最大降雨量判断地表水源的补给来源是否可靠和充足，洪水时取水口、泵站等有无必要采取防洪措施；根据年平均气温、月平均气温、全年最低气温、最大冻土深度等考虑处理构筑物的防冻措施和输配水管道的埋深。

（4）地下水水文地质资料。了解地下水的埋藏深度、含水层厚度、地下水蕴藏量及开采量、补给水源、单井出水量、井的静水位和动水位变化、减压漏斗等，以便确定打井深度，井的类型和构造、井的出水量、水泵的类型和型号。

（5）地表水水文资料。根据地下水的流量、最高洪水位、最低枯水位、冰凌情况等，确定取水口位置、取水构筑物形式及供水量。

（6）土壤性质。用来估计土壤承载能力及透水性能，以便考虑自来水厂构筑物的设计和施工。

(7) 地下水和地表水的水质分析资料。包括感官性状、化学、毒理学、细菌等指标的分析结果，用来确定处理工艺和估算制水成本。

(8) 水资源综合利用情况。包括渔业、航运、灌溉等，以便考虑他们对水厂的供水量、取水口位置及确定构筑物的影响。

(9) 当地村镇建设总体规划及相关规划资料（供电、道路、排水等）。

（七）设计所需文件

(1) 立项批准文件。

(2) 水资源论证报告。

(3) 水源水质卫生评价报告。

(4) 取水许可证。

(5) 工程地质勘察报告。

(6) 土地使用许可证。

(7) 供电协议。

(8) 环境影响评价报告（表）。

(9) 配套资金承诺书。

(10) 村民意向书。

任务二　农村供水工程规划设计基本要求

一、规划设计年限

（一）水平年

水平年分为基准现状水平年与规划水平年（设计水平年）。

基准现状水平年是指编制规划或设计所依据的基础数据提供的年份，一般是开展规划设计工作的前一年，受条件限制无法得到前一年数据资料时，可将年份再往前推一年，规划设计时要考虑这段时间的变化。例如，《全国“十四五”农村供水保障规划》的基准现状水平年为 2020 年。规划水平年是指完成规划的建设内容或所设计的工程投产正常运行的年份。例如，《全国“十四五”农村供水保障规划》的规划水平年为 2025 年。

（二）设计年限

设计年限是指工程设计投产后，可按设计规模正常供水的使用年限。GB/T 43824—2024《村镇供水工程技术规范》规定：村镇供水工程设计应遵循远期规划、近远期结合、以近期为主的原则。村镇供水工程近期规划设计年限宜采用 5～10 年，远期规划设计年限应采用 10～15 年。

（三）供水水质

村镇集中式供水工程，主要供生活饮用。其水质应符合国家现行的 GB 5749—2022《生活饮用水卫生标准》的要求

GB 5749—2022《生活饮用水卫生标准》，对生活饮用水水质卫生要求严格规定：生活饮用水中不得含有病原微生物；生活饮用水中化学物质、放射性物质不得危害人体健

康；生活饮用水的感官性状良好，应经消毒处理。该标准规定水质检测指标 97 项，其中水质常规指标 43 项。

生活饮用水水质常规指标及限制，见表 5－1。

表 5－1　　生活饮用水水质常规指标及限值表

序号	指　　标	限值
一、微生物指标		
1	总大肠菌群/(MPN/100ml. 或 CFU/100ML)[a]	不应检出
2	大肠埃希氏菌/(MPN/100mL 或 CFU/100mL)[a]	
3	菌落总数/(MPN/mL 或 CFU/mL)[b]	100
二、毒理指标		
4	砷/(mg/L)	0.01
5	镉/(mg/L)	0.005
6	铬（六价）/(mg/L)	0.05
7	铅/(mg/L)	0.01
8	汞/(mg/L)	0.001
9	氰化物/(mg/L)	0.05
10	氟化物/(mg/L)[b]	1
11	硝酸盐（以 N 计）/(mg/L)[b]	10
12	三氯甲烷/(mg/L)	0.06
13	一氯二溴甲烷/(mg/L)	0.1
14	二氯一溴甲烷/(mg/L)	0.06
15	三溴甲烷/(mg/L) 9	0.1
16	三卤甲烷（三氯甲烷、一氯二溴甲烷、二氯一溴甲烷、三溴甲烷的总和）	该类化合物中各种化合物的实测浓度与其各自限值的比值之和不超过 1
17	二氯乙酸/(mg/L)	0.05
18	三氯乙酸/(mg/L)	0.1
19	溴酸盐/(mg/L)	0.01
20	亚氯酸盐/(mg/L)	0.7
21	氯酸盐/(mg/L)	0.7
三、感官性状和一般化学指标		
22	色度（铂钴色度单位）/度	5
23	浑浊度（散射浑浊度单位）/NTU	无异臭、异味
24	臭和味	无
25	肉眼可见物	不小于 6.5 且不大于 8.5
26	pH	0.2
27	铝/(mg/L)	0.3

续表

序号	指　　标	限值
28	铁/(mg/L)	0.1
29	锰/(mg/L)	1
30	铜/(mg/L)	1
31	锌/(mg/L)	250
32	氯化物/(mg/L)	250
33	硫酸盐/(mg/L)	1 000
34	溶解性总固体/(mg/L)	450
35	总硬度（以 CaCO：计）/(mg/L)	3
36	高锰酸盐指数（以 O：计）/(mg/1)	0.5
37	氨（以 N 计）/(mg/L)	
四、放射性指标		
38	总 α 放射性/(Bq/L)	0.5（指导值）
39	总 β 放射性/(Bq/L)	1（指导值）

注　a. MPN 表示最可能数；CFU 表示菌落形成单位。当水样检出总大肠菌群时，应进一步检验大肠埃希氏菌；当水样未检出总大肠菌群时，不必检验大肠埃希氏菌。

b. 小型集中式供水和分散式供水因水源与净水技术受限时，菌落总数指标限值按 500MPN/mL 或 500CFU/mL 执行，氟化物指标限值按 1.2mg/L 执行，硝酸盐（以 N 计）指标限值按 20mg/L 执行，浑浊度指标限值按 3NTU 执行。

表 5-2　　　　生活饮用水消毒剂常规指标及要求表

序号	指标	与水接触时间/min	出厂水和末梢水限值/(mg/L)	出厂水余量/(mg/L)	末梢水余量/(mg/L)
40	游离氯	≥30	≤2	≥0.3	≥0.05
41	总氯	≥120	≤3	≥0.5	≥0.05
42	臭氧	≥12	≤0.3	—	≥0.02 如采用其他协同消毒方式，消毒剂限值及余量应满足相应要求
43	二氧化氯	≥30	≤0.8	≥0.1	≥0.02

饮用水中消毒剂常规指标及要求，见表 5-2。农村日供水 1000m³ 以下，或供水人口在 1 万人以下的小型集中式供水和分散式供水因条件限制，对常规指标中的 14 项的限值适当放宽执行，见表 5-3。表中未列的指标，其限值仍按表 5-1、表 5-2 执行。水厂日常检测的水质项目及频率与水源类型及供水规模有关。设计供水规模 $W>10000m^3/d$；Ⅱ类为 $10000m^3/d\geq W>5000m^3/d$；Ⅲ类为 $5000m^3/d\geq W>1000m^3/d$；Ⅳ类为 $1000m^3/d\geq W>100m^3/d$；Ⅴ类为 $10\leq W<200m^3/d$。

二、供水水压

村镇集中式供水工程的供水水压，应满足配水管网中用户接管点最小服务水头的要求，必要时可采取局部加压方式。GB/T 3824—2024《村镇供水工程技术规范》规定：配水管网中用户接管点的最小服务水头，单层建筑物可取10m，两层建筑物取12m，二层以上每增高一层增加4.0m，当用户高于接管点时，尚应加上用户与接管点的地形高差。

表5-3　　农村小型集中供水和分散供水部分水质指标用限值表

序号	指　　标	限值
一、微生物指标		
44	贾第鞭毛虫/(个/10L)	<1
45	隐孢子虫/(个/10L)	<1
二、毒理指标		
46	锑/(mg/L)	0.005
47	钡/(mg/L)	0.7
48	铍/(mg/L)	0.002
49	硼/(mg/L)	1
50	钼/(mg/L)	0.07
51	镍/(mg/L)	0.02
52	银/(mg/L)	0.05
53	铊/(mg/L)	0.0001
54	D硒/(mg/L)	0.01
55	高氯酸盐/(mg/L)	0.07
56	二氯甲烷/(mg/L)	0.02
57	1，2-二氯乙烷/(mg/L)	0.03
58	四氯化碳/(mg/L)	0.002
59	氯乙烯/(mg/L)	0.001
60	1，1-二氯乙烯/(mg/L)	0.03
61	1，2-二氯乙烯（总量）/(mg/L)	0.05
62	三氯乙烯/(mg/L)	0.02
63	四氯乙烯/(mg/L)	0.04
64	六氯乙丁二烯/(mg/L)	0.0006
65	苯/(mg/L)	0.01
66	甲苯/(mg/L)	0.7
67	二甲苯（总量）/(mg/L)	0.5
68	苯乙烯/(mg/L)	0.02
69	氯苯/(mg/L)	0.3
70	1，4-二氯苯/(mg/L)	0.3
71	三氯苯（总量）/(mg/L)	0.02
72	六氯苯/(mg/L)	0.001
73	七氯/(mg/L)	0.000 4
74	马拉硫磷/(mg/L)	0.25

续表

序号	指　　标	限值
75	乐果/(mg/L)	0.006
76	灭草松/(mg/L)	0.3
77	百菌清/(mg/L)	0.01
78	呋喃丹/(mg/L)	0.007
79	毒死蜱/(mg/L)	0.03
80	草甘膦/(mg/L)	0.7
81	敌敌畏/(mg/L)	0.001
82	莠去津/(mg/L)	0.002
83	溴氰菊酯/(mg/L)	0.02
84	2，4-滴/(mg/L)	0.03
85	乙草胺/(mg/L)	0.02
86	五氯酚/(mg/L)	0.009
87	2，4，6-三氯酚/(mg/L)	0.2
88	苯并（a）芘/(mg/L)	0.000 01
89	邻苯二甲酸二（2-乙基已基）酯/(mg/L)	0.008
90	丙烯酰胺/(mg/L)	0.000 5
91	环氧氯丙烷/(mg/L)	0.000 4
92	微囊藻毒素-LR（藻类暴发情况发生时）/(mg/L)	0.001
三、感官性状和一般化学指标[a]		
93	钠/(mg/L)	200
94	挥发酚类（以苯酚计）/(mg/L)	0.002
95	阴离子合成洗涤剂/(mg/L)	0.3
96	2-甲基异莰醇/(mg/L)	0.000 01
97	土臭素/(mg/L)	0.000 01

当发生影响水质的突发公共事件时，经风险评估，感官性状和一般化学指标可暂时适当放宽。

配水管网中用户接管点的做小服务水头，是配水管网水力计算的重要参数，高了增加投资和能耗，低了无法保证用户用水。该值大小与接管点到用户的距离与地形高差、用水量大小、建筑物层数有关，经济发达的村镇或用水量大、入户管长时取高值；经济条件差、发展缓慢的村庄取较低值。

供水水压还应满足消防水压的要求。按 GB 50016《建筑设计防火规范》的规定，消火栓设置处的最小服务水头不应低于 10m。

此外，用户水龙头的服务水头过高时，对管道及其附件（阀门、水表、水龙头）的使用寿命会造成影响，且用水不方便。因此规定用户水龙头的最大净水头不宜超过 40m，超过时宜采取减压措施。

三、供水量

村镇集中式供水工程的供水量，应满足供水范围内居民生活、饲养畜禽、公共建筑、工业企业等最高日用水量的要求，并应考虑管网漏失和未预见用水量。

确定供水量时，应该以居民生活用水为主，统筹考虑饲养畜禽和二、三产业用水，优质水首先用于居民生活饮用。

四、水源保证率

为了保证集中式供水工程正常供水、可持续运行，规划设计标准中，对水源保证率做出了规定。

SL 310—2004 中规定：“干旱年枯水期设计取水量的保证率，严重缺水地区不低于90%，其他地区不低于95%。”

CJJ 123—2008《镇（乡）村给水工程技术规程》中规定：“用地下水作为供水水源时，取水量应小于允许开采量；用地表水作为供水水源时，设计枯水流量的年保证率宜不低于90%。”

保证率90%即为10年一遇的干旱年，枯水期水源的可取水量低于设计取水量；保证率95%，即为20年一遇的干旱年，枯水期水源的可取水量低于设计取水量。

五、防洪和抗震

集中式供水工程是村镇重要的基础设施，为保障村镇居民日常生活和生产的需要，应具有一定的防洪和抗震能力。为此，对不同规模供水工程的防洪和抗震设计均提出了不同的要求。

1. 防洪

集中式供水工程的防洪设计应符合 GB 50201《防洪标准》以及 SL 252《水利水电工程等级划分及洪水标准》的有关规定。

Ⅰ～Ⅲ型村镇供水工程的主要构（建）筑物等级为 GB 50201—2012 中的3级；Ⅳ、Ⅴ型村镇供水工程的主要构（建）筑物等级为 GB 50201—2012 中的4级。为此，对照 GB 50201—2012 和 SL 310—2004，对村镇供水工程的防洪标准规定：Ⅰ～Ⅲ型村镇供水工程的主要构（建）筑物，应按30～20年一遇洪水进行设计、100～50年一遇洪水进行校核；Ⅳ、Ⅴ型村镇供水工程的主要构（建）筑物，应按20～10年一遇洪水进行设计、50～30年一遇洪水进行校核。

2. 抗震

集中式供水工程的抗震设计应符合国家现行的 GB 50223《建筑工程抗震设防分类标准》、GB 50011《建筑抗震设计规范》和 GB 50191《构筑物抗震设计规范》的有关规定。

建筑规定分为甲、乙、丙、丁四类抗震设防类别，集中式供水工程是村镇生命线工程的重要组成部分，大型工程应定位为乙类，即重点设防类；小型工程由于影响范围较小，可定位为丙类，即标准设防类。为此 SL 310—2004 对村镇供水工程的抗震标准规定：Ⅰ～Ⅲ型村镇供水工程的主要构（建）筑物，应按本地区抗震设防烈度提高1度采取抗震措施；Ⅳ、Ⅴ型村镇供水工程的主要构（建）筑物，可按本地区抗震设防烈度采取抗震措施。

项目六　供 水 系 统 设 计

任务一　水厂平面和高程布置

一、水厂基本组成

水厂通常由下列四个基本组成部分。

1. 生产构筑物和建筑物

该部分包括所有净化构筑物、清水池、二级泵站、加药间，排泥泵站等。这些生产性构筑物的平面尺寸，是经设计计算得出的。

2. 辅助建筑物

辅助建筑物又分为生产用和生活用两种。生产性辅助建筑物，如化验室、修理间、车库、值班室等，其面积可按水厂规模和当地具体情况确定。生活辅助建筑物，如办公楼、食堂、职工宿舍、浴室、厕所、传达室、锅炉房等，其建筑面积按水厂人员编制和当地建筑标准确定。

3. 各类管线

各类管线主要包括给水管、排水管（包括污泥、冲洗水及放空水等排除）、加药管线和自用水管线等。

4. 其他设施

其他设施主要包括厂区道路、绿化、照明、围墙等。

当各类构筑物和建筑物的个数和面积确定后，根据工艺流程、构筑物和建筑物的功能要求，综合考虑生产管线，结合本厂地形和地质条件，进行平面布置。水厂平面布置内容主要有：各类构筑物和建筑物的平面定位，各种管线、阀门、配件及窨井布置，道路、绿化、围墙及供电线路的布置等。处理构筑物一般为分散露天布置；北方寒冷地区需有采暖设备的，可采用室内集中布置，集中布置比较紧凑；占地少，便于管理和实现自动化操作，但结构复杂，管道立体交叉多，造价高。

二、水厂平面布置原则和要求

水厂平面布置应考虑以下原则和要求。

1. 布置紧凑合理

以减少占地面积和连接管道的长度，并便于管理，生产关系密切的应互相靠近，甚至组合在一起。如沉淀池应紧靠滤池，二级泵站尽量靠近清水池，构筑物间距宜紧凑，但应考虑它们中间的道路或铺建的管线所需要的宽度，以及施工要求，一般可取10～20m，最小不小于5m。加药间、消毒间应分别靠近投加点，并与其药剂仓库毗邻。

2. 充分利用当地地形

构筑物的竖向布置，应充分利用原有地形坡度，优先采用重力流布置，并满足净水流程中的水头损失要求。如沉淀池布置在地势较高处，清水池布置在地势较低处，力求挖填土方平衡以减少填挖土方量施工费用。

3. 应按净水工艺流程顺流布置

水厂内工艺流程的方向应按水源到用户的方向进行布置；净水构筑物应按流程布置，避免与供水方向相反安排。各净水构筑物间的连接管应以最短线路布置，尽量避免不必要的转弯和管道立体交叉，以减少水头损失、节省管材并便于施工和检修。此外，构筑物应设置必要的超越管道，以便某一构筑物停产检修时，为保证必须供应水量采取的应急措施。

4. 建筑物布置应注意朝向和风向

如泵站等常有人操作的地方应布置成坐北朝南方向，加氯间与氯库应尽量设在水厂主导风向的下风处，并与值班室、居住区保持一定的安全距离。

5. 按功能分区，配置得当

主要是指对生产、生产管理、生活福利各部分的布置，要做到分区明确，配置得当，而又不过分独立分散。既有利于生产，又避免非生产人员在生产区通行和逗留，以确保生产安全，有条件时，最好把生产区和生活区分开。分区布置时要注意机修、仓库、车库等处汽车运输线路的环通，加药间和药库设在沉淀池附近，翻砂场地应设在滤池附近等。

6. 应考虑水厂扩建可能，留有适当的发展全余地

对分期建造的工程近、远期应协调。

7. 绿化、道路及围墙的布置

应考虑绿化美化，新建水厂的绿化占地面积不宜小于水厂总面积的 20%。应根据需要设置通向各构（建）筑物的道路。单车道宽度宜为 3.5m，并应有回车道，转弯半径不宜小于 6m，在山丘区纵坡不宜大于 8%；人行道宽度宜为 1.5～2.0m。水厂周围应设围墙及安全防护措施，围墙高一般为 2.5m，材料视当地条件选用。

8. 排水、排污布置

力求重力排水、排污，避免设置排污泵。应有雨水排除措施，厂区地坪宜高于厂外地坪和内涝水位。厕所和化粪池的位置与生产构（建）筑物的距离应大于 10m，不应采用旱厕和渗水厕所。

三、水厂综合管道布置要求

水厂内综合管道布置应符合以下要求：

（1）构筑物间的连接管道：①应短且顺直，防止迂回；②并联构筑物间的管线应能互换使用；③分期建设的工程应便于管道衔接；④应根据工艺要求设置必要的闸阀井和跨越管；⑤宜采用金属管材和柔性接口。

（2）构筑物的排水、排泥可合为一个系统，生活污水管道应另成体系；排水系统宜按重力流设计，必要时可设排水泵站；废、污水排放口应设在水厂下游，并符合卫生防护要求。

（3）输送药剂（凝聚剂、消毒剂等）的管道布置应便于检修和更换。

（4）自用水管线应自成体系。

（5）应尽量避免或减少管道交叉。

（6）出厂水总管应设计量装置，必要时进厂水总管亦应设计量装置。

四、生产构（建）筑物平面布置

水厂的构（建）筑物平面布置应考虑以下几点要求：

（1）水厂平面布置时，净水构筑物之间应有一定的间距，以便施工，间距大小由构筑物地质和埋深，地质条件和施工条件确定。

（2）净水构筑物布置时，既要充分利用有利地形，特别时投药系统，又要注意连接管道紧凑和流程简短，建筑物尽量接近南北反向布置。

（3）值班室靠近主要净水构筑物，特别是投药系统，絮凝池和滤池需较多管理工作，因此宜集中布置。

（4）加药加氯间，药剂仓库等一般应靠近絮凝沉淀池，可用走道或高架桥连通，以便于观察净水效果和调整投药量，化验室可设在生产区也可设在辅助生产区的办公楼内。

（5）办公楼、值班室、宿舍、食堂、锅炉房、浴室等可按房屋使用条件合建或分建成幢，形成生活区，并靠近水厂进门处，便于和外界联系。

（6）维修车间、仓库、车库、泥木工场等可相互靠近，管配件堆棚因占场地较大，且杂乱，最好和生产区隔开。

（7）堆沙场可靠近滤池布置，卫生设施和污泥处理装置不应靠近清水池和滤池，以免污染出水。

（8）建筑物布置应注意朝向和风向。

（9）对分期建造的工程，既要考虑近期的完整性，又要考虑远期工程建成后整体布局的合理性。还应该考虑分期施工方便。

（10）厂区绿化与道路。厂内道路多数为8m，包括1.5m宽人行道。所有道路的转弯半径均为6m。绿地由草地、绿篱、花坛、树木配合构成，面积大的可以在中间设建筑小品和人行走道形成小型花园。在建筑物的前坪，道路交叉口的附近都设绿地。在建筑物或构筑物与道路之间的带状空地进行绿化布置，形成绿带。在主要道路两侧栽种悬铃木；在构筑物附近栽种夹竹桃等小乔木；在需要围护的地方设绿篱，既起到隔离的作用，又可以达到美化的效果。水厂四周设置高2.50m的防护围墙，采用砖砌围墙。

由于厂址、厂区占地形状和进、出水管方向等的不同，水厂工艺流程布置，可参照以下三种基本类型，即直线型、折角型、回转型。如图6-1所示。

（1）直线型。最常见的布置方式，从进水到出水整个流程呈直线［图6-1（a）、（b）、（c）］，这种布置生产联络管线短，管理方便，有利于日后逐组扩建。

（2）折角型。当进出水管受地形条件限制，可将流程布置为折角型；折角型的转折点一般选在清水池或吸水井［图6-1（d）］。由于沉淀（澄清）池和滤池间工作联系较为密切，因此布置时，应尽可能靠近，成为一个组合体，以便于管理。

采用折角型流程时，应注意日后水厂进一步扩建时的衔接。

（3）回转型。回转型流程布置［图6-1（e）］，适用于进出水管在一个方向的水厂（如在山沟里布置水厂）。回转型可以有多种方式，但布置时近远期结合较困难。

近年来，有些村镇水厂，将生产构筑物按流程连在一起进行布置，占地少，投资低，管理方便，可作为一个比选方案，因地制宜确定布置方式。

【案例】

××水厂位于大盛村的一块岗地上，旁边为××水库路，其平面布置如图6-2所示。

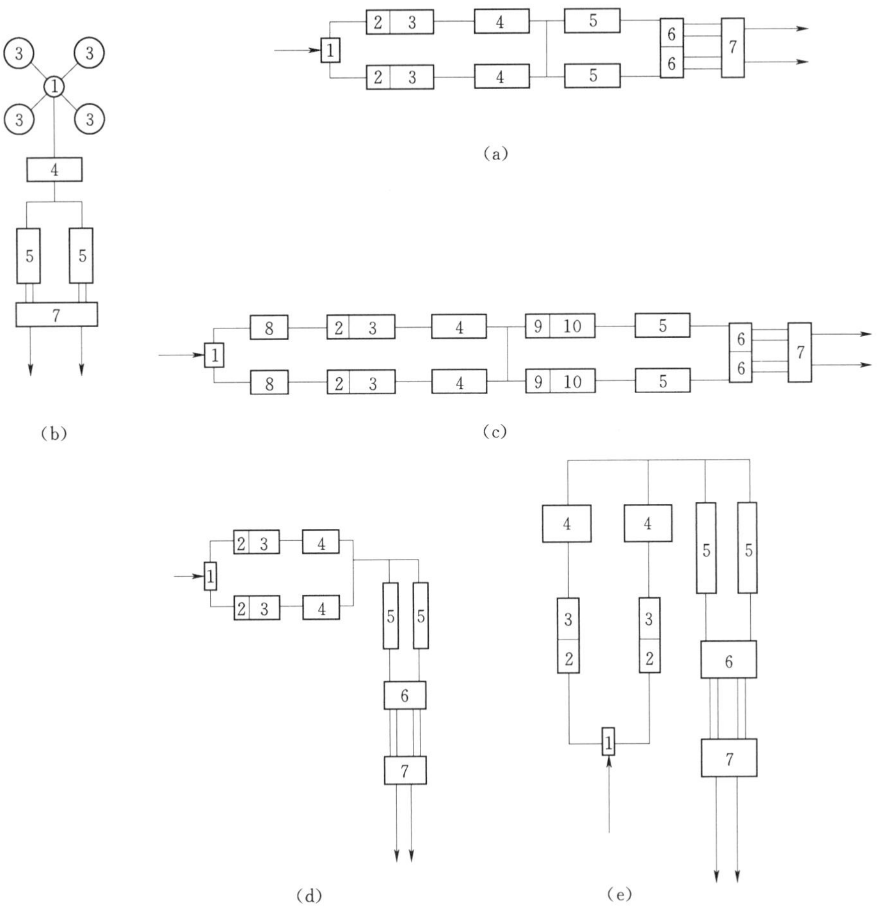

图 6-1 构（建）筑物布置类型图

(a)、(b)、(c) 直线型；(d) 折角型；(e) 回转型

1—配水井；2—絮凝池；3—沉淀（澄清）池；4—滤池；5—清水池；6—吸水井；7—配水泵房；8—生物预处理池；9—臭氧接触池；10—活性炭吸附池

净水工艺流程采用直线型布置，各生产联络管线短，管理方便。整个布置按功能分区，净化区位于厂区西南角，辅助生产区位于厂区西北角，厂前区位于东北角，二次提升泵房位于东南角，可缩短配水干管长度，便于供水。

本工程厂区场地原地坪标高为 30.5～31.0m 考虑到厂区雨水排除及土方平衡，确定水厂设计地坪标高为 31～30.0m。

××水厂平面布置图如图 6-2 所示。

五、水厂高程布置原则

水厂高程布置原则如下：

(1) 原水只需经过一泵提升，就应能以重力流通过各净水构筑物。

(2) 净水构筑物的排泥和放空检修均为重力出流。

(3) 尽量使水厂填挖土方趋于平衡。

在处理工艺流程中，各构筑物之间水流应为重力流。两构筑物之间水面差即为流程中

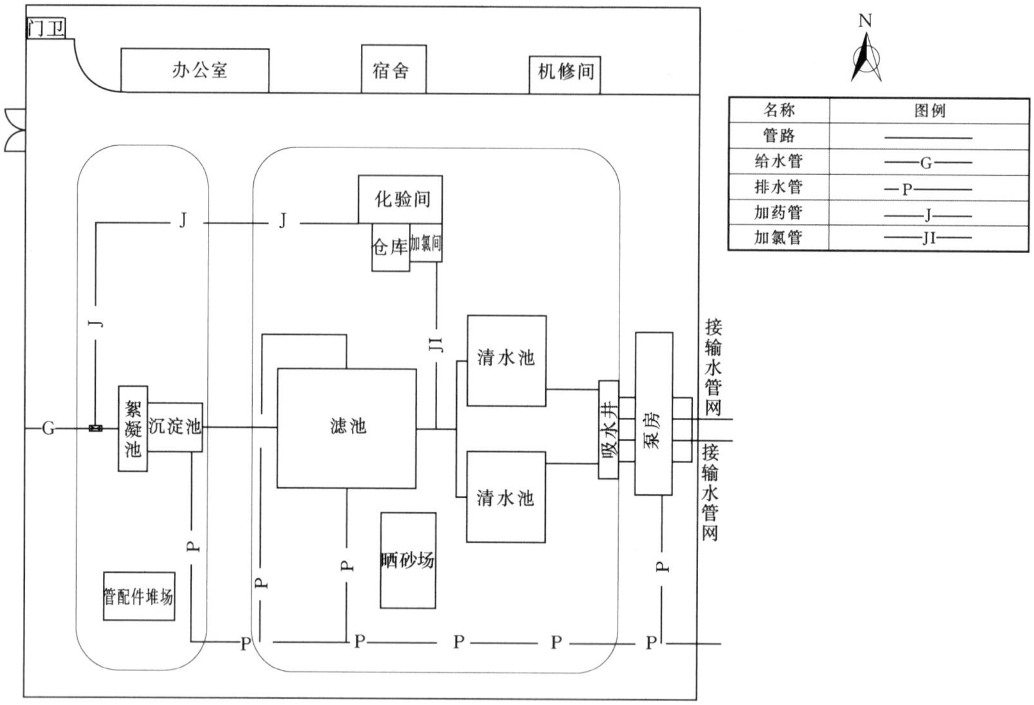

图 6－2　水厂平面布置图

的水头损失，包括构筑物本身、连接管道、计量设备等水头损失在内。水头损失一般应通过计算确定，也可参照规范进行估算，并考虑水头跌落损失。

生产构筑物和净水器的布置应根据地形、构筑物和净水器的类型、净水工艺和管理要求等进行布置。

为便于排水、排泥、放空和减少土石方工程量，避免清水池埋入地下过深和其他净水构筑物在地面上架得过高，构筑物的竖向布置应充分利用地形坡度。

【案例】

××水厂位于大盛村的一块岗地上，其高程布置图如图 6－3 所示。净水工艺流程采用直线型布置，在处理工艺流程中，各构筑物之间水流为重力流。两构筑物之间水面差即为流程中的水头损失，净水构筑物水头损失见表 6－1。

表 6－1　　××水厂高程布置表

名称		水头损失/m		水位标高/m
连接管段	构筑物	沿程及局部	构筑物	
	絮凝池		0.42	32
絮凝池至沉淀池		0.05		
	沉淀池		0.17	31.33
沉淀池至滤池		0.20		
	滤池		2.0	29.13
滤池至清水池		0.20		
	清水池		0.10	28.83
清水池至吸水井		0.20		
	吸水井			26.63

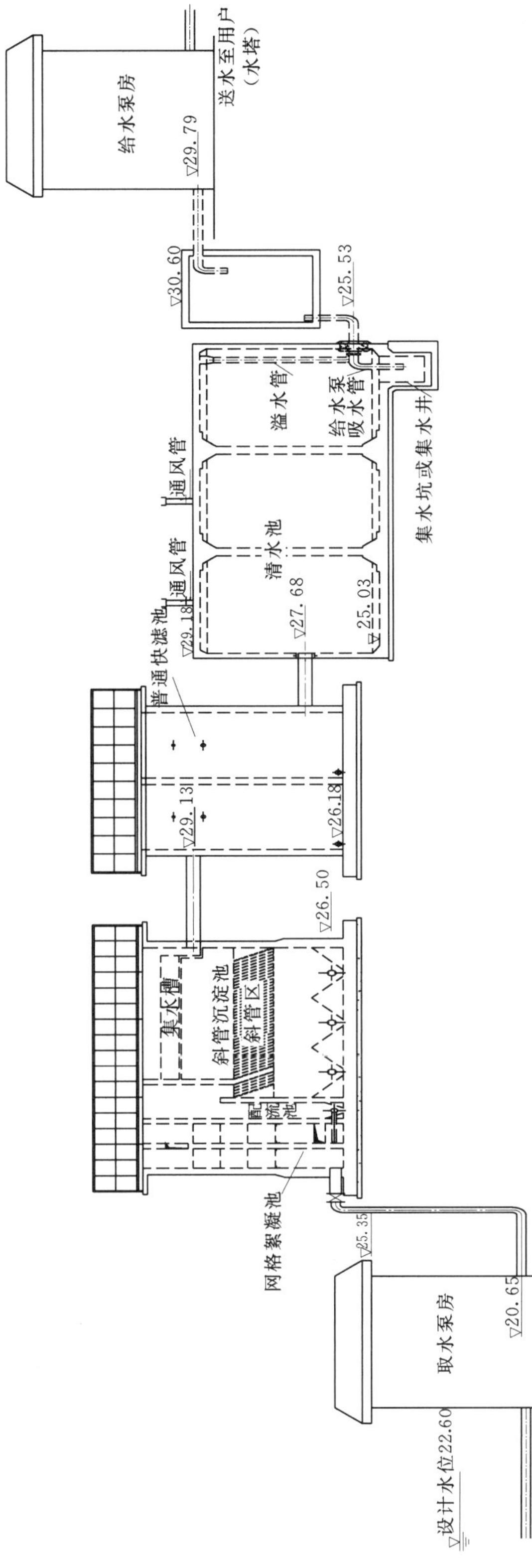

给水泵房
▽29.79
送水至用户（水塔）
▽30.60
▽25.53
溢水管
给水泵吸水管
集水坑或集水井
通风管
通风管
清水池
▽27.68
▽25.03
▽29.18
普通快滤池
▽29.13
▽26.18
▽26.50
集水槽
斜管沉淀池
斜管区
配流池
网格絮凝池
▽25.35
取水泵房
▽20.65
设计水位22.60

图 6-3　××水厂高程布置图

任务二　水量确定及取水水源的选择

一、供水范围和供水方式

供水范围和供水方式应根据区域的水资源条件、用水需求、地形条件、居民点分布等进行技术经济比较，按照优水优用、便于管理、单方水投资和运行成本合理的原则确定。

水源水量充沛，在地形、管理、投资效益比、制水成本等条件适宜时，应优先选择适度规模的联片集中供水。

水源水量较小，或受其他条件限制时，可选择单村或单镇供水。

距离城镇供水管网较近，条件适宜时，应选择管网延伸供水。

有地形条件时，宜选择重力流方式供水。

有条件时，应按供水到户设计。

当用水区地形高差较大或个别用水区较远时，应分压供水。

只有唯一水质较好水源且水量有限时，或制水成本较高、用户难于接受时，可分质供水。

有条件时，应全日供水；条件不具备的Ⅳ、Ⅴ型供水工程，可定时供水。

二、供水规模

工程规模根据工程类型与供水范围、供水人口等确定，确定供水规模时，综合考虑现状用水量、用水条件及其设计年限内的发展变化、水源条件、制水成本、当地用水定额标准和类似工程的供水情况。

供水规模，包括居民生活用水量、公共建筑用水量、饲养畜禽用水量、企业用水量、消防用水量、浇洒道路和绿地用水量、管网漏失水量和未预见用水量等，应根据当地实际用水需求列项，按最高日用水量进行计算。

确定供水规模时，应综合考虑现状用水量、用水条件及其设计年限内的发展变化、水源条件、制水成本、已有供水能力、当地用水定额标准和类似工程的供水情况。

联片集中供水工程的供水规模，应分别计算供水范围内各村、镇的最高日用水量。

三、用水量

1. 居民生活用水量可按式（6－1）和式（6－2）计算

$$W=\frac{Pq}{1000} \tag{6-1}$$

$$P=P_0(1+\gamma)^n+P_1 \tag{6-2}$$

式中　W——居民生活用水量，m^3/d；

P——设计用水居民人数，人；

P_0——供水范围内的现状常住人口数，其中包括无当地户籍的常住人口，人；

γ——设计年限内人口的自然增长率，可根据当地近年来的人口自然增长率确定；

n——工程设计年限，年；

P_1——设计年限内人口的机械增长总数，可根据各村镇的人口规划以及近年来流动人口和户籍迁移人口的变化情况按平均增长法确定，人；

q——最高日居民生活用水定额，可按表 6-2 确定，L/(人·d)。

表 6-2　　最高日居民生活用水定额　　单位：L/(人·d)

主要用（供）水条件 \ 用水区	一区	二区	三区	四区	五区
集中供水点取水，或水龙头入户且无洗涤池和其他卫生设施	30～40	30～45	30～50	40～55	40～70
水龙头入户，有洗涤池，其他卫生设施较少	40～60	45～65	50～70	50～75	60～100
全日供水，户内有洗涤池和部分其他卫生设施	60～80	65～85	70～90	75～95	90～140
全日供水，室内有给水、排水设施且卫生设施较齐全	80～110	85～115	90～120	95～130	120～180

注： 1. 本表所列用水量包括了居民散养畜禽用水量、散用汽车和拖拉机用水量、家庭小作坊生产用水量。

2. 一区包括新疆、西藏、青海、甘肃、宁夏，内蒙古西北部，陕西和山西两省黄土沟壑区，四川西部；二区包括黑龙江、吉林、辽宁，内蒙古西北部以外的地区，河北北部；三区包括北京、天津、山东、河南，河北北部以外、陕西和山西两省黄土沟壑区以外的地区，安徽、江苏两省的北部；四区包括重庆、贵州、云南，四川西部以外地区，广西西北部，湖北、湖南两省的西部山区；五区包括上海、浙江、福建、江西、广东、海南、台湾，安徽、江苏两省北部以外的地区、广西西北部、湖北、湖南两省西部山区以外的地区。

3. 取值时，应对各村镇居民的用水现状、用水条件、供水方式、经济条件、用水习惯、发展潜力等情况进行调查分析，并综合考虑以下情况：村庄一般比镇区低；定时供水比全日供水低；发展潜力小取较低值；制水成本高取较低值；村内有其他清洁水源便于使用时取较低值。调查分析与本表有出入时，应根据当地实际情况适当增减。

4. 本表中的卫生设施主要指洗涤池、洗衣机、淋浴器和水冲厕所等。

2. 公共建筑用水量

公共建筑用水量应根据公共建筑性质、规模及其用水定额确定。

（1）条件好的村镇，应按 GBJ 15《建筑给水排水设计规范》确定公共建筑用水定额；条件一般或较差的村镇，可根据具体情况对规范 GBJ 15 中的公共建筑用水定额适当折减。

（2）缺乏资料时，公共建筑用水量可按居民生活用水量的 5%～25%估算，其中村庄为 5%～10%、集镇为 10%～15%、建制镇为 10%～25%；无学校的村庄不计此项。

3. 集体或专业户饲养畜禽最高日用水量

集体或专业户饲养畜禽最高日用水量，应根据畜禽饲养方式、种类、数量、用水现状和近期发展计划确定。

（1）圈养时，饲养畜禽最高日用水定额可按表 6-3 选取。

表 6-3　　饲养畜禽最高日用水定额　　单位：L/(头或只·d)

畜禽类别	用水定额	畜禽类别	用水定额	畜禽类别	用水定额
马	40～50	育成牛	50～60	育肥猪	30～40
骡	40～50	奶牛	70～120	羊	5～10
驴	40～50	母猪	60～90	鸡	0.5～1.0

（2）放养畜禽时，应根据用水现状对按定额计算的用水量适当折减。

（3）有独立水源的饲养场可不考虑此项。

4. 企业用水量

企业用水量应根据以下要求确定：

（1）企业生产用水量应根据企业类型、规模、生产工艺、用水现状、近期发展计划和当地的生产用水定额标准确定。

企业内部工作人员的生活用水量，应根据车间性质确定，无淋浴的可为 20～35L/(人·班)；有淋浴的可根据具体情况确定，淋浴用水定额可为 40～60L/(人·班)。

(2) 对耗水量大、水质要求低或远离居民区的企业，是否将其列入供水范围应根据水源充沛程度、经济比较和水资源管理要求等确定。

5. 消防用水量

消防用水量应按照 GBJ 16《建筑设计防火规范》和 GBJ 39《村镇建筑设计防火规范》的有关规定确定。

允许短时间间断供水的村镇，当上述用水量之和高于消防用水量时，确定供水规模可不单列消防用水量。

6. 浇洒道路和绿地用水量

浇洒道路和绿地用水量，经济条件好或规模较大的镇可根据需要适当考虑，其余镇、村可不计此项。

7. 管网漏失水量和未预见水量之和

管网漏失水量和未预见水量之和宜按上述用水量之和的 10%～25%取值，村庄取较低值、规模较大的镇区取较高值。

8. 时变化系数

时变化系数，应根据各村镇的供水规模、供水方式，生活用水和企业用水的条件、方式和比例，结合当地相似供水工程的最高日供水情况综合分析确定。

(1) 全日供水工程的时变化系数，可按表 6-4 确定。

表 6-4　　全日供水工程的时变化系数

供水规模 w /($m^3 \cdot d^{-1}$)	$w>5000$	$5000 \geqslant w>1000$	$1000 \geqslant w \geqslant 200$	$w<200$
时变化系数 K_h	1.6～2.0	1.8～2.2	2.0～2.5	2.3～3.0

注：企业日用水时间长且用水量比例较高时，时变化系数可取较低值；企业用水量比例很低或无企业用水量时，时变化系数可在 2.0～3.0 范围内取值，用水人口多、用水条件好或用水定额高的取较低值。

(2) 定时供水工程的时变化系数，可在 3.0～4.0 范围内取值，日供水时间长、用水人口多的取较低值。

9. 日变化系数

日变化系数应根据供水规模、用水量组成、生活水平、气候条件，结合当地相似供水工程的年内供水变化情况综合分析确定，可在 1.3～1.6 范围内取值。

10. 水厂自用水量

水厂自用水量应根据原水水质、净水工艺和净水构筑物（设备）类型确定。采用常规净水工艺的水厂，可按最高日用水量的 5%～10%计算；只进行消毒处理的水厂，可不计此项；采用电渗析工艺的水厂，可按电渗析器日产淡水能力的 120%计算。

11. 水源取水量

水源取水量可按供水规模加水厂自用水量确定；利用已有渠道输水时，尚应考虑渠道的蒸发、渗漏损失量；有庭院浇灌和农田灌溉需求时，尚应根据具体情况适当考虑庭院浇灌用水量和农田灌溉用水量。

四、供水水质和水压

集中式供水工程，生活饮用水水质应符合 GB 5749 的要求；受水源、技术、管理等条件限制的Ⅳ、Ⅴ型供水工程，生活饮用水水质应符合《农村实施〈生活饮用水卫生标准〉准则》的要求。

供水水压应满足配水管网中用户接管点的最小服务水头；设计时，对很高或很远的个别用户所需的水压不宜作为控制条件，可采取局部加压或设集中供水点等措施满足其用水需要。

配水管网中用户接管点的最小服务水头，单层建筑物可为 5～10m，两层建筑物为 10～12m，二层以上每增高一层增加 3.5～4.0m；当用户高于接管点时，尚应加上用户与接管点的地形高差。

配水管网中，消火栓设置处的最小服务水头不应低于 10m。

用户水龙头的最大静水头不宜超过 40m，超过时宜采取减压措施。

五、供水水源

1. 供水水源选择的原则

(1) 符合区域水资源规划及相关要求。

(2) 优质水源优先保证生活用水。

(3) 当区域现有供水工程水源水量、处理能力能够满足原有及新增用户供水需求，应优先采用现有工程管网延伸方式供水；城市周边地区宜选择市政供水管网解决饮水不安全问题。

(4) 原水水质符合国家有关现行标准。

(5) 应尽量优先选择地表水，其次选用地下水。采用地表水时，应优先选用满足要求且具有一定调蓄能力的水源。

(6) 利用现有水源作为工程水源时，若改变原水源工程的设计任务，须取得原工程主管部门书面同意。

(7) 当区域有多种水源供选择时，应对其进行比较后确定。

(8) 当单一水源无法满足供水要求时，可采取多水源供水。

2. 供水水源选择的基本要求

(1) 水源水量充沛可靠。用地表水做水源时，枯水期流量的保证率应不低于 95%；以地下水做水源时，其取水量应小于可开采量。

(2) 水源水质：地下水水源水质符合 GB/T 14848 的要求；地表水水源水质应符合 GB 3838 的要求，或符合 CJ 3020 的要求。

(3) 水源选择应考虑安全、经济以及便于水源保护等因素。

(4) 作为工程供水水源，当改变原水源工程设计任务时，应取得原工程主管部门书面同意，并作为初设报告附件。

(5) 有多处水源可供选择时，应对其水量、水质、投资、运行成本、施工和管理条件等进行全面的技术经济比较后择优确定。

3. 水源选择

水源选择时根据当地的水资源分布情况、结合解决农村饮水的类型特点以及水利工程的位置，应优先选择地表水源及水源保证率高的中型水库、湖泊；水源选择时还应该考虑运行成本与工程投资，应充分利用现有的水资源。

自来水厂的供水水源，首先从量的方向选择，根据本区水文地质条件，地下水分布零散，储量不大，不能作为新建水厂的供水水源。只能就地表水源进行选择。

水源选择应符合以下要求：

(1) 应详细调查和搜集区域水资源资料，并据此选择适宜的水源。

(2) 有多个水源可供选择时，应对其水质、水量、工程投资、运行成本、施工和管理条件、卫生防护条件等进行综合比较，择优确定。

(3) 对拟选水源应进行水资源勘察，重点进行水质和干旱年枯水期可供水量分析，结合相应的供水方案做出评价。

地下水源应按照 GBJ 27《供水水文地质勘察规范》的要求进行水文地质勘察。

地表水源评价时，应分析不同水文年逐月流量和含沙量的最大、最小、平均值，最高水位、最低水位和常水位，洪水持续时间、冰情、水温和水质等历史记录资料，并进行水量平衡分析。

缺乏资料时，应进行实测和调查，选择相邻水文站做参证站进行水文预测分析，并适当提高设计取水量的保证率。

4. 供水水源保护措施

对设计选用的供水水源应明确保护措施，农村饮水工程是关系千家万户的事情，水源必须加强保护。首先，抓好《中华人民共和国水法》、《中华人民共和国环境保护法》等相关法律的宣传和卫生饮水的教育，让群众从思想上认识到爱护水源、珍惜水源、饮水卫生的重要性。其次，要求在防护地带及水厂生产区应设置固定的标志，在饮水工程 10m 范围内不得设置生活居住区、禽畜饲养场和厕所，不得堆放垃圾、粪便、废渣和铺设污水管道。在井的影响半径范围内，不得使用工业废水或生活污水灌溉和使用持久性或剧毒性的农药，不得从事破坏深层土壤的活动。工程范围内应加以绿化，使之保持良好的环境卫生状况。要定期对水源水质情况进行检测，保证让群众吃上放心水安全水，一经发现水质异常情况，立即予以处理。

【案例】

(1) 水源选择。根据××水厂水文地质资料，单井出均小于 150～50m^3/d，对于 5000～10000m^3/d，水厂难以满足本工程需要，此外，该地区大部分地下含盐量较高。因此地下水不宜作为本工程的水源，作为本工程水源主要为地表水。

××镇的地表水源主要有××水库和滁河二大水源，在××县农村饮水安全工程总体规划中，××分两个供水片，滁河为滁河片水厂的供水水源，××水库为××水厂供水水源。

××水库位于××县北部，水库集水面积 57km^2，总库容 2440 万 m^3，为中型水库。水库上游主要是山丘区，耕地不多，无工矿企业，水质较好（达到 2 级地表水标准），经监测结果表明可以作为饮用水水源。

××水库兴利库容为 1080 万 m^3，通过水量平衡分析 75%保证率时，水库水能满足供水要求，用水量包括农业灌溉用水、集镇居民生活及工业用水、农村人畜用水等。90%～95%保证率灌溉水量 $15.99\times10^6m^3$。近期生活及工业用水量 $3.01\times10^6m^3$，远期生活及工业用水量 $5.5\times10^6m^3$。95%保证率可供水量为 $15.32\times10^6m^3$，通过××灌区的××站和××站抽取滁河水补给，近期为 $3.68\times10^6m^3$，远期为 $6.17\times10^6m^3$。可见其95%保证率供水量是能满足要求的。

水库自1986以来，逐年最低水位资料见表6-5，从表中可以看出，低于死水位的年份只有2007年和2008年，2007年和2008年为大旱年份，通过排频分析，该次旱情相当于97%保证率。考虑到从滁河调水，并发挥灌区泵站的作用，××水库可以保证水厂用水要求。

表6-5　　××水库历年最低水位统计表

年　份	水位/m	库容/万 m^3	发生日期	备　注
1992	23.13	82	6月11日	
1993	25.36	516	1月1日	
1994				
1995	24.74		1月4日	
1996	22.79	50	1月15～18日	
1997	23.30	99	1月1～20日	
1998	23.49	120	7月13日	
1999	24.61	344	1月1～3日	
2000	22.73	47	12月12～27日	
2001	22.00	24	12月31日	
2002	22.00	24	1月1日	
2003	22.70	45	8月18日	
2004	24.61	344	1月1日	
2005	25.11	444	6月14日	
2006	23.73	168	8月13日	
2007	21.44	12	11月28日	死水位22.6m
2008	21.53	14	1月15～16日	相应库容40万 m^3
2009	26.28	848	6月22日	
2010	24.86	394	11月7日	
2011	23.63	148	7月5日	
2012	25.96	720	6月30日	

(2) 供水量确定。××水厂根据××镇的现状和发展规划，在若干年内××镇将在工农业生产和群众生活水平等方面有较大发展。为此，必须就该镇发展情况对不同阶段的需水量要求做出估计。

1) 预测年限。根据农村安全饮水有关规范和乡镇发展情况及发展速度，用水量近期预测到2015年底，远期预测到2025年年底。

2) 水量预测。根据××县农村饮水安全工程总体规划中水量预测内容，按居民生活用水，工业生产用水，公共建筑及城镇用水，未预计水量及管网漏失量四方面分别预测×

×镇近期（2015 年），远期（2025 年）的需水量。

a. 生活用水量。为了较准确地预测生活用水量，将受益区内集镇人口和农村生活人口用水量按不同标准计算。根据有关规范和实际状况，近期 2015 年，农村生活人口取 60L/(人·d)，集镇居民取 160L/(人·d)，普及率集镇为 95%，农村为 85%。远期 2020 年，农村生活人口取 80L/(人·d)，集镇居民取 180L/(人·d)，普及率集镇为 97%，农村为 90%，人口自然增长率为 0.6%，农村机械增长率为 0，集镇机械增长率为 2%。根据规划调查，××镇长山水库水厂供水区域内现状总人口 45560 人，其中，农村人口 40320 人，集镇人口 5240 人。据此算得，近期（2015）年；集镇人 6602 口万人，农村人口 42550 万人；远期（至 2025）年；集镇人 7506 口万人，农村人口 43842 万人（表 6-6）。

表 6-6　　生活用水量预测表

地点＼项目＼年份	2012	2015		2025	
	现状人口/人	设计人口/人	生活需水量/($m^3 \cdot d^{-1}$)	设计人口/人	生活需水量/($m^3 \cdot d^{-1}$)
集镇	5240	6602	882.7	7506	1456.2
农村	40320	42550	2106.1	43842	3945.8
合计	45560	49152	2988.8	51348	5401.9

b. 工业用水量。考虑到近期全国处于招商引资形势下，经济发展较快，以××镇提供的 2009 年仙踪镇区工业总产值 3129 万元为基础，综合分析 2007 年以来的工业发展情况，同时参考同类乡镇规划发展速度，预测时按每年平均 8%递增率估算近期和远期的规划区内工业总产值，然后对 2006～2011 年售水情况和工业总产值进行分析，确定适当的工业万元产值耗水率。根据仙踪镇工业以建材为主，参考有关资料，近期 2015 年取 $80m^3$/万元，远期 2025 年为 $80m^3$/万元，预测工业用水量为：①近期（2015 年），工业总产值 5363 万元，最高日用水量 $1175.4m^3/d$；②远期（2025 年），工业总产值 11577 元，最高日用水量 $2537.5m^3/d$。

c. 公共建筑及城镇用水量。这部分用水量包括：公共建筑、市政、消防等用水量、根据村镇供水工程技术规范，并参考有关资料，这部水量约占居民生活用水量的 10%～25%，预测按 10%计算。

d. 未预见水量及管网漏失量。根据 SL 310—2004《村镇供水工程技术规范》，考虑到仙踪镇的规模与发展情况，仙踪镇未预见水量和管网漏失量按生活用水量的 15%计算。

将以上各项用水量列表计算见表 6-7，据此，预测各水平年用水量为：2015 年最高日需要供水量为 $4951.0m^3/d$；2025 年最高日需要供水量为 $8788.8m^3/d$。

表 6-7　　仙踪镇需水量计算表

设计年份	生活需水/($m^3 \cdot d^{-1}$)	工业需水/($m^3 \cdot d^{-1}$)	市政用水/($m^3 \cdot d^{-1}$)	未预见水量/($m^3 \cdot d^{-1}$)	总用水量/($m^3 \cdot d^{-1}$)
2015	2988.8	1175.4	298.9	448.3	4911.3
2025	5401.9	2537.5	540.2	810.3	9289.9

3）工程规模。根据用水量预测：××水厂 2015 年最大日供水量为 4911.3m^3/d，2025 年最大日供水量为 9289.9m^3/d，因此新建水厂的供水规模为：

近期（2015 年）5000m^3/d。

远期（2025 年）10000m^3/d。

任务三 取水构筑物设计

一、地表水取水构筑物分类

按水源种类可分为河流、湖泊、水库及海水取水构筑物；按取水构筑物的构造形式可分为固定式（岸边式、河床式、斗槽式）和活动式（浮船式、缆车式）两种；在山区河流上，有低坝式和低栏栅式取水构筑物。

二、设计取水构筑物时应收集的有关资料

（1）河段历年最高水位和最低水位、逐月平均水位和常年水位。

（2）河段历年最大流量和最小流量。

（3）河段取水点历年的最大流速、最小流速速、平均流速。

地表水取水构筑物的设计最高水位，一般按百年一遇（设计频率为 1%）确定。设计枯水位和设计枯水流量的设计频率，应根据水源情况和供水重要性选定。当地表水作为城镇供水水源时，其设计枯水位和设计枯水流量的保证率，一般可采用 90%～97%；当地表水作为工业企业供水水源时，其设计枯水流量的保证率应按有关部门的规定选取。

三、江河取水构筑物位置的选择

江河取水构筑物位置的选择是否恰当，直接影响取水的水质和水量、取水的安全可靠性、投资、施工、运行管理以及河流的综合利用。

选择位置时要深入现场调查研究，根据取水河段的水文、地形、地质、卫生等条件，全面分析，综合考虑，提出几个可能的取水位置方案，进行技术经济比较，从中选择最优的方案。

1. 设在水质较好地点

为避免污染，取水构筑物宜位于城镇和工业企业上游的清洁河段，在污水排放口的上游 100～150m 以上；取水构筑物应避开河流中的回流区和死水区，以减少进水中的泥沙和漂浮物；在沿海地区应考虑到咸潮的影响，尽量避免吸入咸水；污水灌溉农田、农作物施加杀虫剂等都可能污染水源，也应予以注意。

2. 具有稳定河床和河岸，靠近主流，有足够的水深

在弯曲河段上，取水构筑物位置宜设在河流的凹岸；如果在凸岸的起点，主流尚未偏离时，或在凸岸的起点或终点；主流虽已偏离，但离岸不远有不淤积的深槽时，仍可设置取水构筑物。在顺直河段上，取水构筑物位置宜设在河床稳定、深槽主流近岸处，通常也就是河流较窄、流速较大，水较深的地点，在取水构筑物处的水深一般要求不小于 2.5～3.0m。

3. 具有良好的地质、地形及施工条件

取水构筑物应设在地质构造稳定、承载力高的地基上；取水构筑物不宜设在有宽广河漫滩的地方，以免进水管过长；选择取水构筑物位置时，要尽量考虑到施工条件，除要求交通运输方便，有足够的施工场地外，还要尽量减少土石方量和水下工程量，以节省投资，缩短工期。

4. 靠近主要用水地区

取水构筑物位置选择应与工业布局和城市规划相适应，全面考虑整个给水系统的合理布置。

在保证取水安全的前提下，取水构筑物应尽可能靠近主要用水地区，以缩短输水管线的长度，减少输水管的投资和输水电费。此外，输水管的敷设应尽量减少穿过天然或人工障碍物。

5. 注意人工构筑物或天然障碍物

取水构筑物应避开桥前水流滞缓段和桥后冲刷、落淤段，一般设在桥前 0.5～1.0km 或桥后 1.0km 以外；取水构筑物与丁坝同岸时，应设在丁坝上游，与坝前浅滩起点相距一定距离处，也可设在丁坝的对岸；拦河坝上游流速减缓，泥沙易于淤积，闸坝泄洪或排沙时，下游产生冲刷泥沙增多，取水构筑物宜设在其影响范围以外的地段。

6. 避免冰凌的影响

在北方地区的河流上设置取水构筑物时，应避免冰凌的影响。取水构筑物应设在水内冰较少和不受流冰冲击的地点，而不宜设在易于产生水内冰的急流、冰穴、冰洞及支流出口的下游，尽量避免将取水构筑物设在流冰易于堆积的浅滩、沙洲、回流区和桥孔的上游附近。

在水内冰较多的河段，取水构筑物不宜设在冰水混杂地段，而宜设在冰水分层地段，以便从冰层下取水。

7. 应与河流的综合利用相适应

选择取水构筑物位置时，应结合河流的综合利用，如航运、灌溉、排洪、水力发电等，全面考虑，统筹安排。

在通航河流上设置取水构筑物时，应不影响航船通行，必要时应按照航道部门的要求设置航标；应注意了解河流上下游近远期内拟建的各种水工构筑物和整治规划对取水构筑物可能产生的影响。

四、江河固定式取水构筑物

固定式取水构筑物与活动式取水构筑物相比具有取水可靠，维护管理简单，适应范围广等优点，但投资较大，水下工程量较大，施工期长，在水源水位变幅较大时尤其突出。

固定式取水构筑物设计时应考虑远期发展的需要，土建工程一般按远期设计，一次建成，水泵机组设备可分期安装。

（一）岸边式取水构筑物

采用岸边式取水一般应符合如下条件：

（1）河水主流靠近取水岸，或靠取水岸有稳定的主流深槽，即岸边有足够的水深，能保证在最低水位时也可安全取水。

(2) 具有稳定的河床和河岸，避免取水构筑物建成后，改变主流位置，而使取水地段产生淤积。

(3) 岸边为地质条件较好的陡坡，如岩石陡坡，这样，取水构筑物设在陡岸可减少连接堤岸的工程量，同时岸堤对河流水力条件影响较小，不致引起河床变形。

(4) 在水位变幅大，特别是急涨快落且流速大的取水河段上，采用竖井式岸边取水构筑物，具有管理操作方便、取水安全可靠等优点。

(5) 水中泥沙、漂浮物和冰凌较严重的河流上不适宜采用自流管取水时。

江河固定式取水构筑物主要分为岸边式和河床式两种，此外还有斗槽式。

1. 岸边式取水构筑物类型

直接从江河岸边取水的构筑物，称为岸边式取水构筑物，由进水间和泵房两部分组成。适用于岸边较陡，主流近岸，岸边有足够水深，水质和地质条件较好，水位变幅不大的情况。

按照进水间与泵房的合建与分建，岸边式取水构筑物的基本型式可分为合建式和分建式。

(1) 合建式岸边取水构筑物。合建式岸边取水构筑物进水间与泵房合建，水经进水孔进入进水室，再经格网进入吸水室，然后由水泵抽送至水厂或用户（图 6－4)。进水孔上的格栅用以拦截水中粗大的漂浮物。进水间中的格网用以拦截水中细小的漂浮物。

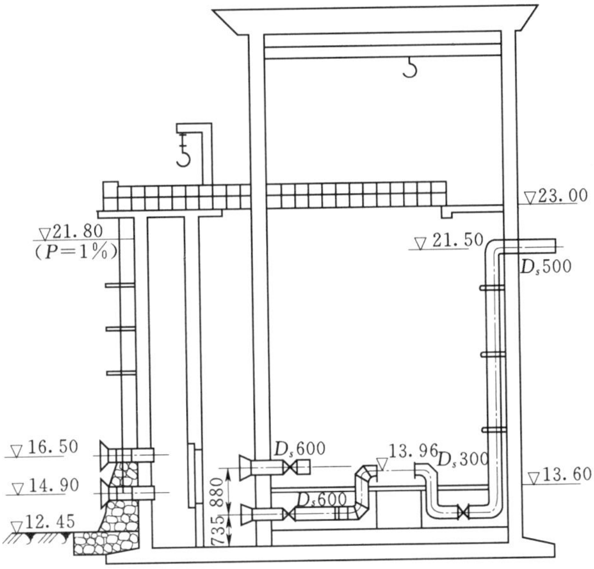

图 6－4 基础呈水平布置的合建式岸边取水构筑物（尺寸单位：mm；高程单位：m）

合建式的优点是布置紧凑，占地面积小，水泵吸水管路短，运行安全，管理维护方便；缺点是土建结构复杂，施工较困难。只有在岸边水深较大，河岸较陡，同时河岸地质条件良好的地方以及水位变幅和流速较大的河流才可采用。

1) 基础呈阶梯式。在河岸地质情况较好（岸边为基岩）的条件下才可采用这种布置形式，以保证不致因进水间与水泵间的基础标高不同而引起构筑物的不均匀沉陷（图 6－

5)。由于进水间与水泵间的底部标高不同，可减小泵房的建筑高度，节省土建投资，便于施工。但在枯水期低水位时，水泵不能自灌引水需采用抽真空方式或灌注压力水引水方式，对运行管理不方便。

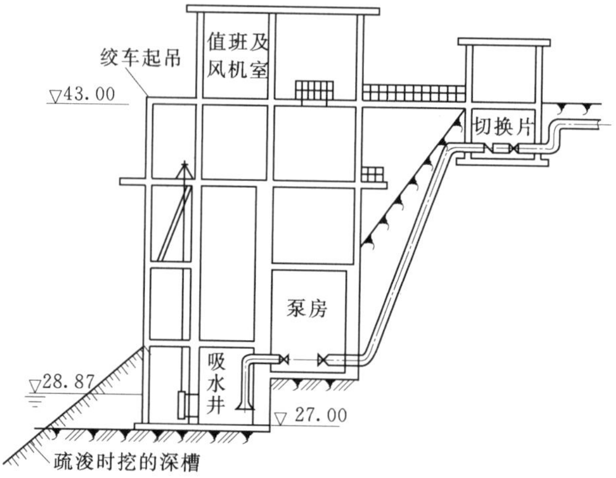

图 6－5　基础呈阶梯形的合建式岸边取水构筑物（单位：m）

2）立式泵式，基础呈水平布置，即进水间与水泵间的底在同一标高上（图 6－6）。在岸边地质条件较差，不宜作阶梯形基础布置时采用这种形式。

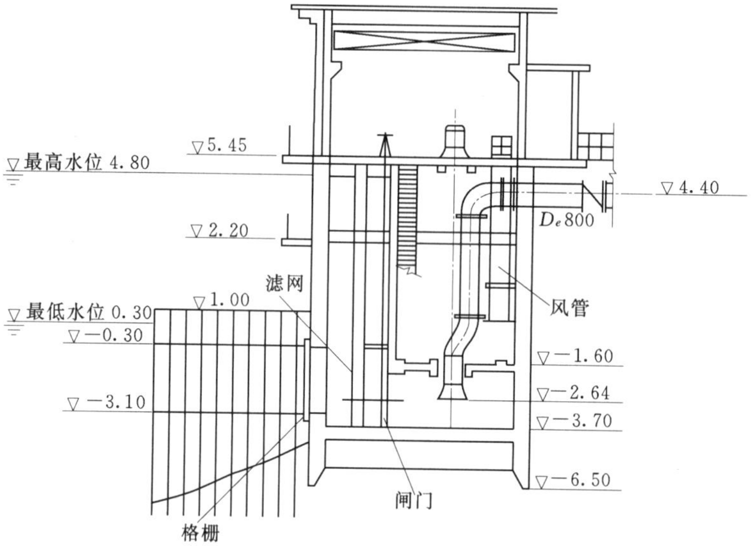

图 6－6　采用立式泵的合建式岸边取水构筑物（尺寸单位：mm；高程单位：m）

这种形式的取水构筑物多用卧式泵，安装在最低设计水位以下，使水泵自灌引水启动，运行管理方便。但由于水泵间高度大，建筑面积（包括相应的进水间面积）也较大，因而造价较高，检修不便，水泵间通风条件较差。

为避免以上缺点，可采用立式泵，这种形式的进水间和上一种的相同，而吸水间在水泵间下面，用不透水的隔板分开。此层隔板应按最高洪水位时的静水压力求进行结构设计，同时应十分严密（包括人孔及吸水管穿过隔板处，都应作严密的防水措施）。隔板以上的水泵间也应做严密的防水措施。这种布置形式可减小建筑面积降低土建投资，电机和电气设备可设置在最高水位以上的操作间内，通风和采光条件良好，操作管理方便。但是，立式防沙泵与电机连接轴长，水泵电机的安装、检修都比较麻烦，因此目前较少采用。

在水位变化较大的河流上，水中漂浮物不多，取水量不大时，也可采用潜水泵取水。潜水泵和潜水电机可以设在岸边进水间内，亦可设在岸边斜坡上。这种取水方式结构简单，造价低。但水泵电机检修较困难。

（2）分建式岸边取水构筑物（图 6－7）。适用条件为靠近取水岸，水深岸陡，水位变幅较小，河床与河岸较稳定，河岸地质条件较差。

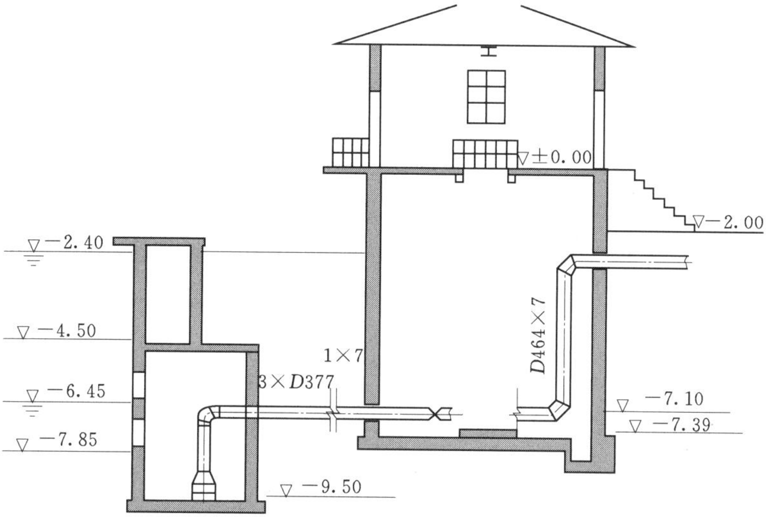

图 6－7 分建式岸边取水构筑物（尺寸单位：mm；高程单位：m）

采用分建式岸边取水构筑物时，在地形及地质条件允许的情况下，应尽可能缩短水泵房与进水构筑物之间的距离。如受地形及地质的自然条件限制，则要采取必要的结构措施，缩短其间距，减短水泵吸水管路，有利于维护管理和增加运行的安全性。

与合建式岸边取水构筑物形式相比，分建式取水构筑物显然水泵吸水管长，水泵启动所需时间较长，吸水管或吸水底阀漏水时，检修困难。

合建式与分建式比较，总的来看，合建式比分建式较为优越。在地质和施工条件许可下，尤其是对于取水量大，保水安全性要求较高的取水工程，应尽可能采用合建式。但在地质条件差，且施工技术力量薄弱，施工条件差，对水下施工有困难的情况下，宜采用分建式。

岸边式取水构筑物一般采用钢筋混凝土结构。构筑物的平面形状有圆形、矩形和椭圆形。采用何种形式，应根据工艺布置方案及其所确定的构筑物尺寸、荷载条件、构造特点以及施工方法等来确定。圆形的取水构筑物其结构性能较好，便于施工，受力条件较好但不便于布置水泵等设备。矩形的取水构筑物则与圆形相反。而椭圆形取水构筑物兼有圆形及矩形取水构筑物的优点。

在水位变幅大的河流，岸边式取水构筑物为了能在洪水位、常水位及枯水位均可取得含沙量较小的河水，一般在进水构筑物的外墙上设置两层或两层以上的进水孔。底层进水孔的下缘一般要高出河底0.5～1.0m，上缘宜低于设计最低水位0.50～1.0m。上层进水口的上缘则要求低于设计洪水位1.00～1.25m以下。

为了截留水中粗大的悬浮杂质及漂浮物，须在进水口设置格栅。格栅栅条宽一般采用10mm，栅条间距为30～50mm。为了进一步截留水中的细小杂质，可在进水间与吸水间之间的纵向隔墙上设置滤网。

2. 岸边式取水构筑物的构造和设计

（1）进水间。进水间由进水室和吸水室两部分组成，可与泵房分建或合建。分建时平面形状有圆形、矩形、椭圆形等。圆形结构性能较好，水流阻力较小，便于沉井施工，但不便于布置设备。矩形则相反。进水间深度不大，用大开槽施工时可采用矩形。深度较大时宜采用圆形。椭圆形兼有两者优点，可用于大型取水。进水间设计要点如下：

1）根据安全运行，检修和清洗、排泥等要求，进水室通常用隔墙分成可独立工作的若干分隔。

2）一般每一分隔布置一根进水管或一个进水孔口。当河流水位变幅不大时，可采用单层进水孔口，当河流水位变幅超过6m时，可设置2层或3层进水孔，上层进水孔的上缘应在洪水位以下1.0m，下层进水孔的下缘至少应高出河底0.5m，其上缘至少应在设计量低水位以下0.3m。

3）当取水量大，采用轴流泵或混流泵取水时，进水室应结合水泵前池设计的要求进行设计，以免影响水泵效率。进水孔的高宽比，宜尽量配合格栅和闸门的标准尺寸。进水孔口前应设置格栅及阀门槽。

合建式进水间为非淹没式，分建式进水间既可是非淹没式，也可是半淹没式。

非淹没式进水间的操作平台在设计洪水位时仍露出水面，操作管理方便；半淹没式进水间的操作平台当水位超过设计水位时被淹没，淹没期间格网无法清洗，积泥无法排除，只适用于高水位历时不长，泥沙及漂浮物不多的情况，但投资较省。

（2）进水间附属设备。

1）格栅设计要点。格栅设于进水口（或取水头部）的进水孔上，以拦截水中粗大的漂浮物及鱼类，栅条厚度或直径一般采用10mm，净距通常采用30～120mm。栅条可以直接固定在进水孔上，也可放在进水孔外侧的导槽中，清洗和检修时便于拆卸。

2）格栅一般按可拆卸设计，并考虑有人工或机械清除的措施。

3）格栅与水平面最好成65°～75°倾角。

4）框架外形应与进水口形状一致。

5）通过格栅的水头损失，一般采用0.05～0.1m。

（3）格网。格网设在进水间内，用以拦截水中细小的漂浮物。格网分为旋转格网和平板格网两种。

旋转格网构造复杂，所占面积大，但冲洗方便，拦污效果好，适用于水中漂浮物较多，取水量较大的取水构筑物。

平板格网构造简单，所占位置小，可减小进水间尺寸，但网眼不能太小，因而不能拦截较细小漂浮物，且冲洗麻烦，每次冲洗都有部分杂质进入吸水室，适用于中小取水量、漂浮物不多的情况。

（4）排泥、启闭及起吊设备。河水进入进水间后流速减小，会有泥沙沉积，需及时排除。常用的排泥设备有排沙泵、排污泵、射流泵、压缩空气提升器等。

在进水间的进水孔、格网和横向连通孔上都须设置闸阀、闸板等启闭设备，常用的有平板闸门、滑阀及蝶阀等。

为便于格网、格栅的清洗和检修及闸门的启闭和检修，需在操作平台上设置起吊设备。常用的起吊设备有电动卷扬机、电动和手动单轨吊车等。

（5）防冰、防草措施。在有冰冻的河流上取水时，必须采取防冰措施。常用的防冰措施有降低进水孔流速；利用电、热水或蒸汽加热格栅；在进水孔前引入废热水，在进水孔上游设置挡冰木排；利用渠道引水使水内冰在渠道上浮。

防止水草堵塞，可采用机械或水力方法及时清理格栅；在进水孔前设置挡草木排；在压力管中设置除草器等措施。

（6）岸边式取水泵房的设计。

1）水泵选择。水泵选择包括水泵型号选择和水泵台数确定。水泵台数过多，将增大泵房面积和土建造价；水泵台数过少，不利于运行调度，一般采用 3～4 台。水泵型号应尽量相同，以便互为备用。当供水量或扬程变化较大时，可考虑大小水泵搭配，以利调节。选泵时应以近期水量为主，适当考虑远期发展。

2）泵房布置。泵房的平面形状有圆形、矩形、椭圆形、半圆形等。矩形便于布置水泵、管路和起吊设备，而圆形受力条件好，当泵房深度较大时，土建费用较低。

水泵机组、管路及附属设备布置，既要满足安装、操作、检修的方便，为远期发展留有余地，又要尽量减小泵房面积、减低造价。

3）泵房地面层的设计标高。岸边式取水构筑物的泵房地面层（又称泵房顶层进口平台）的设计标高，应分别按下列情况确定：

当泵房位于渠道边时，采用设计最高水位加 0.5m；

当泵房位于江河边时，采用设计最高水位加浪高再加 0.5m；

当泵房位于湖泊、水库或海边时，采用设计最高水位加浪高再加 0.5m，并应设有防止风浪爬高的措施。

4）泵房的通风采暖及附属设备。泵房应有通风设施，深度不大时采取自然通风；深度较大时可采用机械通风。

寒冷地区，泵房应考虑采暖。

为便于泵房内设备的安装、检修，需要设置起吊设备。

当水泵启动时不能自灌时，应采用真空泵和水射器引水。

地下式或半地下式取水泵房须设置集水沟和排水泵，及时排除漏水及渗水。

为便于调度、泵房内还应设置通信、遥控等自动化设施。

5）泵房的防渗和抗浮。取水泵房的侧壁及底部，要求在水压作用下不产生渗漏，因此必须注意混凝土的级配及施工质量。

取水泵房在岸边时，将会受到河水和地下水的浮力作用，因此在设计时必须考虑抗浮。

具体方式可以依靠自重或增加重物抗浮，也可将泵房底板与基岩嵌出或锚固在一起抗浮。

（二）河床式取水构筑物

利用伸入江河中心的进水管和固定在河床上的取水头部取水的构筑物，称为河床式取水构筑物。河床式取水构筑物由取水头部、进水管、集水间和泵房等部分组成。

当河床稳定，河岸平坦，枯水期主流远离取水岸，岸边水深不够或水质较差，而河中心具有足够的水深或水质较好时，宜采用河床式取水构筑物。

1. 河床式取水构筑物的类型

（1）自流管取水。自流管淹没在水中，河水靠重力进入集水间，集水间可与泵房合建或分建（图6－8）。

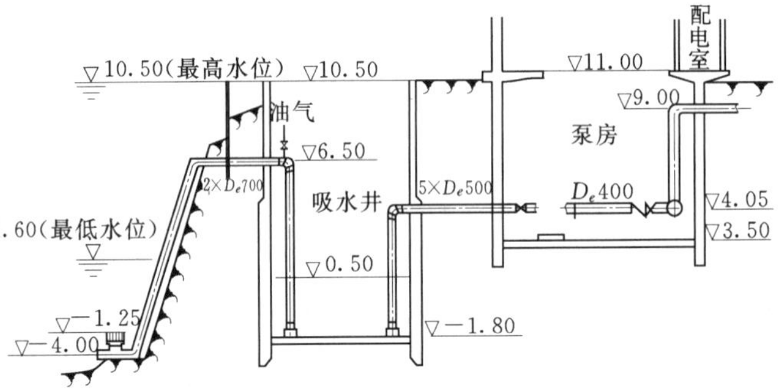

图6－8　分建式虹吸管取水构筑物（尺寸单位：mm，高程单位：m）

自流管取水工作可靠，但敷设自流管时开挖土石方量较大，适用于自流管埋深不大或河岸可以开挖敷设自流管时。

在河流水位变幅较大，洪水期历时较长，水中含沙量较高时，可在集水间壁上开设进水孔，或设置高位自流管取上层含沙量较少的水。

选择自流管取水构筑物的位置时，特别要注意在洪水期河流底沙及草情对取水的影响。在洪水期容易发生泥沙淤积的河段，如主、支流交汇处，凸岸处或在河水回流区内，均不宜布置自流管取水构筑物。另外，在高浑浊度的游荡性河段或河心滩、河心洲发育的河段，也不宜采用自流管取水。

（2）虹吸管取水。河水通过虹吸管进入集水井中，然后由水泵抽走。河水高于虹吸管顶时可自流进水；河水低于虹吸管顶时需抽真空。

当取水构筑物的位置处于枯水期主流远离取水岸、水位又很低、河流水位变幅较大，以及河滩宽阔、岸坡高而陡，且河床多为坚硬的岩石或土质的河床。如果采用自流管取水，势必自流管需要埋设很深，施工时要开挖大量的土石方，并且要进行水下施工或铺设自流管道需要穿越防洪堤、防洪墙等水工构筑物时，宜采用虹吸管取水。

利用虹吸管管顶可以高于最低设计水位4～6m的特点，可大大减少管道的埋没深度、节约土石方工程量、缩短工期、降低工程造价。采用虹吸管取水，需要安装一套真空抽气设备。水泵启动前，先启动真空泵，将虹吸管道抽真空引水。当虹吸管管径较大且管路较长或河水在低水位时，真空抽气时间较长，亦即水泵启动时间较长，运行管理不如自流管取水方便。虹吸管道施工质量变求很高，必须严密不漏水。由于管路较长，一旦虹吸进水管发生漏气现象，查漏检修也十分困难。

为确保安全取水的可靠性，虹吸进水管设计应满足以下要求：

1）总虹吸高度一般采用4～6m。

2）虹吸管末端应伸入集水井最低动水位以下1.0m，否则，虹吸作用易遭破坏，难以保证水泵的连续运行。

3）取水头部应保证足够的淹没水深，以防吸入空气。

4）至少设计两根虹吸进水管，而每根虹吸管都应设置单独的真空管路。

5）虹吸进水管一般采用钢管，管内流速一般应大于0.6m/s。

（3）水泵直接吸水。不设集水间，水泵吸水管直接伸入河中取水（图6-9）。

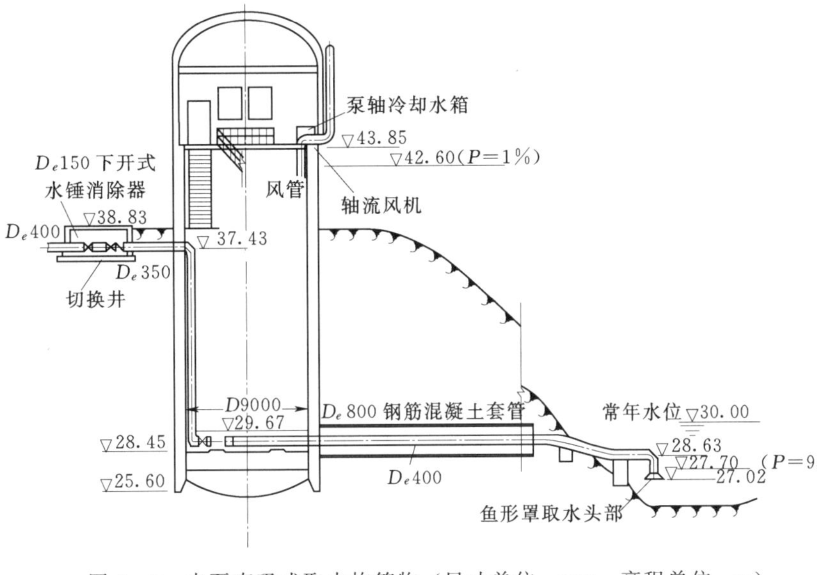

图6-9 水泵直吸式取水构筑物（尺寸单位：mm；高程单位：m）

采用水泵吸水管直接取水的河床式取水构筑物，一般只限于取水量小，源水水质较好的取水工程。

1）水泵吸水管直接取水具有如下特点：

a. 因无滤网设备，同时为防止水泵叶轮磨损过快，延长水泵使用年限，因此只是当河水水质较好，即河水小泥沙（特别是颗粒粗大的泥沙）、漂浮物、青苔均较少时，宜采用之。

b. 应尽量采用吸水高度较大的水泵设备，泵房深度可以减少。同时由于不设集水井，施工简单，土建工程造价一般较低。

c. 因主流远离取水岸、水泵吸水管路较长，故真空引水的时间也较长。

2）其他问题。

a. 从安全取水考虑，只宜采用真空引水方式，不宜采用带底阀的压力灌水引水方式，否则，吸水底阀在洪水期失灵时，检修十分困难。

b. 吸水管最好采用钢管，施工要求严密不漏气。

c. 吸水管一般埋设在河床下，当河床为非基岩时，最好采用顶管法施工，否则采用明开槽施工。也有不少小型取水工程把水泵吸水管架空在河中桩架之上，吸水管头部装栅罩，或在取水口周围拦截漂浮物，布置简单，不造围堰，无水下工程，施工方便，节约投资。但只能在不妨碍水上航运的情况下才允许采用。

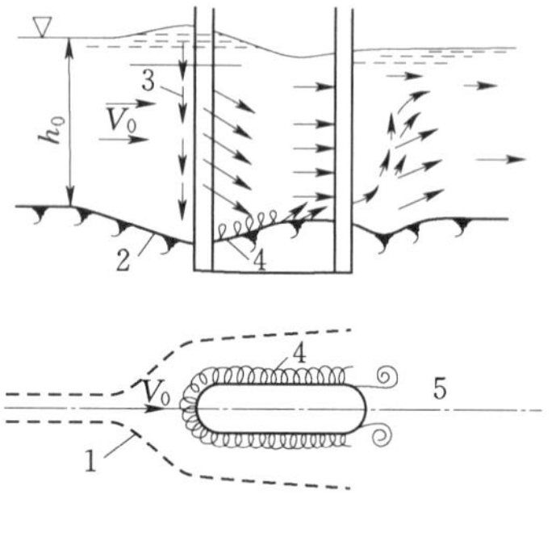

图 6－10　桥墩式取水构筑物局部冲刷示意图

1—冲刷范围；2—河底冲刷线；3—下行流速；4—螺旋绕流；5—水平绕流

(4) 桥墩式取水。整个取水构筑物建在水中，在进水间的壁上设置进水孔（图 6－10）。

桥墩式取水构筑物建在河中，缩小了水流过水断面，容易造成附近河床冲刷，基础埋深大，水下工程量大，施工复杂，需要设置较长的引桥与岸边连接，影响航运。

只有在枯水期主流远离取水岸，水位变幅较大，河水含沙量高而岸坡较缓，且河床地质条件不适宜建岸边取水构筑物的情况下，对于一些大型的，取水安全要求高的取水工程，才考虑采用桥墩式取水。

与一般的河床式取水构筑物相比，桥墩式取水可在构筑物两侧壁开设进水孔，以扩大总进水面积，减小进水口的水流速度，或减小构筑物的平面尺寸；省去了取水头部及埋设于河床下的自流进水管，集水井与泵房合建，使整个泵房系统简化，便于集中力量进行突击施工。桥墩式取水构筑物位置的选择：在一般平原河流中宜选在顺直微弯的深槽梢下处，且河床地质条件良好的河段。在有河心洲、河心滩的分岔段的河流中，应选在稳定或发展的一岔道。在游荡性的河流中，宜选择在主流线密集的河段，即河床较窄，变动性较小的河段上。

2. 河床式取水构筑物的构造

取水头部运行中存在的最大问题就是泥沙和杂草的阻塞，从而影响取水的安全。要解决这个问题，首先应该深入调查研究取得可靠的河流水文、水质资料，根据河流的特征，结合河流的地形、地质条件，正确地选择取水头部的位置及形式，就可以较合理地解决取水头部的堵塞与淤积问题，必要时还应在取水口前加设拦草排和沉沙设施，可使部分的泥沙和漂浮物拦阻在取水头部之外的河道中，保证取水头部和引水管渠的安全运行。

(1) 取水头部形式。取水头部的形式繁多，一般有管式、蘑菇式、鱼形罩式、箱式、桥墩式、岸边隧洞式、枢架式、纵向底流槽敞开式、活动式、斜板（管）式等。以平面形状不同可分为圆形、椭圆形、菱形、矩形、梯形、管形、混合形等。以结构材料分有钢筋混凝土结构、钢结构、石砌结构等。

取水头部布置和形式的确定，除满足水流条件外，还应考虑地质、结构、施工、航运等因素。应尽量减少水流对于取水头部的阻力及局部冲刷，要防止因设置取水头部而产生泥沙淤积，或导致河床演变。在一些河床变迁严重、河水含沙量大的河流中设置取水头部时，应进行水工模型试验，以确定较合理的取水头部的位置和形式。

1) 管式取水头部（喇叭管）。管式取水头部一般采用钢结构，具有构造简单，造价较低，施工方便等优点。在河流水质较好的条件下，中小型取水构筑物采用较多。

喇叭口式取水头部一般有顺水流式、水平式、垂直水流向上式和垂直水流向下式四种布置形式（图 6－11）。

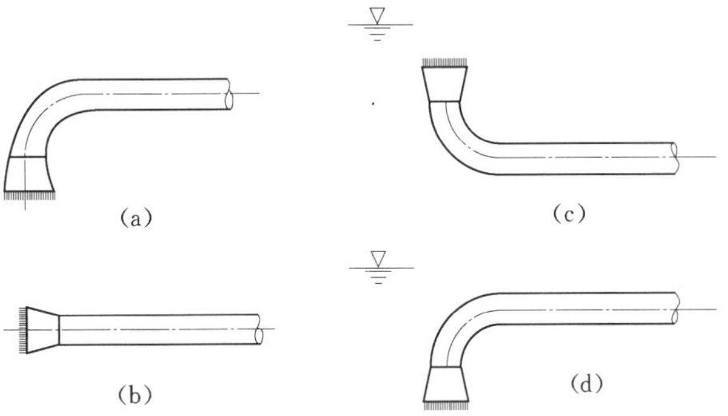

图 6－11　喇叭管式取水头部

（a）顺水流式；（b）水平式；（c）垂直水流向上式；（d）垂直水流向下式

2）蘑菇式取水头部（图 6－12）。其进水方向是自帽盖底下曲折流入，因进水时水层厚度最小，所以泥沙和悬浮物带入较少。由于其头部高度较大，所以只适用于设置在枯木期仍有一定水深的河流中的中小型取水构筑物。

3）鱼形罩式取水头部（图 6－13）是改进的莲蓬头式，在筒身及其尾部圆锥头上钻有圆形孔眼，具有外形圆滑水流阻力小等优点，而且进水流速小于河流流速，因此漂浮物不易吸附在罩面上，能避免堵塞。鱼形罩式取水头部适用于水泵直吸式的中、小型取水构筑物。

4）箱式取水头部。一般采用钢筋混凝土制成的箱子，安置在河底，从一侧设格栅进水，或在四周壁上开条缝进水。自流喇叭管设在箱内。由于进水总面积大，故能使冰凌和泥沙进入箱内。适用于水深较浅、含沙量不大，冬季潜冰较多的河流。

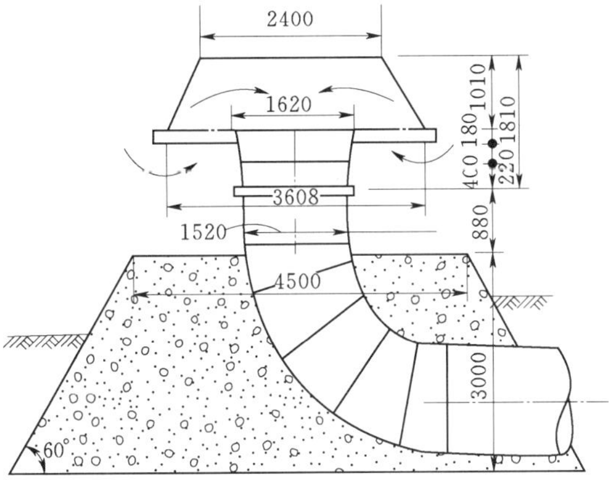

图 6－12　蘑菇式取水头部（单位：mm）

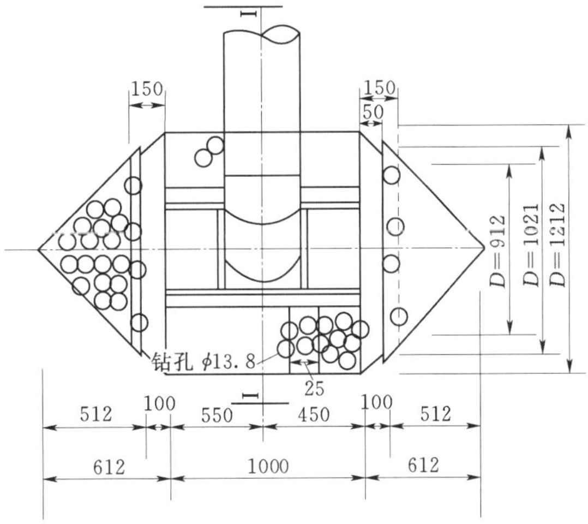

图 6－13　鱼形罩式取水头部（单位：mm）

取水头部应设在稳定河床的深槽主流有足够的水深处。侧面进水孔下缘应高出河底不小于 0.5m，顶部进水孔应高出河底 1.0～1.5m 以上。

取水头部进水孔的上缘在设计最低水位以下的淹没深度，当顶部进水时不小于 0.5m，侧面进水时不小于 0.3m，有冰凌时应从冰凌下缘算起。虹吸管和吸水管进水时，其上缘的淹没深度不小于1.0m。从顶部进水时，应考虑进水流速大产生旋涡而影响淹没深度。

取水头部进水孔的流速要选择恰当，流速过大，易带入泥沙、杂草和冰凌；流速过小，会增大进水孔和取水头部尺寸，增加造价和水流阻力。

进水孔流速可根据河中泥沙及漂浮物的数量、有无冰凌、取水点的水流速度、取水量的大小等确定。一般有冰凌时取0.1～0.3m/s；无冰凌时取0.2～0.6m/s。

(2) 进水管。进水管有自流管、进水暗渠、虹吸管等。自流管一般采用钢管、铸铁管和钢筋混凝土管。虹吸管要求严密不漏气，宜采用钢管，但埋在地下的亦可采用铸铁管。进水暗渠一般用钢筋混凝土。

为了提高进水的安全可靠性和便于清洗检修，进水管一般不应少于两条。当一条进水管停止工作时，其余进水管通过的流量应满足事故用水要求。

进水管的管径应按正常供水时的设计水量和流速决定。管中流速不应低于泥沙颗粒的不淤流速，以免泥沙沉积；但也不宜过大，以免水头损失过大；增加集水间和泵房深度。

进水管流速一般不小于0.60m/s，水量较大、含沙量较大、进水管短时，流速可适当增大。一条管线冲洗或检修时，管中流速允许达到1.5～2.0m/s。

自流管一般埋设在河床下0.5～1.0m，如需敷设在河床上时，须用块石或支墩固定。

自流管的坡度和坡向应视具体条件而定，可以坡向河心、坡向集水间或水平敷设。

虹吸管的虹吸高度一般不大于4～6m，虹吸管末端至少应伸入集水井最低动水位以下1.0m；虹吸管应朝集水间方向上升，最小坡度为0.003～0.005；每条虹吸管宜设置单独的真空管路，以免互相影响。

(三) 斗槽式取水构筑物

在岸边式或河床式取水构筑物之前，在河流岸边用堤坝围成，或在岸内开挖形成进水斗槽。

水流进入斗槽后，流速减小，便于泥沙沉淀和水内冰上浮，可减少泥沙和冰凌进入进水孔，适用于取水量大、河流含沙量高、漂浮物较多、冰絮较严重且有适合地形的情况。

按水流进入方向，斗槽式取水构筑物可分为顺流式、逆流式和双流式。

顺流式斗槽水流方向与河流一致，但斗槽中流速小于河水流速，一部分动能转化位能，在进口形成壅水和横向环流，进入斗槽的水流主要是河流表层水，适用于含泥沙多，冰凌不严重的河流。

逆流式斗槽水流方向与河流相反，河水在斗槽进口受到抽吸，形成水位跌落，产生横向环流，进入斗槽的水流主要是河流底层的水，适用于冰凌严重，而泥沙较少的河流。

双流式斗槽适用于河流含沙量和冰凌含量季节性变化的情况。当洪水季节含沙量大时，打开上游端闸门，顺流进水。当冬季冰凌严重时，打开下游端闸门，逆流进水。

斗槽式取水构筑物的位置应设在凹岸靠近主流的岸边处，以便利用水力冲洗沉积在斗槽内的泥沙。

斗槽式取水构筑物施工量大，造价较高，排泥困难，并且要有良好的地质条件，采用较少。

项目七　供水处理工艺设计

常规水处理工艺处理的对象是水中悬浮物和胶体杂质。供水工程水处理的原理和工艺流程一般为：水源→混凝→沉淀→过滤→消毒→用户。

农村供水实际应用时需根据水源情况、用户对水质的要求等因素酌情处理。

任务一　村镇水处理工艺选择

一、水处理的定义与目的

村镇水处理是以除去水中悬浮物，以改变感观性质，达到生活饮用水的要求为目的的水质处理。通常采用沉淀、混凝、澄清、过滤、脱色、消毒、除味等方法。

二、给水处理的水源

国内大部分水厂多采用地面水源，分别取自江河、湖泊和水库。按照原水水质条件和水处理要求的不同，地面水源大致有以下五类。

1. 未受污染或轻度污染的地面水

水体符合国家规定的 GB 3838《地面水环境质量标准》Ⅰ、Ⅱ类水体的水质指标，且浊度和水温均属正常范围，处理的目的主要是去除浊度和达到微生物学卫生指标。

2. 微污染的地面水

水体受环境污染，某些指标已超过 GB 3838 中Ⅲ类水体的规定。目前我国七大水系和内陆河流近年来已受到不同程度的污染，特别在工业发达和城市化集中地区尤为严重，主要污染物为氨氮、有机物（高锰酸钾耗氧量）、挥发酚和生物需氧量等。

3. 高浊度地面水

黄河以及长江上游河段，洪水期大量泥沙流入水体，形成高含沙量的原水。黄河中游及其支流的最高含沙量可达 1000kg/m^3 以上。长江上游嘉陵江最高含沙量也达 252kg/m^3。黄河与长江的高浊度水有较大差别，黄河的高浊度水一般指沉淀过程中出现浑液面的河水；长江高浊度水则指洪水期经常出现（20～30d）浊度大于 1000 度，且数次出现 5000 度以上的浑水。

4. 低温低浊地面水

我国北方广大地区，一年内低温延续时间长，且原水浊度又较低，给水处理带来困难，需要选择合适的处理方法，才能满足出水水质要求。低温低浊水一般是指冬季水温在 0～4℃，浊度低于 30 NTU 的地面水。

5. 高含藻地面水

高含藻地面水主要出现在湖泊和水库。由于受污染水排放和农业施肥等影响，我国不少湖泊富营养化日趋严重，氮、磷的含量高，造成藻类大量繁殖。在富营养化湖泊水中，藻的数量一般为每升几十万到每升几千万个，给常规处理工艺带来困难。

针对上述不同水源的特点，广大给水工作者进行了不同水源水处理工艺的科学研究，并不断实践、充实和完善。

三、给水处理工艺

1. 常规处理

以混凝、沉淀、过滤、消毒为主组成的水处理工艺是我国应用最广也是最基本的处理手段。随着对出水水质要求的提高，近年来各水厂普遍加强了对各工艺阶段水质的控制。强化常规处理，降低出水浊度，也成为各水厂处理轻度污染源水的有效方法。目前混凝剂的使用多以铝盐为主。三氯化铁、聚合硫酸铁、氯化硫酸亚铁等混凝剂也在一些城市中被采用。除了特殊的水处理和特殊情况外，高分子助凝剂一般很少采用。为了提高絮凝效果，pH 值调整剂的使用正在被引起重视。

2. 微污染水处理

水源受到工业废水和生活污水的污染，水经常规处理后仍难以达到出水水质目标。就目前水源受污染的现状分析，最突出的反映在氨氮及有机物（COD、TOC、BOD）等的超标上，由此也带来了嗅、味和色度等问题。目前对于微污染水的处理采用了生物氧化和臭氧、活性炭处理技术，及目前处于研究阶段的高锰酸钾氧化、光激发氧化、光催化氧化以超声与紫外联合幅照等技术，近年来对膜处理的应用也引起了极大关注。

目前，虽然普遍认为采用臭氧、活性炭处理工艺是微污染水的有效处理方法。但由于投资较高以及带来经常运行费用的增加，目前在国内还未被广泛应用。

3. 高浊度水处理

当高浊度原水含沙量较高时，采用自然沉淀，浑液面沉速很低，因此往往需要采用混凝沉淀。对高浊度水的混凝剂，要求具有较高的聚合度，较大的分子量和较长的分子链，因此多选用高分子絮凝剂。高浊度水沉淀构筑物有平流沉淀池和辐流沉淀池，并发展了旋流絮凝沉淀池等多种形式。

四、水处理工艺的选择

原水水质状况和对处理后的水质要求，决定了净水厂水处理工艺的选择，同时，水处理工艺选择还需要考虑建设场地的地形情况以及水厂建成后的运行管理能力等。

1. 混合形式的选择

目前采用的混合形式一般分 4 种：管式混合、隔板混合、水泵混合及机械搅拌混合。

（1）管式混合，优点是混合快速，安装、维护简单，造价低，运行费用低。缺点是混合效果一般，不适合流量变化，流量减少时，在管中易产生沉淀。

（2）隔板混合，是靠水流本身消耗能力来产生大的紊流，以达到混合目的。虽然此种池型不需机械设备，但对流量变化适应性差，能耗大，增大了后续构筑物的埋深。

（3）水泵混合，适应于一级泵站距净化构筑物较近的情况，一般用在水量较小的工程上，它的缺点是：药品易腐蚀水泵，造价高，运行费用高。

（4）机械搅拌混合，是依靠外部机械供给能量，使水流产生的絮流，它的优点是水头损失小，适应各种流量变化，能使药剂迅速而均匀地分布在原水胶体颗粒上，具有节约投药量等特点；缺点是增加相应的机械设备，需消耗电能，也就相应增加了机械设备的维修及保养工作。

2. 絮凝池类型选择

絮凝、沉淀是给水处理的最重要的工艺环节。絮凝过程是微小颗粒接触碰撞的过程。如果能在絮凝池中大幅度的增加湍流涡旋的比例，就可以大幅度的增加颗粒碰撞次数，有效地改善絮凝效果。这可以在絮凝池的流动通道上增设反应设备的办法来实现。

一般常规的反应池有穿孔旋流反应池、涡流反应池、孔室反应池、折板絮凝反应池、隔板反应池、机械反应池、网格栅条反应池、翼片隔板反应池。

(1) 穿孔旋流反应池、涡流反应池、孔室反应池。优点是结构简单，造价低，施工方便；反应效果比较差，大型水厂一般不宜采用。

(2) 折板絮凝池、隔板反应池。虽然反应效果好，所需反应时间也相对较短，但对大水量，且存在低温、低浊期情况的不宜采用，且结构较复杂，造价高，水头损失较大。

(3) 机械反应池。反应效果好，可以根据水量的变化进行调节使絮凝处于最佳状态，水头损失小，但机械设备维护管理比较复杂。

(4) 网格栅条反应池。由于在垂直水量分向上放置网格或栅条，水流通过网格或栅条，水流通过网格或栅条的孔隙时，水流收缩，过孔后水流扩大，形成良好的絮凝条件。因此反应效果较好，反应时间较短，构造简单，施工方便。

(5) 翼片隔板反应池。反应效果理想，反应时间短，仅需 8～12min，施工简单，安装方便，对原水水量和水质变化的适应性较强，可适应难处理及微污染水质，絮凝效果稳定。

3. 沉淀池类型选择

沉淀池的主要类型有平流式沉淀池、斜管（板）沉淀池等。

(1) 平流式沉淀池。施工方便，水力条件好，对原水水质、水量变化适应性强，药耗较低，操作管理简单等优点；但有占地面积大、不采用机械排泥装置时，排泥较苦难等缺点。一般适用于大、中型净水厂。

(2) 斜管（板）沉淀池。占地面积小，沉淀效率高，一般在中小型水厂、旧池改造应用较多。斜管沉淀池是高效沉淀池，其单位面积负荷很高，沉泥多，一般斗式穿孔管排泥能达到很好的排泥效果。

4. 滤池类型选择

过滤一般是指以石英砂等粒状滤料层截留水中悬浮杂质，从而使水获得澄清的工艺过程，滤池一般有以下几种形式：

(1) 虹吸滤池。该类型滤池平面布置有圆形和矩形两种，适用于量范围一般为 15000～100000m^3/d，而且土建复杂，池深大，反滤时要浪费一部分水量，变水头等速过滤，水质不如降速过滤，中小型水厂一般不采用。

(2) 普通快滤池。该类型滤池适用于中小型水厂，单池面积一般不超过 100m^2，运行稳妥可靠，采用沙滤料，材料购置方便，池深适中，过滤效果好。

(3) 钟罩管敞开式滤池。该类型滤池造价低、不需要大量阀门设备；结构简单；能自动连续运行，不需要冲洗水塔或水泵；节约用低，节约电耗。

5. 消毒方法选择

水的消毒处理是生活饮用水处理工艺中的最后一道工序，其目的在于杀灭水中的有害病原微生物（病原菌、病毒等），防止水致传染病的危害。

消毒剂的种类很多，其各种性能差异也较大，可根据各水厂处理水质的实际情况，选择相应的消毒剂。

净水工艺的选择，应根据原水水质结合当地条件，通过技术经济比较确定。

（1）水源水质符合相关标准时，可采取以下净水工艺：

1）水质良好的地下水，可只进行消毒处理。

2）原水浊度长期不超过 20 NTU、瞬间不超过 60 NTU 时，可采用慢滤加消毒或接触过滤加消毒的净水工艺。

3）原水浊度长期低于 500 NTU、瞬间不超过 1000 NTU 时，可采用混凝沉淀（或澄清）、过滤加消毒的净水工艺。

4）原水含沙量变化较大或浊度经常超过 500 NTU 时，可在常规净水工艺前采取预沉措施；高浊度水应按 CJJ 40《高浊度水给水设计规范》的要求进行净化。

（2）限于条件，选用水质超标的水源时，可采取以下净水工艺：

1）微污染地表水可采用强化常规净水工艺，或在常规净水工艺前增加生物预处理或化学氧化处理，也可采用滤后深度处理。

2）含藻水宜在常规净水工艺中增加气浮工艺，并符合 CJJ 32《含藻水给水处理设计规范》的要求。

3）铁、锰超标的地下水应采用氧化、过滤、消毒的净水工艺。

4）氟超标的地下水可采用活性氧化铝吸附、混凝沉淀或电渗析等净水工艺。

5）苦咸水淡化可采用电渗析或反渗透等膜处理工艺。

任务二　混　　凝

一、混凝剂和助凝剂的应用

混凝剂和助凝剂品种的选择及其用量，应根据原水悬浮物含量及性质、pH 值、碱度、水温、色度等水质参数，原水凝聚沉淀试验或相似条件水厂的运行经验，结合当地药剂供应情况和水厂管理条件，通过技术经济比较确定：

（一）常用的混凝剂

混凝剂大都先调配成一定浓度的溶液，投入到原水后，要尽量在 2min 内和原水均匀混合，然后进入絮凝阶段。当原水中出现细小的絮状颗粒时，要减缓搅拌的速度，随后原水中会出现大颗粒的矾花并在自身重力作用下以比较快的速度沉淀，从而水会澄清许多，整个絮凝过程所耗用的时间不超过半个小时。

常用的混凝剂有三大类：铝盐混凝剂、铁盐混凝剂、有机高分子混凝剂。使用较多的混凝剂有下面几种。

1. 硫酸铝

硫酸铝含有不同数量的结晶水，常用的是含 18 个结晶水的，相对密度 1.61，外观为白色，易溶于水，水溶液呈酸性，室温时溶解度大致是50%，pH值在某些方面2.5以下，沸水中溶解度可90%以上。硫酸铝使用便利，混凝效果较好，不会给处理后的水质带来不良影响，但是当水温度低时硫酸铝水解困难，形成的絮体较松散。硫酸铝在我国使用最为普遍，大都使用块状或粒状硫酸铝，可分为精制和粗制两种。

硫酸铝可采用干式或湿式投加。湿式投加时一般采用10%～20%的浓度。硫酸铝使用时水的有效pH值范围较窄，约在5.5～8之间，其有效pH值随原水的硬度含量而异；对于软水，在5.7～6.6；中等硬度的水pH值为6.6～7.2；硬度较高的水pH值则为7.2～7.8。在控制硫酸铝剂量时应考虑上述特性，有时加入过量硫酸铝，会使水的pH值降至铝盐混凝有效pH值以下，既浪费了药剂，又使处理后水变浑。

使用粗制硫酸铝，含有较多不溶杂质，最好用热水处理并加以搅拌，促进溶解，另其酸度较高，腐蚀性强，溶解与投加设备要注意防腐。

2. 聚合氯化铝

聚合氯化铝固体呈无色至黄色树脂状，易潮解，易溶于水并发生水解，溶液呈无色至黄褐色。

聚合氯化铝作为混凝剂处理水时，有下列优点：

(1) 净化效率高，耗药量少，对污染严重、浊度高的原水效果尤为显著。

(2) 温度适应性高，水温低时，仍有很好的效果，在南北方都适用。

(3) 矾花形成快；颗粒大而重，沉淀快。

(4) 适宜的pH值范围较宽，在5～9之间，当过量投加时也不会像硫酸铝那样造成水浑浊的反效果。

(5) 药液腐蚀性小，对设备损害小。

3. 三氯化铁

三氯化铁（$FeCl_3 \cdot 6H_2O$），黑褐色，有强烈吸水性，极易溶于水，其溶解度随温度上升而增大，形成的矾花大，沉淀速度快，低温、低浊时仍有较好效果，明显比硫酸铝效果好，但对金属腐蚀性很强，尤其是铁制品。出水中含铁量高，故建议用有很好耐腐蚀性能有铁制品。当原水的碱度不够时，要先加适量的石灰。随着混凝剂的发展，硫酸铝和三氯化铁的使用已经越来越少了。

4. 硫酸亚铁

硫酸亚铁（$FeSO_4 \cdot 7H_2O$）是半透明绿色结晶体，易溶于水，在水温20℃时溶解度为21%，矾花形成较快，较稳定，沉淀时间短，但还是不如三价铁盐那样有良好的混凝效果，而且残留于水中的Fe^{2+}会使处理后的水带色，当水中色度较高时，Fe^{2+}于水中有色物质反应，将生成颜色更深的不易沉淀的物质。因此使用硫酸亚铁时将Fe^{2+}先氧化为Fe^{3+}，然后再进行混凝作用，一般可加氯或漂白粉予以氧化。

5. 碳酸镁

碳酸镁在水中产生$Mg(OH)_2$胶体和铝盐、铁盐产生的$Al(OH)_3$、$Fe(OH)_3$。胶体类似，可以起到澄清水的作用。石灰苏打软化法除碳酸钙外，尚有氢氧化镁，利用二氧化碳气体可以溶解污泥中的氢氧化镁，从而回收碳酸镁。

以上各种化学剂都可重复使用，既可节省药剂，又可减少污泥量。实际使用结果表明，镁盐回收率达80%以上，镁盐形成的矾花比铝盐的大且重，易于沉淀。

碳酸镁是一种可再生利用的新型混凝剂。使用碳酸镁做混凝剂需在原水中投加石灰，将pH值提高到11以上，当产生氢氧化镁沉淀后再通入二氧化碳使pH值达到饮用水标准的要求。使用这种混凝剂的最大优点是污泥量少，因为污泥经碳化后可再生成碳酸镁循环使用。

6. 聚合硫酸铁

固体产品为淡黄色或浅灰色的树枝状颗粒，液体产品为红褐色或深红色的黏稠液。聚合硫酸铁投药剂量低，在同样条件下投药量仅为硫酸铁的60%～70%，而且在投加量偏高时也不影响水的色度，基本不用控制溶液的pH值，是一种优良的无机高分子絮凝剂，目前应用相当广泛。

7. 聚丙烯酰胺（PAM）

聚丙烯酰胺是处理高浊度水最有效的有机高分子混凝剂之一，也可以作为助凝剂与其他的混凝剂配合使用。聚丙烯酰胺作为助凝剂常与其他混凝剂一起使用，产生良好的混凝效果。一般情况下，当原水浊度低时，宜先投加其他混凝剂，30s后再投聚丙烯酰胺，为聚丙烯酰胺对大粒子的絮凝作用创造有利条件；当原水浊度较高时，宜先投聚丙烯酰胺，后投其他混凝剂。原因在于让聚丙烯酰胺先在较高浊度水中充分发挥其对大颗粒的作用，使浊度有所降低，小颗粒由其他混凝剂脱稳，再由聚丙烯酰胺吸附絮凝一次，这样可大大减少其他混凝剂的用量。由于聚丙酰胺的絮凝能力较普通混凝剂大得多，所以要相同浊度下，其投药量要少得多，大大降低了净水费用。

（二）助凝剂

所谓助凝剂是指本身不能起凝聚作用，但在与混凝剂配合使用时加强混凝效果，节约混凝剂用量的辅助药剂。

助凝剂的主要作用如下：

（1）调整混凝过程中的pH值。混凝过程在一定的pH值范围内进行最有效，如果原水的pH值不满足这一要求，就要进行调整。常用的提高pH值的助凝剂有石灰、烧碱等。降低pH值的助凝剂有硫酸、二氧化碳等。

（2）改善絮凝体的结构，增加矾花的重量，产生既利于沉淀又不易破碎的矾花。如在水中加黏土或常沉淀一类的大颗粒，可加快矾花的形成和沉降，尤其是在低浊度水中适用。

（3）氧化作用。用硫酸亚铁作混凝剂时，为使二价铁氧化成三价铁促进凝聚作用，可先在水中投氯，此时的氯就作为助凝剂不定期使用了。

（三）影响混凝效果的因素

1. 水力条件

把混凝剂加入水中后，第一个阶段是要创造一定的水力条件，一般采用机械搅拌或者水泵搅拌，制造紊流，使混凝剂、助凝剂和原水充分混合，保证混凝效果。之后的絮凝阶段，也需要一定的水力条件形成一定的水流，让矾花吸附变大，但又不能过分剧烈，以免矾花破碎。

2. 水温

水温的影响主要表现在影响化学反应速度上，亦即影响矾花形成的速度。铝盐混凝剂受水温的影响较大，当水温较低的时候，化学反应进行得很缓慢，混凝作用显著降低，而且生成的矾花不易沉淀；水温高时，化学反应速度较快，生成的矾花比较紧密，易于沉淀，混凝效果较好。

3. 水的酸碱度（pH 值）

混凝剂都有一定的 pH 值适用范围，即在一定的 pH 值范围内作用最明显最有效。水的酸碱对混凝剂的影响很大，所以在供水工程中，经常要测定 pH 值。

4. 水中杂质的性质及其含量

当水中含有二价金属离子 M+时，对天然水形成压缩双电层是有利的。因此混凝效果较好。如水中杂质含量过低，则因不利于颗粒的碰撞而不利于混凝，即水中浊度低时往往混凝效果差。

二、凝聚与絮凝

混凝是水中胶体粒子及微小悬浮物的聚集过程，包含凝聚和絮凝两个阶段。凝聚是指投加混凝剂后水中的胶体颗粒互相凝聚形成众多的“小矾花”。絮凝是凝聚过程中形成的“小矾花”通过吸附、卷带、架桥等作用，形成颗粒较大的絮凝体的过程。

（一）混凝剂投加

1. 投药位置和混合方式

一般大都采用泵前投加、水泵混合的方式。一般在水泵吸水管上或吸水口处加药，可以充分借助水泵吸力，利于加注药液，缺点是在水泵前加药会腐蚀叶轮，叶轮容易受损。

当取水泵离净水构筑物较远时，为防止絮凝过早，使已结成的絮粒在管道中或进入净水构筑物时，影响净水效果，而采用泵后投药，多在水泵出水管或絮凝池的入口处，由于是泵后投药，所以叶轮不会受到腐蚀。为使药剂与原水充分混合，常在压力管上安装节流装置，又或者在管道加药管后面安装各种管道混合器，以使药剂和原水混合

2. 投药设备

药剂的投加有干投和湿投两种。目前中小型水厂大都采用湿投的方式。投药的任务是把经溶解并制备成一定浓度的混凝剂和助凝剂溶液，连续地按需要的量投加到原水中。投药系统一般由溶药池、储液池、计量设备和投加装置组成。

（1）溶药池。在溶药池中进行混凝剂的溶解。中小型水厂因混凝剂用量较少，故一般是将混凝剂倒入池中后再注入清水，用人工搅拌使药剂充分溶解。规模大用量大的地方，可采用机械搅拌、水力搅拌。

溶药池采用钢筋混凝土时，内壁要进行防腐处理。

（2）储液池。溶液池和储液池一般均宜采用两个，以便检修交替使用。

（3）恒位箱。储液池中调好的药液通过浮球阀进入恒位箱。恒位箱靠浮球阀的作用维持箱中的水位稳定。在稳定的水位下，通过选择打开箱下不同孔径的管口就可得到各种不同情况下的稳定的所需药剂量。

（4）水封箱。水封箱的作用是使投药管的进口始终浸没在水下，防止从投药管吸入空气，影响水泵正常工作。

（5）水射器。水射器利用压力水通过喷嘴把药液注入到加药管。

（6）设备和管道。绝大多数混凝剂有腐蚀性，所以设备和管道都要采用防腐材料和进行防腐处理。

（二）絮凝工艺流程

原水与混凝剂充分混合后就进入絮凝阶段，絮凝是使初步形成的絮粒经过充分碰撞接触，凝聚成较大颗粒以便于沉淀的过程。

絮凝池中须控制一定的流速，创造适宜的水力条件。絮凝池前部，因水中颗粒细小，流速应大些，以利于颗粒互相碰撞黏附但在絮凝池后部，絮体已经足够大了，流速要适当减小，以免造成矾花破碎。因此，絮凝池内的流速应按由大到小的变速设计。

絮凝池中还应保持相当数量的颗粒，以增加颗粒的碰撞机会。因此当一些水厂处理低浊度水时需要投加适量的黏土。

颗粒碰撞次数与絮体时间的有关。延长絮凝时间，絮凝时间增加，自然有助于絮体的变大。但时间过长要求更大的絮凝池，会增加投资成本，故絮凝时间一般控制在20min内为宜。

任务三　沉　　淀

水中悬浮物颗粒依靠重力作用，从水中分离出来的过程称为沉淀；沉淀处理过程简易可行，分离效果又比较好，在给水处理中应用比较广泛。常用的沉淀方法的自然沉淀、混凝沉淀、化学沉淀。

根据沉淀过程中水中悬浮物颗粒的性质，沉淀处理可分为四种基本类型：

（1）自由沉淀。这类沉淀处理多用于水中悬浮物浓度不高，在沉淀过程中，水中固体不改变颗粒形状、尺寸，也不相互聚合，凝聚，彼此独立地完成沉淀过程。

（2）絮状沉淀。这类沉淀处理水中的悬浮物浓度也不高，但具有凝聚性。在沉淀过程中，悬浮固体彼此聚合，颗粒尺寸，质量随沉淀过程增加，其沉降速度也随过程的进行而增大。

（3）拥挤沉淀。由于这类沉淀水中的悬浮颗粒浓度提高到一定程度后，各个颗粒间的沉淀都受到其周围颗粒的干扰，因而沉淀速度有所降低，并在清水和浑水之间形成明显的界面。

（4）压缩沉淀。当悬浮物浓度很高，固体颗粒互相接触“支撑”，上层颗粒在重力的作用下将下层颗粒间的液体挤出界面，使固体颗粒层被压缩。在给水处理中涉及的沉淀过程主要是第三类即拥挤沉淀过程

沉淀池是利用沉淀作用去除水中悬浮物的一种构筑物。但一般沉淀池与絮凝池合建，主要可以避免在絮凝池形成的较大絮体通过管道进入沉淀池时因较大的水力作用而破碎，大大影响效果，另外还可以节省投资。

当原水中泥沙颗粒较大或浓度较高时，一般会在进行沉淀处理前设置一个预沉池。池的构造比较简单，就是一个规则的长方体。

常用的沉淀池主要有平流沉淀池、竖流式沉淀池和辐流式沉淀池三种。

一、平流式沉淀池

平流式沉淀池（图7-1）由进水口、沉淀区、污泥区和出水口四个部分组成。平流式沉淀池多用混凝土筑造，也可用砖石结构。平流式沉淀池构造简单，沉淀效果好，工作性能稳定，使用广泛，但占地面积较大。在运行的过程中必须适时排泥，发现池内有藻类

繁殖的趋势时，应及时加氯清除。在大中型平流式沉淀池上采用机械排泥，取得了较好的效果。对于小型乡镇水厂，因没有能力和资金等条件使用机械，故目前采用平流式沉淀池的不多。

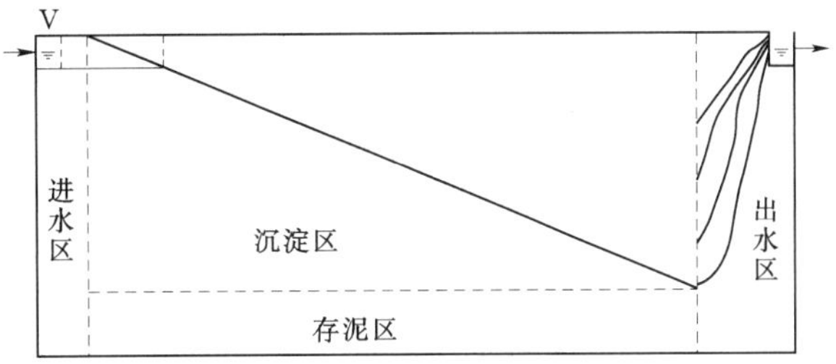

图 7－1　平流式沉淀池的结构图

二、竖流式沉淀池

竖流式沉淀池池体平面为圆形或方形。废水由设在沉淀池中心的进水管自上而下排入池中，进水管的出口下设挡板，使废水在池中均匀分布，然后缓慢上升。悬浮物在重力作用下沉降，留在锥形池底中，澄清水则向上沿池四周溢流排出。这种池占地面积小，深度大，池底为锥形，施工不方便，竖流式沉淀池结构示意图如图 7－2 所示。

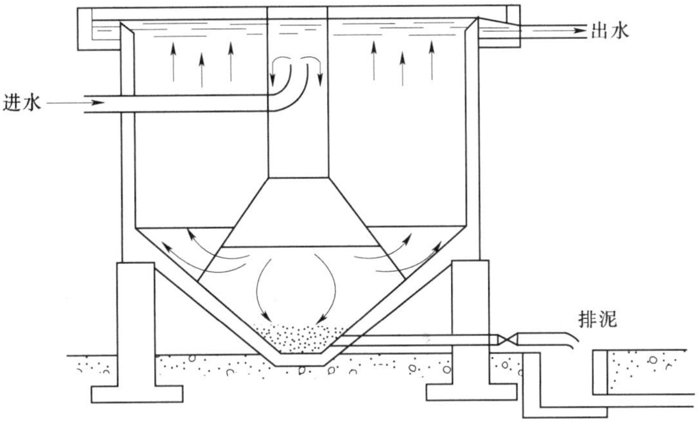

(a)

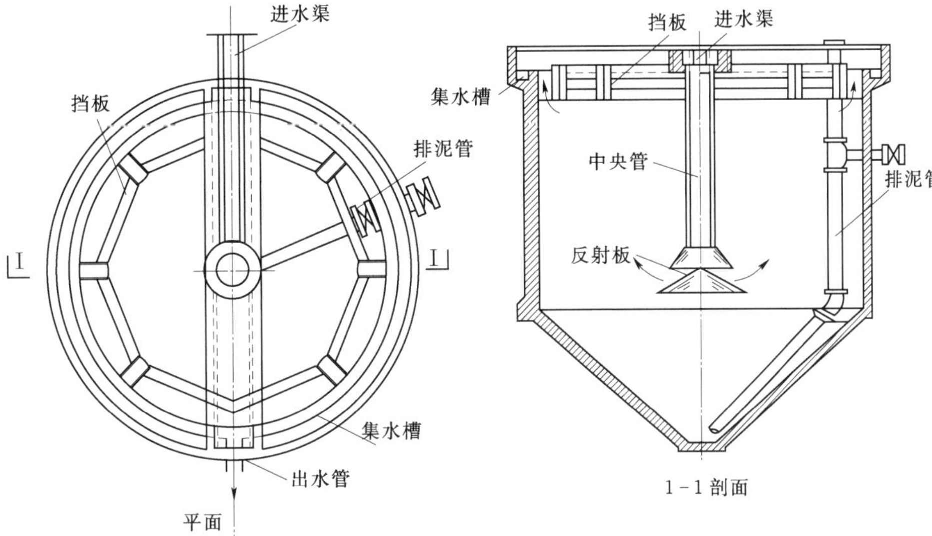

(b)

图 7－2　竖流式沉淀池结构示意图

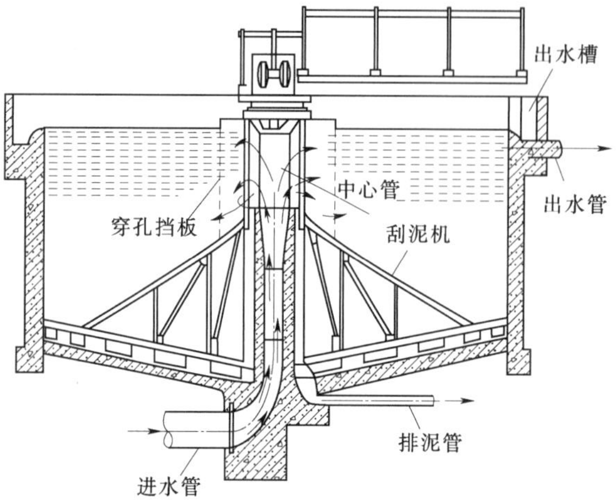

图 7-3　辐流式沉淀池结构示意图

三、辐流式沉淀池

辐流式沉淀池（图 7-3）池体平面多为圆形，直径较大而深度较小直径 20～100m，池中心水深不大于 4m，周边水深不小于 1.5m。废水自池中心进水管入池，沿半径方向向池周缓慢流动。悬浮物在流动中沉降，并沿池底坡度进入污泥斗，澄清水从池四周溢流入出水渠。

四、新型沉淀池

斜板斜管沉淀池是一种新型的沉淀池。它是平流式沉淀池基础上发展起来的，主要就是在池中加设了许多间隔较小的平行的斜板或者斜管，可以大大提高沉淀效率，缩短沉淀时间。在同样出水条件下，斜板斜管沉淀池与平流式沉淀池相比较，具有容积小和占地面积少的明显优点，可以节省投资。在运行过程中要及时排泥是沉淀池正常运行的关键，同时还得及时把斜管斜板上留有的絮体泥渣冲洗干净。

任务四　过　　滤

一、概述

过滤是通过具有孔隙的粒状滤料层截留水中的细微杂质而使水获得澄清的工艺过程，一般以石英砂等粒状材料作为滤料。在这个过程中，水的浊度会进一步得到降低，水中一部分有机物、细菌乃至病毒都会得到去除，这为下一步的消毒创造了良好的水质条件。

滤池也称重力式滤池。即指过滤过程依靠水的重力自动流入池中进行过滤处理的设备。

从使用实践看，滤池有下述特点：

（1）过滤速度较快。目前滤池的最高流速可达 35m/h，能适应大型水处理设施的要求。

（2）滤层较厚。目前滤池的滤层厚度一般均在 0.7m 以上，可以较好地去除水中的悬浮物，保证出水水质。

（3）对经混凝处理的水有较好的处理效果。

（4）适用于处理浊度小于 20mg/L，短时间不大于 50mg/L 的原水。

传统的滤池为钢筋水泥构筑物，造价低，制作容易，运行管理方便，所以应用较为广泛。常用的虹吸滤池，无阀滤池即是这种构筑物。现在也有钢制滤池出现，多用于小型水质处理。

二、常用过滤设施和设备

（一）普通快滤池

普通快滤池指的是传统的快滤池布置形式。由进水渠（集水渠）、冲洗排水槽、滤料层、承托层和配水系统五个部分组成，如图 7-4 所示。配水系统的作用，一个是过滤时收集过滤水，另一个是反冲洗时向滤池内均匀分布冲洗水。承托层起支承滤料和均匀分布冲洗水的作用。滤料层用来截留水中的杂质。排水槽用来排除反冲洗时的废水。快滤池都有进水管、出水管、冲洗水管、冲洗废水管等多种管道，管道上安装阀门，为了操作方便，这些管道集中布置在管廊中，成为快滤池的重要组成部分。

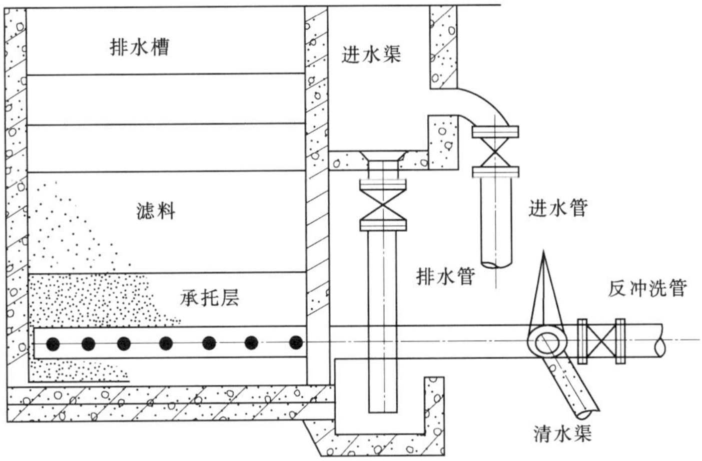

图 7-4　普通快滤池结构示意图

快滤池的运行分两个过程，即过滤和冲洗。前者是沉淀水过滤取得清水的过程，后者是停止过滤、用水或空气洗净滤料以便恢复过滤的过程。从开始过滤到反冲洗结束的一段时间称为滤池过滤工作周期，其中包括过滤和冲洗的时间，一般控制在 12～24h。过滤时的水头损失随着过滤时间成直线增长，而出水浑浊度则以曲线状变化，一般当滤池浑浊度或水头损失达到限值时，即需停止过滤进行冲洗，如图 7-5 所示。

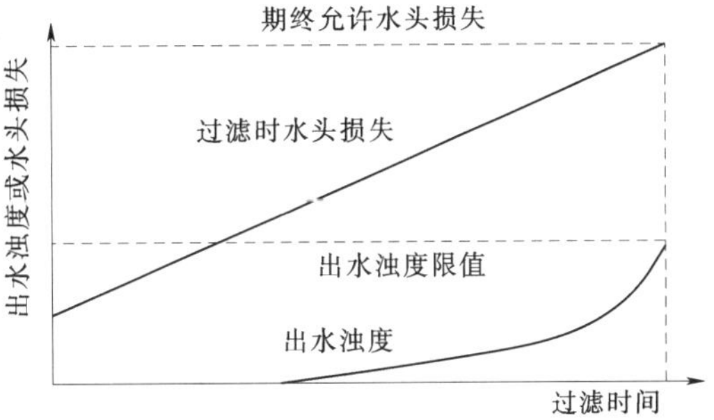

图 7-5　滤池过滤周期图

1. 过滤过程

过滤时，进水管和清水管的阀门打开，反冲洗水管和排水管的阀门关闭。原水经进水管、进水渠和排水槽流入滤池，均匀分布在整个滤池面积上，然后向下过滤，经过滤料层、承托层、配水系统和清水管流出到清水池内储存。

过滤是很复杂的过程，既有物理作用，又有化学作用，过滤效果既受到进水水质的影响，也受到滤池本身结构的影响。进水水质如水温、悬浮物和胶体的尺寸、性质和浓度都会有影响，温度高的水比温度低的水容易过滤。滤池本身的结构如滤料粒径、滤层厚度、顺水流方向的滤料排列是由粗到细还是由细到粗等也会影响过滤效率。一般来说，滤料粒径小，滤层厚度大，可以增加过滤效率，滤料顺水流方向的排列如果从粗到细，可以比从细到粗时增加滤层的含污量，减慢水头损失的增长速度，延长过滤周期。多层滤料比双层滤料的颗粒总表面积大，并且粒径较小，更能阻止杂质穿透滤层。在5～20m/h的滤速范围内，滤速高低对出水水质的影响虽然并不很大，但一般来说，滤速较低则出水水质较好。

2. 冲洗过程

在过滤时，水中杂质逐渐截留在滤料层中，滤料层的孔隙不断减小，增加了水流阻力，使水头损失不断增大。如果在滤料层的上面和清水管上各接出一条玻璃管，可以看到两条玻璃管中的水位相差会越来越大，这一水位反差反映了滤池中的水头损失，当水位相差达到期终允许水头损失后，就需进行反冲洗，这时应用过滤后的清水从下向上进行冲洗。冲洗时关闭进水管和清水管上的阀门，开启冲洗水管和排水管的阀门。冲洗水由水泵或冲洗水塔供给，经冲洗水总管、支管到配水系统的干管和支管孔眼处，以很高流速喷射出来，通过承托层向上均匀分布到滤层中。冲洗时，承托层并不移动，水流只是将滤料层膨胀起来，石英砂滤料层的膨胀高度约为滤料层高度的45%左右，这样使滤料有条件相互碰撞得到清洗。冲洗进行到排出废水较清，滤料洗净时为止。冲洗废水经排水槽、进水渠、排水管排到沟渠中。冲洗完毕，要等到砂层下沉稳定后再继续过滤。

（二）虹吸滤池

虹吸滤池的主要特点是：利用虹吸作用来代替滤池的进水阀门和反冲排水阀门，所以不需要大型阀门，不需要冲洗水泵和水箱。

虹吸滤池有许多优点：不需要大型的闸阀及相应的电动或水力等控制设备，操作管理方便，易于自动化控制，减少生产管理人员数量，降低运转费用；缺点是冲洗效果不好。虹吸滤池一般适用于中小型水处理厂。虹吸滤池是一种重力滤池。它省去了普通快滤池上的阀门、仪表等配件，采用抽真空沟通虹吸管以连通水流运行；用进空气破坏虹吸作用，以切断水流进行“反洗”。管理操作方便。经澄清的水由总进水槽、环形配水槽、进水虹吸管、进水槽，流入各格滤池。过滤水由滤层、排水井、集水井、汇集至出水管流出。

当经过一段运行时间后，滤层中悬浮物含量增加，滤层阻力增大，致使滤层上的水位升高。当水位升高至一定高度时，滤层就进行反洗。反洗时，首先破坏进水虹吸管的真空，使配水槽的水不再进入滤池。利用真空泵使冲洗虹吸管形成真空，滤池内的水通过冲洗虹吸管和排水管排走，对滤层进行反洗。冲洗水由其他几格滤池通过集水井源源不断地供给。同时由于整个滤池进水量不变，因此进入到其他滤池的水量会增加，它们的滤速也加快。当冲洗水清晰时可停止反洗，此时可破坏冲洗虹吸管的真空，启动进水虹吸管，虹吸滤池又开始过滤工作。

虹吸滤池结构及其自动冲洗装置结构分别如图7-6和图7-7所示。

虹吸滤池有不需要大型阀门，不需要冲洗水箱和水泵，易于自动化操作等特点；但土建结构复杂，池深，单池面积不能过大等问题，适用于中型给水处理厂。

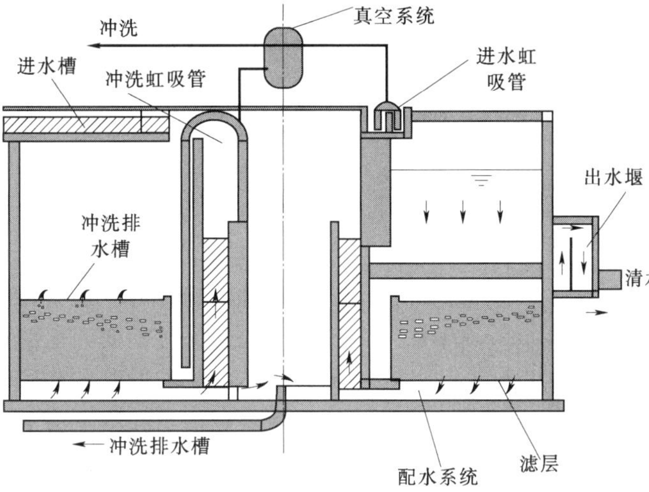

图 7-6 虹吸滤池结构示意图

(三) 重力式无阀滤池

重力式无阀滤池是在普通快滤池基础上改进的一种滤池，和虹吸滤池一样，也是利用虹吸现象，实现过滤和冲洗过程的自动运行，省去了大型闸阀，无须外接水源进行反冲洗，不需要经常管理，所以在农村中小型水厂被广泛采用。

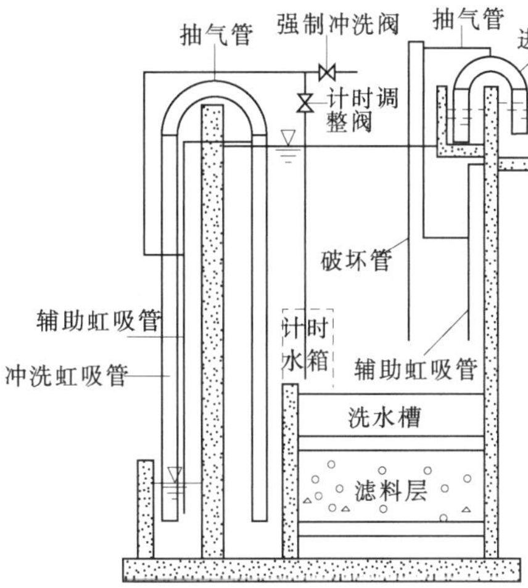

图 7-7 虹吸滤池自动冲洗装置图

当水头损失增加到预定值时，水从辅助管溢流而下通过水射器时形成负压，抽走虹吸管内的空气，使其形成虹吸，滤池自动开始反冲洗。从过滤开始至虹吸管水位上升至辅助管口这段时间为无阀滤池的过滤周期。反冲洗时，冲洗箱水位下降至一定位置，空气大量进入虹吸管，冲洗停止，过滤重新开始。此外，通过调节水射器上端的阀门，可在出水水质恶化，而水头损失尚未达到预定值时，抽走虹吸管的空气，强制形成虹吸，进行人为冲洗。无阀滤池（图 7-8）有重力式和压力式，以重力式应用较多。适用于中小型给水工程，如城镇、工矿企业和农村。当水量大时，滤池平面形状可做成矩形，上层为冲洗水箱，下层为滤池，当水量小时也可用钢板做成圆形。无阀滤池的特点是能够自动冲洗，便于运行管理。无阀滤池池身较高，常和澄清池或斜管沉淀池配套使用，如果水源水质好，如地下水源，原水经絮凝后可直接进入滤池过滤。

1. 构造

矩形无阀滤池一般由两格或三格组成，合用一个冲洗水箱。在每格滤池的中央有一条主虹吸管，其上升段管径比下降段大 1～2 级，例如，240m^3/h 的重力式无阀滤池，上升

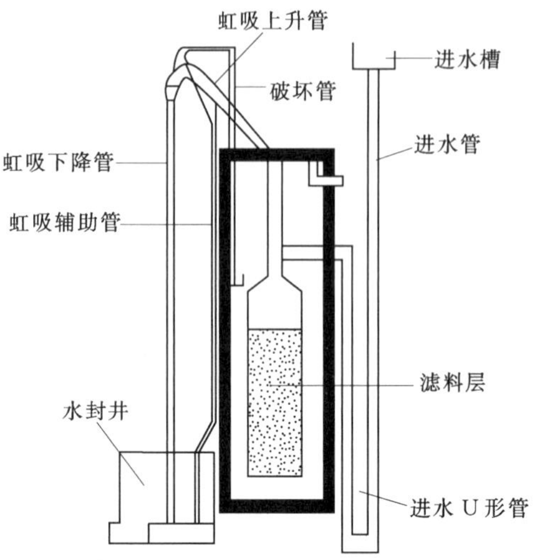

图7-8　无阀滤池结构示意图

段直径为350mm，下降段小一级为300mm。虹吸管布置成倒V形，主要是减少虹吸管中积存的空气，以便加快发生虹吸。在主虹吸管底部接出虹吸辅助管，接管口的高度和冲洗水箱最高水位的高差，等于滤池的极限水头损失值。

2. 工作工程

在滤池运行时，进池的流量等于滤出的流量，滤速保持不变，但滤池内的水位在不断升高。虹吸辅助管的作用是使主虹吸管加速形成虹吸，当虹吸上升管中的水位上升到辅助管管口时，水沿管口旋流而下，经过抽气管带走虹吸管中的空气，不断抽气的结果，使虹吸管中真空度越来越大，虹吸上升管和下降管中的水位同时上升。等到上升水流溢过虹吸管顶部时，虹吸作用更为强烈，使虹吸管内全部充水。与此同时，虹吸管中的空气体积受到压缩，压力增大，一部分空气从虹吸管的水封井中逸出，可看到井内有气泡翻上来。因此可根据虹吸管内的水位上升时间或上升高度来控制滤池的冲洗周期，该值一般为1.5～1.8m。

虹吸发生后，冲洗水箱的水就通过滤池连通渠、配水系统、承托层和滤层，再向上流经虹吸管排入水封井。冲洗时，冲洗水箱的水位连续下降，冲洗强度逐渐从大到小。冲洗快结束时，破坏管口露出在空气中，空气进入主虹吸管，虹吸破坏后冲洗停止，立即自动恢复过滤。

从开始过滤到水位上升至辅助虹吸管口的时间，称为无阀滤池过滤工作周期，一般为12～24h，冲洗时间一般为4～5min。有时滤池出水水质虽不合格，但水位并没有上升到辅助虹吸管口，即滤池的水头损失并未达到极限，这时滤池不会自动冲洗。为了运行管理上的方便，无阀滤池设有强制冲洗管，即在虹吸辅助管和抽气滚管交接处，连接一根与辅助管成15°夹角的压力水管，其作用和水射器一样，通过抽气管带走辅助虹吸管中的空气，形成真空，使虹吸管两边的水位上升、汇合、直到开始冲洗，这样就能根据需要人工进行冲洗。无阀滤池冲洗时自动虹吸停水装置和虹吸滤池中相同，简单易行，效果较好。

（四）压力式无阀滤池

压力式无阀滤池是一个内部装有滤料，带有进水和配水系统的密闭承压钢罐。进水直接用泵打入，在压力推动下进行过滤。滤后水压较高，可直接送到用水装置中。压力式无阀滤池适用于小型、分散、天然水质比较好的村镇自来水工程。

（五）机械过滤器

机械过滤器又称压力式过滤器，多为钢制圆柱形设备，内部装有进水装置、排水装置；外部有相应的管道、阀门和仪表等。

机械过滤器在一定压力下运行：用水泵将处理水送入过滤器，过滤后的清水可供至后续工序。当过滤器因滤层污脏，出入口压差增大时，可用水（或水/压缩风）反冲洗滤层，使滤层重新具有截留悬浮物的能力。

机械过滤器构造简单，运行方便，是常用的压力快滤器，在小型锅炉水处理工艺中有广泛的应用。当原水悬浮物含量小于时30～50mg/L，可用做离子交换软化（或除盐）工艺的预处理设备。也可用于水质要求不高的工艺水作粗过滤处理

（六）M104P～M110P自动反清洗过滤器

自动反清洗过滤器是一种新型水处理设备，广泛用于地表水（河水、水库水、湖水、池水等）及地下水的除砂；除菌；除藻类及有机物等的过滤处理；钢铁、化工、电子、造纸、食品、制糖等工业水的过滤及再利用处理；工业污水、生活污水的过滤处理等；具有体积小，占地少，节约投资等特点。

当水从入口流向过滤器，经粗滤网初滤，再经细滤网过滤后，流向出口。当脏物聚在细滤网的内面时，便形成压差。当压差达到设定值（设定范围：0.03～0.1MPa）时，清洗控制器打开清洗阀，产生一股很强的反清洗水，经排污口流向大气，这股反清洗水可在吸嘴处产生一股吸力，清洁吸嘴要对的细滤网面。反清洗水进入收集管，通过水力马达流向清洗阀，带动吸污器组件转动。水力马达组件的马达带动吸污器运动。旋转运动和轴向运动合成的螺旋运动可确保吸嘴清扫整个细滤网内表面。

反清洗完毕。活塞将吸污器推回原始位置，准备下一次清洗。

任务五 消　毒

一、消毒目的

消毒的目的主要是为了杀死水中的病原及微生物，脱色除臭，防止水传染病的发生。通过消毒后，生活饮用水的菌含量和余氯含量可符合国家《生活饮用水卫生规程》的规定。而氧化性消毒剂还可以同时氧化水中的有机物和还原性污染物，降低COD值。消毒方法有物理法和化学法两种。物理法即采用物理的方法。例如，机械过滤法、紫外线法、超声波法等；化学方法则是利用各种化学药剂，包括氯及化合物；臭氧及其他杀生剂等进行消毒。对于农村饮水工程，只能用化学方法消毒。目前，常用的消毒方法主要有下列几种。

二、氯消毒

1. 氯消毒原理

氯气是一种黄绿色气体，具有刺激性，有毒，质量为空气的2.5倍，它极易被压缩成琥珀色的液氯。氯易溶于水，当氯溶于水中时，其中产生的次氯酸有较强的氧化性，可与水中氨、氨基酸、含碳物质、亚硝酸盐、铁、锰、硫化氢及氰化物等起氧化作用。同时还是传统的杀菌剂。可用于控制嗅味、除藻、除铁、除锰、去色及杀菌等。

液氯与水中有机物发生反应，是以亲电取代反应为主。反应的结果是生成大量的有机氯化物，如三卤甲烷。三卤甲烷是一种致癌物，这就使得液氯在给水处理，特别是饮用水处理中的应用受到限制。

一般用于氧化时，加氯点在混凝或吸附以前。加氯量根据原水水质情况，一般控制在

1.0～2.0mg/L；用做杀菌时，水中的加氯量应为需氯量和余氯量之和。在缺乏试验资料时，杀菌加氯量可采用1.0～1.5mg/L。

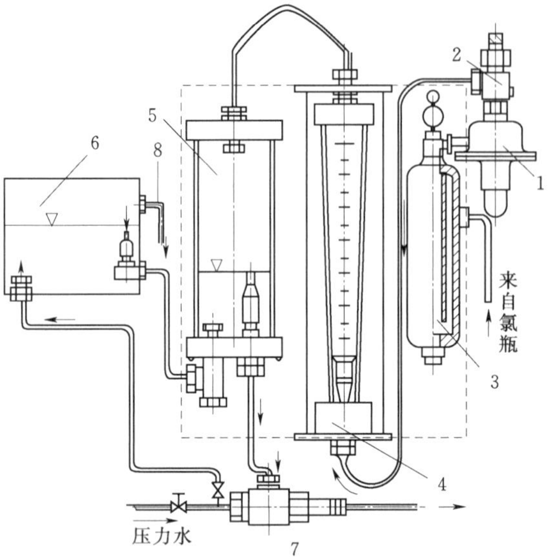

图7-9　ZJ型转子加氯机示意图

1—弹簧膜阀；2—控制阀；3—旋风分离器；4—转子流量计；5—中转玻璃罩；6—平衡水箱；7—水射器；8—溢流管

2. 加氯机

在水的净化处理流程中，加氯地点可选择在：①滤前加氯，即在混凝沉淀前加氯，其主要目的在于改良混凝沉淀和防止藻类生长，但易生成大量氯化副产物；②滤后加氯，其目的是杀灭水中病原微生物，它是最常用的消毒方法；③中途加氯，在输水管线较长时，在管网中途的加压泵站或储水池泵站的补充加氯，此法既可保证末梢水余氯量，又不使水厂附近的管网水含余氯过高。

大型水厂一般均采用液氯消毒。氯的投加设备种类很多，常用的有转子加氯机，其钢瓶内氯气先进入旋风分离器除去铁锈、油污后，再经弹簧膜阀、控制阀到转子流量计和中转玻璃罩，在水射器抽吸下，氯与压力水溶解、混合，氯浓度大于1%，经加氯管道送往加氯点。小水厂可用漂白粉消毒。所用漂白粉其有效氯应达到25%。

液氯作为经典的饮用水消毒方式，消毒能力强，货源充足，价格低廉，投加设备较为简单，有着价廉物美的优势。但当水中有机物含量高时，会产生有致癌作用的卤化有机物。

三、二氧化氯消毒

1. 二氧化氯消毒原理

采用二氧化氯处理工业给水时，一般都采用二氧化氯发生器，现场现用现配。二氧化氯发生器从发生原理上讲，可分为两大类：电解法和化学法。

电解法二氧化氯发生器是根据电极反应原理，电解食盐水产生二氧化氯、氯气、臭氧，及过氧化氢混合气体。电解产生的上述混合气体，是一种氧化能力很强的气体。但这种气体中二氧化氯的含量很低，而氯气的含量仍很高，所以仍会导致很多问题，例如，产生三卤甲烷，影响饮用水处理的质量问题。

化学法二氧化氯发生器是以氯酸钠或亚氯酸钠为原料经化学反应来制取二氧化氯。

化学法制取二氧化氯，因所用原料不同，发生器的构造，反应原理的不同而不同。

二氧化氯的氧化能力比氯要强，从理论上讲是氯的2.5倍。它与有机物作用时，发生的是氧化还原反应而不是取代反应。反应的结果，可把高分子有机物降解为有机酸、水和二氧化碳，二氧化氯则被还原成氯离子，几乎不形成三卤甲烷等致癌物质，这是与氯法相比最突出的优点。

2. 二氧化氯发生器

华特 908 二氧化氯复合消毒发生器的结构示意图如图 7-10 所示。它是由供料系统、反应系统、温控系统等组成，发生器外壳为 PVC 材料。

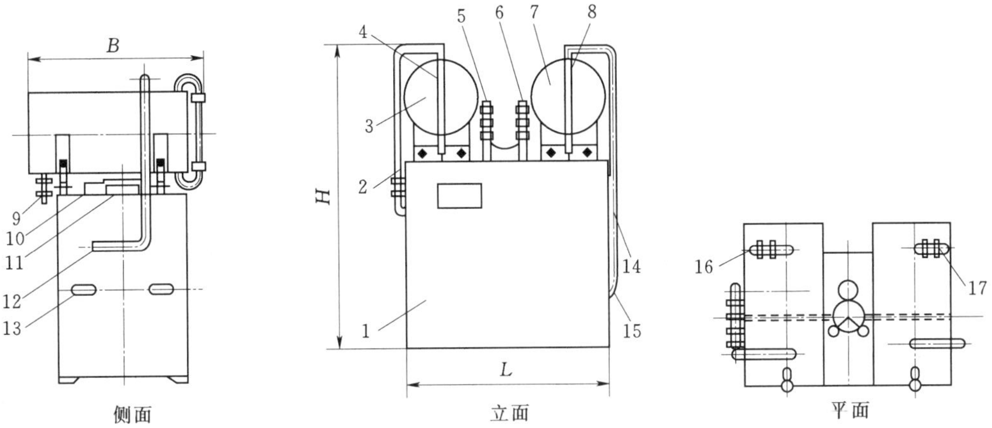

图 7-10　华特 908 二氧化氯复合消毒剂发生器结构示意图
1—箱体；2—真空管；3—氯酸钠罐；4—液位计；5、6—流量计（滴定阀）；7—盐酸罐；
8—液位计；9—排污阀；10—进水口；11—安全阀；12—二氧化氯复合气体出口；
13—把手；14—空气进口；15—液位计；16、17—进料口

当发生器运行时，氯酸钠水溶液与盐酸在负压条件下，由供料系统定量地输送到反应器中，并在一定温度下经负压曝气反应生成二氧化氯和氯气的混合气体，然后通入到待处理的水中。

华特 908 型复合消毒剂发生器采用化学法负压曝气工艺，结构合理，体积小，操作方便。可用于自来水，自备井水，二次供毒灭藻，对石油管道中硫酸还原菌的杀灭；工业废水，生活污水的脱色、去臭、含氰、含酚化的无害化处理都是理想的药剂。

二氧化氯发生器在使用过程中要注意以下问题：

其使用的原料具有腐蚀性，宜设立单独消毒间，与水厂其他设备分隔开来。消毒间应保持通风、干爽。

以亚氯酸钠为原料制备的发生器，要特别注意亚氯酸钠的使用、储存，防止发生爆炸。

维护人员在加药和维修过程中需佩戴皮手套、口罩、护目镜等防护物品，以保证人身安全。

水厂人员要严格遵循厂家制定的操作规程。

操作间不得有明火，若发生火灾要使用二氧化碳、泡沫或干粉灭火器。

二氧化氯发生泄漏时，工作人员要迅速撤离并跑至上风区，以防吸入二氧化氯气体造成伤害。

虽然二氧化氯水消毒法得到很大的重视，但由于原料价格较高，所以费用一般较高，这在很大程度上限制了该法的推广和广泛应用。

四、紫外线消毒

紫外线杀菌是一种物理杀菌法。细菌受紫外线照射后，由于细菌核酸吸收了紫外光谱能量，其活力发生改变，菌体内的蛋白质和酶的合成发生障碍，因而导致微生物发生变异和死亡。根据试验，波长在 200～295nm 的紫外线具有杀菌能力，而以波长为 253.7nm 的紫外线杀菌效果最好。

紫外线杀菌有两种方法，即水面照射和水中照射。水面照射时，灯与水不接触，而使紫外线照在水面上；水中照射则是使灯管装在不锈钢外壳中，水从外壳内流过时，即接受紫外线的照射。

紫外线杀菌法的优点是：接触时间短、设备简单、操作管理方便、对水不会产生二次污染。但是持续杀菌作用小、灯管价格较贵。

紫外线的杀菌效果受紫外线波长、微生物的类型和数量、照射时间、水的深度和水的物理化学性质。试验表明：水的色度、浊度、总含铁量对紫外光均有不同程度的吸收，使杀菌效果降低。

五、其他消毒形式

1. 臭氧消毒

臭氧由 3 个氧原子组成，是氧的同素异构体。在常温常压下，臭氧是淡紫色具有强烈刺激性的气体。其密度是氧的 1.5 倍，在水中的溶解度是氧的 10 倍。

臭氧极不稳定、分解时会产生新生态氧。

由于新生态氧的强氧化作用，臭氧可用于水的除色、除臭、除铁、除锰、降解有机物、降低 COD 和杀菌。

由于臭氧极不稳定，易分解，故需生产现场制作。目前大规模生产臭氧的方法是无声放电：经过净化后的空气进入臭氧发生器，通过高压放电环隙，空气中的部分氧分子激发分解成氧原子，氧原子与氧原子（或氧原子与氧分子）结合生成臭氧。

用空气制成的臭氧浓度为 10～20mg/L。用氧气制成的臭氧浓度为 20～40mg/L。研究表明：用空气为原料生产的臭氧化气体，会产生氮氧化物，这是一种有害物质，所以限制了臭氧法在饲料、食品工业中的应用。含有 1%～4%（质量比）臭氧空气就是水处理所使用的臭氧气化。

通常用于氧化的投加量为 1～3mg/L，接触时间为 5～15min；用于杀菌（如自来水消毒）所需投加量为 1～3mg/L，接触时间不少于 5min。

2. 次氯酸钠消毒

次氯酸钠也是传统的杀菌剂。其氯化作用是通过次氯酸起作用，与液氯相比，次氯酸钠有价格低廉，使用方便，安全等的特点，因而给水处理有较广泛的使用。

次氯酸钠易分解，故通常采用次氯酸钠发生器现场制取，就地投加，不宜长期储存。

任务六　膜分离技术

膜分离技术是利用特殊的有机高分子或无机材料制成的膜将溶液隔开，使溶液中的某些溶质或水渗透出来，从而达到分离的技术。膜分离技术的优点是分离效果好，一般没有相的变化，设备容易操作和产业等。当然膜分离技术也有局限性，例如，对预处理要求较高，处理能力相对较小等。

目前在水处理方面应用的膜技术，主要有反渗透、电渗析、微滤、纳滤和超滤等5种，它们的作用原理和有关分离性能见表7-1。

表7-1　水处理应用的膜技术

膜的类型	主要作用原理	分离颗粒直径/μm	分离去除作用		
			病菌	有机物	无机物
EDR	电荷作用	0.0001	无效	无效	有效
RO	筛分与扩散	0.0001	C、B、V	DBP、SOC	有效
NF	筛分与扩散	0.001	C、B、V	DBP、SOC	有效
UF	筛分与扩散	0.001	C、B、V	无效	无效
MF	筛分与扩散	0.001	C、B	无效	无效

注　C—包囊；B—细菌；V—病毒；DBP—消毒副产物；SOC—合成有机物。

由表7-1中可见，ED或EDR能去除水中粒径小的颗粒，为0.0001μm，但水中离子需带电，因此ED或EDR局限于去除带电杂质，而对于病菌和大多数有机物则效果差。UF和MF则去除颗粒直径较大，但运行所需压力低，膜的成本低，与水处理中传统的混凝过程相比，它对水中病毒可提供一个静止的阻挡层，因此病菌残留下来机会少。而混凝过程是一个动态过程，如滤出水中浊度高，会使病菌漏过而留在水中，从这个意义上而言，膜法中UF和MF与传统的混凝过程相比更具有优点，因而在水的净化中仍有较大的应用前景。

而RO和NF的作用原理是由扩散和筛分控制，经筛分作用可去除所有的病菌和有机物，经扩散可去除离子型无机物，由于它们分离颗粒直径小，而且对病菌、有机物和无机物均有效。因此RO和NF具有广泛的处理能力和范围，它既可应用于工业水处理，又可应用于饮用水处理。其中NF因所需压力低，膜的成本也低，因此RO和NF在今后水处理中应作为优先发展的领域，而且随着饮用水法规的逐步完善和水质分析检测技术的不断改进，膜技术的发展将大大促进膜技术的应用，因而膜技术和膜产品的市场前景广阔。

一、膜材料与膜组件

制造膜的材料分有机高分子聚合物，陶瓷以及其他材料。有机高分子聚合物中有醋酸纤维素、聚砜、聚酰胺等，其中醋酸纤维膜被称为第一代有机合成膜，这类膜对pH值和温度的适应范围小，化学清洗时药剂易产生腐蚀和损害，而且细菌容易侵蚀醋酸纤维膜，机械强度较差。以聚砜为代表的膜是第二代有机合成膜，它酸碱、温度的适应范围较大，抗腐蚀和抗氧化能力较强。以陶瓷膜为代表的无机膜则为第三代膜，与聚合膜相比，陶瓷膜具有更好的化学稳定性和耐酸碱性，机械强度高，耐高温，抗微生物能力强等优点，陶瓷膜的管式组件能处理含较大颗粒悬浮杂质的水而不易堵塞膜的通道，因而适合于净水处理。但陶瓷膜的过滤面积较小，而且成本高，约为聚合的两倍，因而初期投资费用高。

膜的组件则主要有4种型式，即平板式、管式、卷式和中空纤维式，卷式和中空纤维式组件的过滤面积最大。由于在净水处理中，水中含有大量的悬浮物质，卷式膜的进水通道容易堵塞，故管式和中空纤维式更适合用于净水处理。目前在膜分离净水厂使用的大多为中空纤维式组件，使用无机膜的还较少。

二、膜分离技术的选用

以压力为推动力的膜分离技术，可分为 RO、NF、UF、MF 等，如何根据分离的要求选用合适的膜技术，我们可参照膜分离要求，得出分离去除水中有关颗粒的大小与各种膜技术对应的分离工艺。

根据去除杂质颗粒直径的大小可选择对应的膜技术，如果重点去除水中的盐和金属离子，就应选择用 RO 和 NF；如果重点要求去除水中细菌，则选用 MF 膜更为合适。如果反过来，主要要求分离去除水中的细菌，选用 RO 和 NF；主要要求分离去除中的盐类和金属离子，则选用 MF 就显得不合适了，因为各种膜分离技术有它的特定的功能和特点，有它最佳的适用场合。

例如，RO 运行压力高，一般为 1～10MPa，能耗也高，而且由于其良好的截留分离性能，可将水中大多数离子去除。而 NF 膜可在较低的压力下操作，一般为 0.5～1MPa，而且水的通量较高，对二价离子如 Ca^{2+}、Mg^{2+} 的去除率好，适用于硬度高、有机物含量高浊度低的水。例如，地下水的处理。UF 和 NF 则运行压力低，仅仅 70～200kPa，可以截留水中大部分悬浮物和细菌，可用于地下水处理，也可用于地面水处理。总之，我们应根据不同的水质，不同的处理要求，科学合理地选用相应的膜分离技术。

项目八　供水输配水系统设计

任务一　泵　站　设　计

一、给水泵站类型

给水泵站是农村饮水安全工程工程中的提水设施，主要有一级泵站、二级泵站和增压泵站3种。

一级泵站是将原水从水源输送到处理厂，当原水无须处理时直接送入给水管网、清水池等，一级泵站可和取水构筑物合建或分建。

二级泵站是将水厂清水池中的水输送到给水管网，以供应用户需要。二级泵站的供水能力必须满足最高时的用水要求，同时也要适应用水量降低的情况。为使水泵在高效条件下运行，一般设多台水泵，由泵间的不同组合，来适应供水量的变化；或者采用变频调速装置来控制水泵的流量与扬程，以适应供水量和水压的变化。

增压泵站提高给水管网中水压不足区域的泵站。在扩建或新建管网时都可采用，特别是在地形狭长或高差较大时设置增压泵站较为经济合理。

村镇水厂以地表水为水源的一级泵站的型式主要有岸边式与浮船式2种。

（一）岸边式泵站

岸边式泵站的形式如图8-1所示。

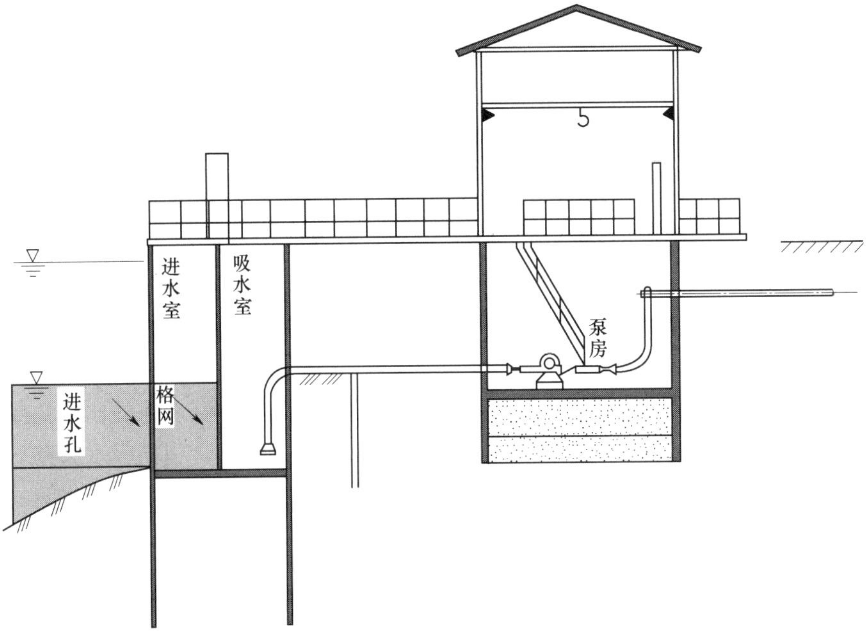

图8-1　岸边式泵站示意图

岸边式泵站除应按前述原则选址外，还应避开河流中的回流区和死水区，以减少进水中的泥沙和漂浮物的影响。其位置宜设在河床稳定、深槽主流近岸处，水深一般不小于2.5m的地点；若在排污河段，应设在排污口的上游100～150m以上；如不得以选址在弯曲河段的凸岸、易于崩塌的河段及其下游附近河段、分岔河道的分岔处和汇合段等不宜建设地点时，应对选址进行充分论证。为了岸坡、泵站的稳定，站址确定后，需对该处的河岸采取砌石或混凝土护砌。

泵站最低运行水位的保证率应不低于95%，正常运行水位可取水源的多年日平均水位，最高运行水位可取水源的最高设计水位。泵站地坪最低设计标高应在考虑水源的最高设计水位和风浪的影响后，再增加0.5m。如吹程较长，风速较大时，还应增加防止波浪爬高的挡浪墙等设施。取水水泵进水口距水底应不小于0.5m，淹没水深一般在1.0m左右，最小不应小于0.5m。进水口处应建进水池，并在其前部设置格栅。取水泵房的结构设计，应按照GB/T 50265《泵站设计规范》的要求进行。

（二）浮船式泵站

当取用地表水水量较小或水源水位的变幅很大时，宜建设浮船式泵站作为取水构筑物。其形式如图8-2所示。

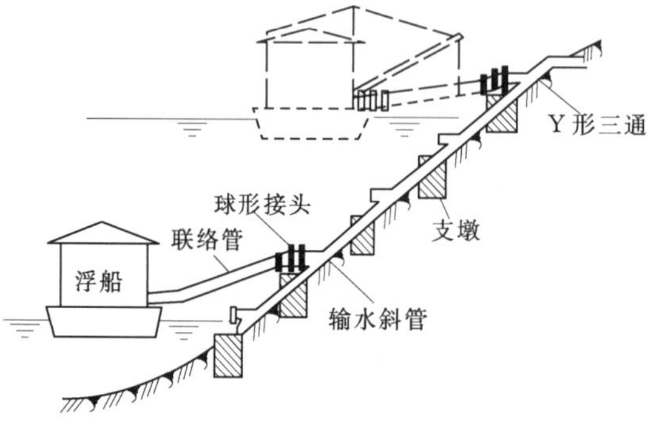

图8-2　浮船式泵站示意图

浮船式泵站的站址除应满足取水水质的需要外，应设置在河岸较陡、停泊条件良好、水流平稳，且枯水期最小水深不小于1.0m的地点。作为取水水泵载体的浮船，宜采用钢板船或钢丝网水泥船。船上的水泵布置，除满足布置紧凑，便于安装、检修外，还特别应注意布置位置对船体平衡与稳定的影响。浮船的稳定与船的宽度关系密切，有条件时应尽可能增大其宽度。另外，可用压舱重物来调节船体的平衡；为防止沉船，应在船仓中设水密隔仓。浮船要设置可靠的锚固措施。河岸陡、河面窄，浮船靠近岸边时，可采用缆索和撑杆将浮船固定在岸边；河岸陡、河面宽的，可采用船头、船尾抛锚与缆绳固定结合等办法。在水流急、风浪大、浮船离岸远的情况下，除船头、船尾抛锚外，还要增设角锚来固定浮船。浮船式取水的水泵与固定管道间的连接管多采用钢丝夹布胶管。

二级泵站多采用半地下式泵房。

泵站主要由设有机组的泵房、吸水井和配电设备三部分组成。吸水井的作用是保证水泵有良好的吸水条件，有时也可当做水量调节构筑物。设有机组的泵房，包括吸水管路、管路、控制闸门及计量设备等。低压配电与控制启动设备，一般也设在泵房内。各水管之间的联络管可根据具体情况，设置在室内或室外。配电部分包括高压配电、变压器、低压配电及控制启动设备。变压器可以设在室外，但要采取防护措施。除此之外，还应有起重等附属设备。

选择水泵应根据泵站所需的总扬程 H(m) 和泵站供水量 Q(L/s) 来确定。确定工作泵的台数，可按用水要求来考虑。假如用水量变化不大，希望选择大泵，因为大泵效率高；若用水量变化较大，最好根据经常出现的几种供水量适当配置泵。在比较重要的或是大型泵站，在泵站正常运行时，同时工作的泵不要少于两台，当一台泵发生故障时，至少有一台仍在运转，供水不致中断。

泵站一般应设备用泵，当允许减少供水量时，可根据具体情况少设或不设备用泵。

考虑到泵站运行当中各泵可以互为备用，可按用水量的变化调节水量，选择相同型号的水泵比较好。在农村水厂二级泵站中，往往一台水泵不能满足所需要的输水量，也不能随着水量变化常在高效区域里工作。因此，一个泵站常设几台泵并联工作来适应用水量的变化。

近十几年来，国外给水排水工程中不少应用变速水泵，变速水泵由于改变电动机转速，从而可以在一个水泵机组中改变其流量和扬程。流量的改变与转速的一次方成正比。扬程的改变与转速的二次方成正比。改变转速后也改变了水泵的特性曲线。因此原来常速水泵低流量时的低效率区在降低转速后可以获得高效率。为此，变速水泵既可满足供水曲线的变化，又可减少水泵的供水量，减少储水量。但是由于目前我国最大变速电动机还限于 100kW 以下，使用采用变速水泵受一定限制，因此一个水泵站设几台泵并联工作来适应用水量的变化仍具有现实性。

二、泵站设计流量与设计扬程计算

取水泵站和供水泵站的设计扬程和设计流量，应根据以下要求确定。

1. 向水厂内的净水构筑物（或净水器）抽送原水的取水泵站

（1）设计扬程应满足净水构筑物的最高设计水位（或净水器的水压）要求。

（2）设计流量应为最高日工作时平均取水量，可按式（8－1）计算：

$$Q_1=\frac{W_1}{t_1} \tag{8-1}$$

式中　Q_1——泵站设计流量，m^3/h；

W_1——最高日取水量，应为最高日用水量加水厂自用水量，m^3；

t_1——日工作时间，与净水构筑物（或净水器）的设计净水时间相同，h。

2. 向调节构筑物抽送清水的泵站

（1）设计扬程应满足调节构筑物的最高设计水位要求。

（2）设计流量应为最高日工作时用水量，可按式（8－2）计算：

$$Q_2=\frac{W_2}{t_2} \tag{8-2}$$

式中　Q_2——泵站设计流量，m^3/h；

W_2——最高日用水量，m^3；

t_2——日工作时间，应根据净水构筑物（或净水器）的设计净水时间、清水池的设计调节能力、高位水池（或水塔）的设计调节能力确定，h。

3. 直接向无调节构筑物的配水管网供水的泵站

（1）设计扬程应满足配水管网中最不利用户接管点和消火栓设置处的最小服务水头要求。

（2）设计流量应为最高日最高时用水量，可按式（8－3）计算：

$$Q_3 = K_h \frac{W_2}{24} \tag{8-3}$$

式中　Q_3——泵站设计流量，m^3/h；

W_2——最高日用水量，m^3；

K_h——时变化系数。

三、水泵机组的选择

水泵机组的选择应根据泵站的功能、流量变化，进水含沙量、水位变化，以及出水管路的流量—扬程特性曲线等确定，并符合下列要求：

（1）水泵性能和水泵组合，应满足泵站在所有正常运行工况下对流量和扬程的要求，平均扬程时水泵机组在高效区运行，最高和最低扬程时水泵机组能安全、稳定运行。

（2）多种泵型可供选择时，应进行技术经济比较，尽可能选择效率高、高效区范围宽、机组尺寸小、日常管理和维护方便的水泵。

（3）近、远期设计流量相差较大时，应按近、远期流量分别选泵，且便于更换；泵房设计应满足远期机组布置要求。

（4）同一泵房内并联运行的水泵，设计扬程应接近。

（5）Ⅰ～Ⅲ型供水工程的取水泵站和供水泵站，应采用多泵工作。工作时流量变化较小的泵站，宜采用相同型号的水泵；工作时流量变化较大的泵站，宜采用大小泵搭配，但型号不宜超过3种。

（6）Ⅰ～Ⅲ型供水工程的取水泵站和供水泵站应设备用泵，备用泵型号至少有1台与工作泵中的大泵一致。Ⅳ、Ⅴ型供水工程的取水泵站和供水泵站，有条件时宜设1台备用泵。

（7）电动机选型，应与水泵性能相匹配；采用多种型号的电动机时，其电压应一致。

四、变频调速设备

地势平缓、有连续供水要求、建造水塔不经济、电力有保障的供水泵站，宜采用变频调速设备供水，并符合以下要求：

（1）调速水泵不调速时的工作点，应在其特性曲线高效区的扬程较低区。

（2）泵站的调速方案和水泵的调速范围，应根据日用水变化情况、出水管路的流量—扬程特性曲线、泵站的水泵组合和水泵特性确定。

（3）调速控制系统，应设压力控制器，并具有软启动、变频自动、工频自动和手动操作功能。

五、气压水罐

供电有保障、地势平缓的小型单村供水泵站，可采用气压水罐供水，并符合以下要求：

（1）气压水罐最低工作压力，应满足配水管网最不利用户接管点和消火栓设置处的最小服务水头要求，可按式（8-4）计算：

$$P_1 = 0.01(H_1 + H_2 + H_3 + H_4) \tag{8-4}$$

式中　P_1——气压水罐最低工作压力（表压），MPa；

H_1——配水管网最不利用户接管点或消火栓设置处的最小服务水头，m；

H_2——进水池（或井）至最不利用户接管点（或消火栓）的管路沿程水头损失，m；

H_3——进水池（或井）至最不利用户接管点（或消火栓）的管路局部水头损失，m；

H_4——最不利用户接管点（或消火栓）处地面高程与进水池（或井）最低运行水位的高差，m。

（2）气压水罐内水的调节容积，可按式（8－5）计算：

$$V_x=0.25\beta C\frac{q_b}{n_{\max}} \tag{8-5}$$

式中　V_x——气压水罐内水的调节容积，m^3；

β——容积附加系数，补气式卧式罐宜为1.25，补气式立式罐宜为1.10，隔膜式罐宜为1.05；

C——安全系数，宜采用1.0～1.3；

q_b——罐内为平均压力时水泵的出水量，应等于或略大于最高日最高时用水量的1.2倍，m^3/h；

$n_{\max}$——水泵在1h内的最多启动次数，宜采用6～8次。

（3）气压水罐的总容积，可按式（8－6）计算：

$$V=\frac{V_x}{1-a_b} \tag{8-6}$$

式中　V——气压水罐的总容积，m^3；

a_b——气压水罐内最小工作压力与最大工作压力比，宜采用0.65～0.85。

（4）气压水罐应设安全阀、压力表、水位计、泄水管和密封人孔。

（5）气压水罐供水系统的最高工作压力，可按式（8－7）计算：

$$p_2=\frac{p_1}{a_b} \tag{8-7}$$

式中　p_2——气压水罐供水系统的最高工作压力，MPa。

（6）水泵的选择，应使扬程为$(p_1+p_2)/2$时，流量为q_b，并在高效区工作；水泵控制系统应设自动开、停装置。

（7）选择气压水罐时，其允许压力应不小于$1.5p_2$；气压水罐的设计单位和生产厂家，应分别持有压力容器设计与制造许可证。

六、安装高程

在进水池最低运行水位时，卧式离心泵的安装高程应满足其允许吸上真空高度的要求；在含泥沙的水源中取水时，应对水泵的允许吸上真空高度进行修正。卧式离心泵的安装高程，除满足水泵允许吸上真空高度要求外，尚应综合考虑水泵充水系统的设置和泵房外进、出水管路的布置。

潜水电泵顶面在最低设计水位下的淹没深度，管井中应不小于3m，大口井、辐射井中不小于1m，进水池中不小于0.5m；潜水电泵底面距水底的距离，应根据水底的沉淀（或淤积）情况确定。

卧式离心泵宜采用自灌式充水。进水池最低运行水位低于卧式离心泵叶轮顶时，泵房内应设充水系统，并按单泵充水时间不超过5min设计。

七、水泵进、出水管设计

水泵进、出水管设计应符合以下要求：

（1）进水管的流速宜为 1.0～1.2m/s；水泵出水管并联前的流速宜为 1.5～2.0m/s。

（2）进水管不宜过长，水平段应有向水泵方向上升的坡度；进水池最高设计水位高于水泵进口最低点时，应在进水管上设检修阀。

（3）水泵出水管路上应设渐放管、伸缩节、压力表、工作闸阀（或蝶阀）、防止水倒流的单向阀和检修闸阀。

（4）离心泵进水管喇叭口的设计应符合以下要求：

1）喇叭口的直径 D，宜等于或大于 1.25 倍进水管直径。

2）喇叭口中心点距水底的距离（即喇叭口的悬空高度）：

a. 喇叭管垂直布置时，可为 $(0.6 \sim 0.8)D$。

b. 喇叭管倾斜布置时，可为 $(0.8 \sim 1.0)D$。

c. 喇叭管水平布置时，可为 $(1.0 \sim 1.25)D$。

3）喇叭口中心点距最低运行水位的距离（即喇叭口的最小淹没深度）：

a. 喇叭管垂直布置时，应不小于 $(1.0 \sim 1.25)D$。

b. 喇叭管倾斜布置时，应不小于 $(1.5 \sim 1.8)D$。

c. 喇叭管水平布置时，应不小于 $(1.8 \sim 2.0)D$。

4）喇叭管中心线，与后墙的距离可为 $(0.8 \sim 1.0)D$，与侧墙的距离可为 $1.5D$，并满足安装要求；喇叭口之间的净距，应不小于 $1.5D$。

八、水锤防护措施

向高地输水的泵站应根据具体情况采取以下水锤防护措施：

（1）应在泵站内的出水管上设两阶段关闭的液控蝶阀、多功能水泵控制阀、缓闭止回阀或其他水锤消除装置。

（2）应在泵站外出水管的凸起点设自动进（排）气阀；出水管中长距离无凸起点的管段，应每隔一定距离设自动进（排）气阀。

（3）通过技术经济比较，可适当降低管道设计流速。

九、泵站电气设计

泵站电气设计应根据所选机电设备的电压和总功率以及当地的电力条件确定，并符合以下要求：

（1）Ⅴ型供水工程，可与当地供电变压器共用，但应核算变压器容量及其到泵站的线损。

（2）Ⅰ～Ⅳ型供水工程，宜采用专用直配输电线路供电，并设专用变压器；Ⅰ、Ⅱ型供水工程，宜设备用电源。

（3）计费计量点的功率因数不应低于 0.85，低于 0.85 时应进行无功功率补偿。

（4）机组启动时，母线电压降不宜超过额定电压的 15%。

（5）控制系统应具有过载、短路、过压、缺相、欠压等保护功能，有条件时，控制系统还应具有水位、水压、流量、报警、启动和停机等自动控制功能。

（6）泵房设计应便于机组和配电装置的布置、运行操作、搬运、安装、维修和更换以及进、出水管的布置，并满足以下要求：

1）泵房内的主要人行通道宽度，应不小于1.2m；相邻机组之间、机组与墙壁间的净距，应不小于0.8m，并满足泵轴和电动机转子在检修时能拆卸；高压配电盘前的通道宽度，应不小于2.0m；低压配电盘前的通道宽度，应不小于1.5m。

2）供水泵房内，应设排水沟、集水井，必要时尚应设排水泵，水泵等设备的散水不应回流至进水池（或井）内。

3）泵房至少应设一个可以通过最大设备的门。

4）长轴井泵和多级潜水电泵泵房，宜在井口上方屋顶处设吊装孔。

5）起重设备，应满足最重设备的吊装要求。

6）泵房设计应根据具体情况采取相应的采光、通风和防噪声措施。

7）寒冷地区的泵房，应有保温与采暖措施。

8）泵房地面层，应高出室外地坪300mm。

9）泵房高度，应满足最大物体的吊装要求。

任务二　供水调节构筑物设计

一、厂内调节构筑物的作用和种类

一般情况下，水厂的取水构筑物和净水厂规模是按最高日工作时或平均时设计的，而配水设施则满足供水区的逐时用水量变化，为此需设置水量调节构筑物，以平衡两者的负荷变化。尤其是农村水厂，由于规模小，且考虑到管理与停电等因素，某些水厂或泵房采用间歇运行方式，一次一般情况下均应设置水量调节构筑物。厂内常用的调蓄构筑物主要有清水池和水塔。

调节构筑物的选用和采取何种布置方式（表8-1），对配水管网的造价和经常运转费均有较大影响，设计时要慎重选择。如有条件，应根据具体条件做多种方案比较，然后确定。

表8-1　　调节构筑物种类、布置方式和使用条件

调节蓄构筑物	布置方式	使用条件
清水池	厂内地位	1. 取用地表水源的净水厂，需要处理的地下水水厂。 2. 经过技术经济比较，无须在管网内设置调节构筑物。 3. 需连续供水，并可用水泵调节的水厂。 4. 净水厂内过滤池需要反冲洗水源
水塔	厂内高位	1. 没有地形可以利用，调节容量小。 2. 给水范围和给水规模较小的水厂。 3. 间歇性生产的水厂

二、清水池

1. 清水池的有效容积

清水池的有效容积 W_c（m^3）可按下式计算：

$$W_c = W_1 + W_2 + W_3 + W_4$$

式中　W_1——调节容积，m^3，一般根据用水量曲线和给水量曲线求得，当缺乏上述资料时，可按最高日用水量的20%～30%计；

W_2——水厂自用水量，m^3，当滤池采用水泵冲洗时，可按一次冲洗水量计；当采用水塔冲洗时，W_2一般可以不计；一般情况下，可按最高日用水量的5%～10%计；

W_3——安全储量，m^3，为避免清水池抽空，影响给水安全，清水池内需保留一定水深作为安全储量，一般按最高日用水量的5%计；

W_4——消防储量，m^3，对于允许短时间中断供水或间歇供水的情况，可不另行考虑消防用水量，但要求清水池中最小储量，大于消防用水量。

2. 清水池的结构与设计要求

(1) 清水池由池体和各种配管组成。池体形状可以是圆形、方形或矩形。池体多为钢筋混凝土结构，小型水池亦有砖、石结构。清水池的配管包括：进水管、出水管、溢流管（溢水管）、排水管、通气管和检修孔（人孔）等。

两种清水池实例如图8-3和图8-4所示。

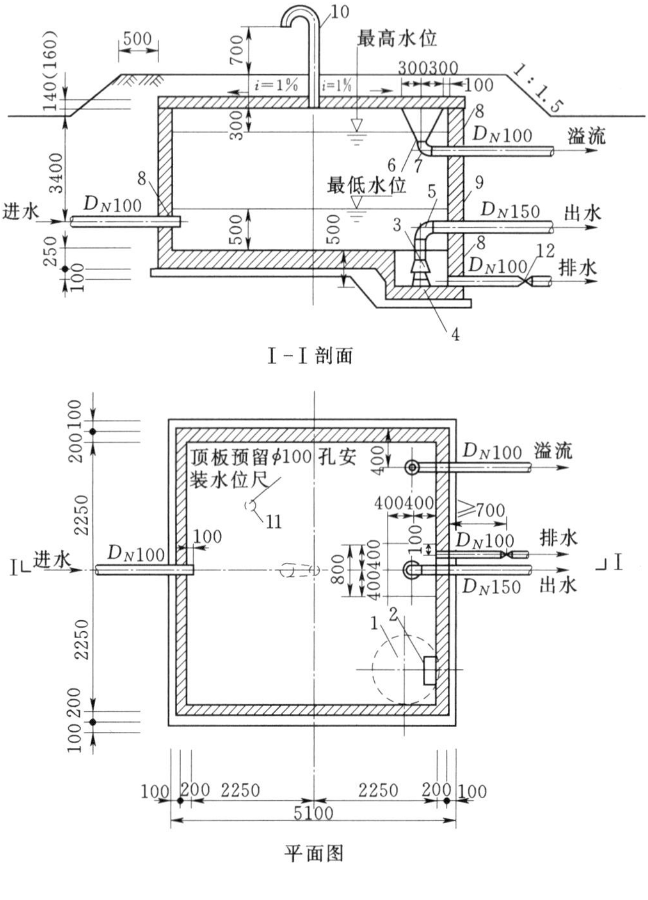

图8-3　50m^3钢筋混凝土清水池（单位：mm）

1—检修孔；2—爬梯；3—喇叭管；4—支架；5、7—弯头；6—溢水喇叭管；8、9—穿墙管；10—通气管；11—水位尺安装孔；12—排水阀

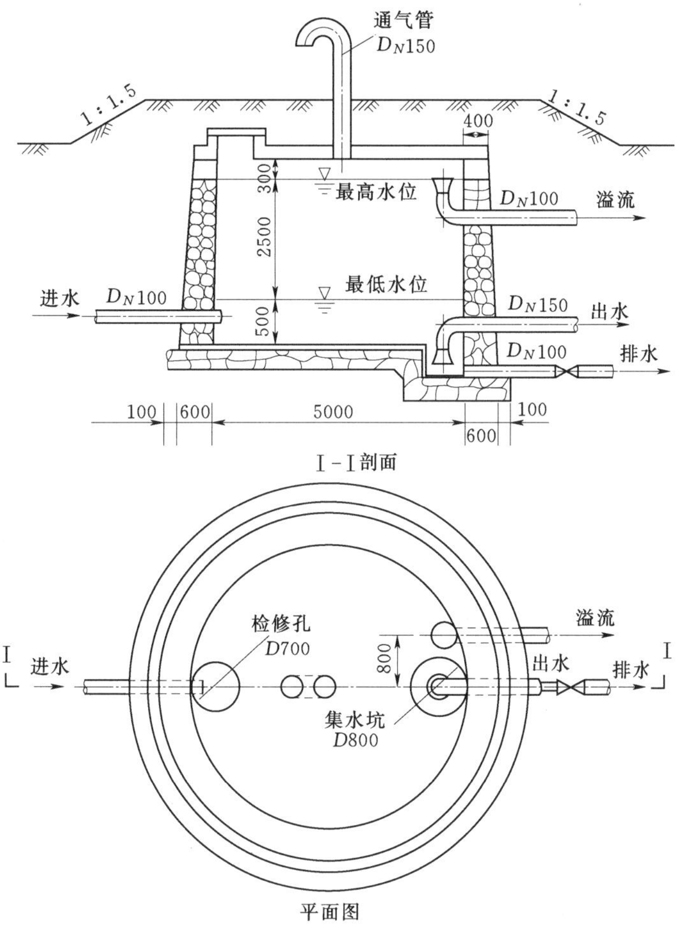

图 8-4　60m³ 圆形块石结构清水池

（2）清水池的池数或分格数，一般不少于 2 个，并能单独工作和分别放空，但对于间断供水和供水安全性要求不高的地区，可灵活掌握。应保证池内水的流动，避免死角。

（3）清水池一般应按流程，布置在靠近配水泵房的地方。其周围 10m 以内，不得有渗水厕所、垃圾堆、化粪池等污染源。

3. 标准图与主要参数

钢筋混凝土蓄水池国家标准图图号与主要参数，详见表 8-2。

表 8-2　　钢筋混凝土蓄水池标准图图集号与主要参数

有效容量/m^3	圆形水池			矩形水池		
	图集号	高度/m	直径/m	图集号	高度/m	长×宽/m×m
10				S810	2.8	2.5×2.5
30				S810	2.8	4.0×4.0
50	S811	3.5	4.5	S823	3.5	3.9×3.9
100	S812	3.5	6.4	S824	3.5	5.6×5.6
150	S813	3.5	7.8	S825	3.5	6.8×6.8

续表

有效容量/m³	圆形水池			矩形水池		
	图集号	高度/m	直径/m	图集号	高度/m	长×宽/m×m
200	S814	3.5	9	S826	3.5	7.8×7.8
300	S815	3.5	11.1	S828	3.5	12.0×8.0
400	S816	3.5	12.6	S829	3.5	11.32×11.32

4. 清水池配管设计

清水池进、出水管应分设，结合导流墙布置，以保证池水能经常流通，避免死水区。

管道口径应通过计算确定，并留有余地，以适应挖填改造时水量的增加。

(1) 进水管。管径按最高日工作时水量计算。进水管标高应考虑避免由于池中水位变化而形成进水管的气阻，可采用降低进水管标高，或进水管进水池后用弯管下弯。

当清水池进水管上游设置有计量或加注化学药剂设备时，进水管用采取适应措施，保证满管出流。

(2) 出水管。管径一般按最高日最高时水量计算。当配水泵房设有吸水井时，清水池出水管（至吸水井）一般设置一根；当水泵直接从池内吸水时，出水管根数根据水泵台数确定。

(3) 溢流管。管径一般与进水管相同。管端为喇叭口，并与池内最高水位持平。池外出水管应设网罩，管道口不得装阀门。当溢流管出口经常处于排水水位以下时，可设置溢流井并排水。

(4) 排水管。管径可按 2h 内将池中水泄空计算。但最小管径不得小于 100mm，管底应与集水坑持平。如清水池埋深较大，排水困难时，可在池外设排水井，用潜水泵从井内抽排。为了便于排空池水，池底应有一定坡度，坡向集水坑。

(5) 通气管及检修孔。池顶设通气管，管径一般为 100～200mm，进气孔一般高出覆土 1m，出气孔高出覆土 1.5m。同时设检修孔，孔径一般为 700mm，并沿池壁设铁爬梯。

池顶覆土厚度一般为 300mm；若室外平均气温为－10～30℃，则覆土厚度为 700mm。在地下水位较高的地区，覆土厚度应满足抵抗浮力的要求。

不同规模清水池配管的管径，可参考表 8－3 确定。

表 8－3　　清水池配管管径

管　道	清水池有效容积/m³						
	10	30	50	100	150	200	300
进水管/mm	100	100	100	150	150	200	250
出水管/mm	150	150	150	200	250	250	300
溢流管/mm	100	100	100	150	150	200	250
排水管/mm	100	100	100	100	100	100	150
通气管/mm	10	10	150	200	200	200	200

三、水塔

（一）水塔的有效容积与高度计算

1. 水塔的有效容积 $W(m^3)$

$$W=W_1+W_2+W_3 \tag{8-8}$$

式中 W_1——调节容积，m^3，一般按最高日用水量的10%～15%考虑；

W_2——滤池冲洗用水量，m^3，按最高日用水量的5%～10%计；不用水塔冲洗滤池的施工，不计此量；

W_3——消防储量，m^3，当负有消防要求时，应按《建筑设计防火规范》要求确定。

2. 水塔的高度

水塔底板高度 H_0(m) 按下式计算：

$$H_0 = H_c + \sum h_1 + \sum h_2 - (Z_o - Z_c) \tag{8-9}$$

式中 H_c——管网控制点自由水头，m；

$\sum h_1$——水塔至控制点配水干管的沿程水头损失，m；

$\sum h_2$——水塔至控制点配水干管的局部水头损失，m；

Z_o——水塔处地面标高，m；

Z_c——控制点地面标高，m。

水塔水柜内的水深一般按1.5～4.0m考虑。

（二）水塔的构造

水塔主要由水箱（柜）、塔体、管道和基础四部分组成。图8-5为常见水塔的构造。

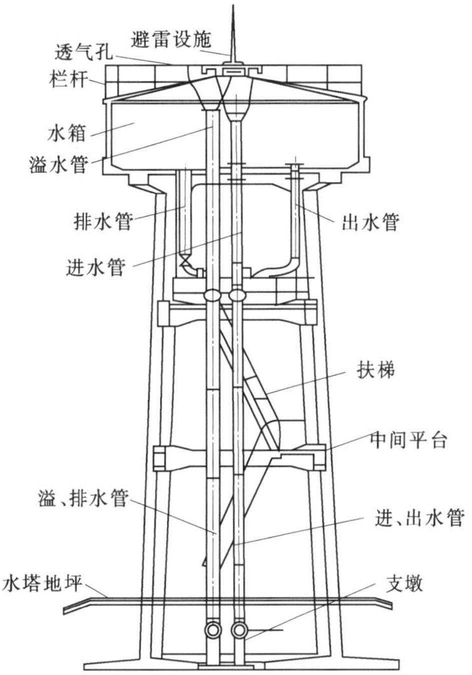

图8-5 钢筋混凝土水塔

1. 水箱

水箱的作用是储水。计算的水塔有效容积量就是水箱容积。水箱常为圆形，高与直径之比约为0.5～1.0。水箱材料可以是钢材、钢筋混凝土、木材，也可是砖砌的，水箱内应设水位尺，指示水位。

水箱形式多种多样，最常见的形式如图8-6所示。

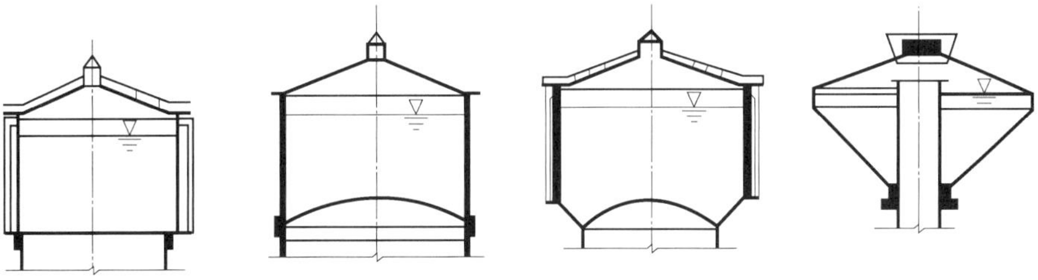

图8-6 水箱形式

(a) 平底式水箱；(b) 球底式水箱；(c) 圆筒球穹底式水箱；(d) 倒锥壳式水箱

2. 塔体

塔体主要用来支承水箱，有筒壁式和框架式两种，可用砖、石或钢筋混凝土建造。

3. 管道

水塔的进出水管可分设，也可合用，合用时需加一止回阀。立管需设伸缩接头，以适应因温度、外力而产生的变形；下端应设固定支墩。

溢流管和排水管一般合用，管径与进、出水管相同，但当进、出水管管径大于200mm时，溢、排水管管径可以小一号，溢流管上端有喇叭口，管上不设阀门，排水管装在水箱底，管上设阀门。

为防止水箱底的沉淀物进入管网，一般要求出水管顶高出箱底0.20m。

4. 基础

水塔基础可用砖、石、混凝土、钢筋混凝土等材料建造，有圆环、圆板、球壳、M形锥壳、桩基础等多种形式。

另外水塔上还应有扶梯、平台、栏杆和照明等设施。

（三）水塔的防雷、保温与采暖

1. 防雷

水塔防雷通常按第三类构筑物考虑：

（1）接闪器可利用水塔顶层钢筋及周围铁栏杆。当无栏栅时，可做一圈避雷带，并与塔顶钢筋焊接。塔顶中心高出部分可装置一直避雷针。

（2）引下线可利用其钢筋网，并将内设钢梯做整体电器连接，在其首末两端与接地引下线焊接。

（3）接地装置的冲击接地电阻不大于5Ω，应尽量利用水塔钢筋混凝土基础、金属管道等自然接地体；若接地电阻符合要求时，也可不另设人工接地体。

2. 保温和采暖

当水源为地下水时，冬季采暖室外计算温度为－8～－23℃地区的水塔，可只保温，不采暖。当水源为地表水时，冬季采暖室外计算温度为－8～－23℃或水源为地下水，冬季室外计算温度为－24～30℃地区的水塔，除保温外，还需考虑采暖。

水箱外壁做保温防冻层的常用措施有：

（1）贴砌一层厚层为8～10cm的泡沫混凝土或膨胀珍珠岩等轻质材料。

（2）贴砌一层一砖厚度的半空斗墙。

（3）再做一层保温外壳，在外壳与水箱壁之间（不小于0.7m）填装保温材料（麦秸、芦苇等）。

（4）管道也应采取相应的保温措施。

任务三　农村给水管网规划设计

一、给水管网的布置

农村给水管网是由大大小小的给水管道组成的，根据给水管网在整个给水系统中的作用，可将它分为输水管和配水管网两部分。

（一）输水管

从水源到水厂或从水厂到配水管网的管线，因沿线一般不接用户管，主要起转输水量的作用，所以叫做输水管。有时，从配水管网接到个别大用水户去的管线，因沿线一般也不接用水管，所以，此管线也叫做输水管。

对输水管线选择与布置的要求如下：

（1）应能保证供水不间断，尽量做到线路最短，土石方工程量最小，工程造价低，施工维护方便，少占或不占农田。

（2）管线走向，有条件时最好沿现有道路或规划道路敷设。

（3）输水管应尽量避免穿越河谷、重要铁路、沼泽、工程地质不良的地段，以及洪水淹没地区。

（4）选择线路时，应充分利用地形，优先考虑重力流输水或部分重力流输水。

（5）输水管线的条数（即单线或双线），应根据给水系统的重要性、输水量大小、分期建设的安排等因素，全面考虑确定。当允许间断供水或水源不止一个时，一般可以设一条输水管线；当不允许间断供水时，一般应设两条，或者设一条输水管，同时修建有相当容量的安全储水池，以备输水管线发生故障时供水。

（6）当采用两条输水管线时，为避免输水管线因某段损坏而使输水量减少过多，要求在管线之间设连通管相互联系。连通管直径可以与输水管相同或比输水管小20%～30%，以保证在任何一段输水管发生事故时，仍能通过70%的设计流量。连通管的间距可按表8-4采用。在输水管和连通管上装设必要的闸门，以缩小发生事故时的断水范围。当供水可靠性要求较低时，闸门数可以适当减少，闸门应安放在闸门井内。

表8-4　　连通管间距

输水管长度/km	<3	3～10	10～20
间距/km	1.0～1.5	2.0～2.5	3.0～4.0

（7）在输水管线的最高点上，一般应安装排气阀（管内无水时，能自动打开；管内有水时能自动关闭），以便及时排除管内空气，或在输水管放空时引入空气。在输水管线的低洼处，应设置泄水阀及泄水管，泄水管接至河道或地势低洼处。

（二）配水管网

配水管网就是将输水管线送来的水，配给农村用户的管道系统。在配水管网中，各管线所起的作用不相同，因而其管径也就各异，由此可将管线分为干管、分配管（或称配水管）、接户管（或称进户管）三类。其中：

干管的主要作用是输水至各用水地区，同时也为沿线用户供水，其管径均在100mm以上。为简化起见，配水管网的布置和计算，通常只限于干管。

分配管的主要作用是把干管输送来的水，配给接户管和消火栓。此类管线均敷设在每一条街道或工厂车间的前后道路下面，其管径均由消防流量来确定，一般不予计算。为了满足安装消防栓所要求的管径，以免在消防时管线水压下降过多，通常规定分配管的最小管径；分为3档：最小采用75～100mm、中等采用100～150mm、最高采用150～200mm。

接户管就是从分配管接到用户去的管线，其管径视用户用水的多少而定。但当较大的工厂有内部给水管网时，此接户管称为接户总管，其管径应根据该厂的用水量来定。一般的民用建筑均用一条接户管；对于供水可靠性要求较高的建筑物，则可采用两条，而且最好由不同的配水管接入，以增加供水的安全可靠性。

配水管网的布置形式，根据规划、用户分布以及用户对用水的安全可靠性的要求程度等，分成为树状网和环状网两种形式。

1. 树状网

管网布置呈树状向供水区延伸，管径随所供给用水户的减少而逐渐变小。这种管网管线的总长度较短，构造简单，投资较省。但是，当管线某处发生漏水事故需停水检修时，其后续各管线均要断水，所以供水的安全可靠性差。又因树状网的末端管线，由于用水量的减少，管内水流减缓，用户不用水时，甚至停流，致使水质容易变坏。树状网一般适用于用水安全可靠性要求不高的供水用户，或者规划建设初期先用树状网，这样做可以减少一次投资费用，使工程投产快，有利于逐步发展。

另外，对于街坊内的管网，一般亦多布置成树状，即从邻近的街道下的干管或分配管接入。

2. 环状网

管网布置两个封闭环状。当任意一段管线损坏时，可用闸门将它与其余管线隔开进行检修，而不影响其余管线的供水，因而断水的地区便大为缩小。另外，环状网还可大大减轻因水锤现象所产生的危害，而在树状管网中则往往因此而使管线受到严重损害。但环状网由于管线总长度大大增加，故造价明显地比树状网为高。

给水管网的布置既要求安全供水，又要贯彻节约的原则。安全供水和节约投资之间难免会产生矛盾，要安全供水必须采用环状网，而要节约投资最好采用树状网。只有既考虑供水的安全，又尽量以最短的线路敷设管道，方能使矛盾得到统一。所以，在布置管网时，应考虑分期建设的可能，即先按近期规划采用树状网，然后随着用水量的增长，再逐步增设管线构成环状网。实际上，现有城镇的配水管网多数是环状网和树状网相结合，即在城镇中心地区布置成环状网，而在市郊或农村，则以树状网的形式向四周延伸。干管的布置（定线）通常应遵循下列原则：

(1) 干管布置的主要方向应按供水主要流向延伸，而供水的流向则取决于最大用水户或水塔等调节构筑物的位置。

(2) 通常为了保证供水可靠，按照主要流向布置几条平行的干管，其间并用连通管连接，这些管线以最短的距离到达用水量大的主要用户。干管间距视供水区的大小，供水情况而不同，一般为 500～800m。

(3) 干管一般按规划道路布置，尽量避免在高级路面或重要道路下敷设。管线在道路下的平面位置和高程应符合农村地下管线综合设计的要求。

(4) 干管应尽可能布置在高地，这样可以保证用户附近配水管中有足够的压力和减低干管内压力，以增加管道的安全。

(5) 干管的布置应考虑发展和分期建设的要求，并留有余地。

考虑以上原则，干管通常由一系列邻接的环组成，并且较均匀地分布在农村整个供水区域。

二、给水管网各管段计算流量和管径的初步确定

确定各管段计算流量的目的，在于依此来选取管径，进行水力计算。但要确定各管段的计算流量，需首先确定各管段的沿线流量和节点流量。

（一）沿线流量

农村供水地区，在管网的干管和分配管上，通常采用的简化方法是比流量法，该法有两种表现形式，现分述如下。

1. 长度比流量法

所谓长度比流量即是假定 q_1'，q_2'，…这些用水量均匀分布在全部干管线上，则管线单位长度上的配水流量称为比流量，记为 q_{cb}。

q_{cb} 可按下式计算：

$$q_{cb}=\frac{Q-\sum Q_i}{\sum L}\quad [\mathrm{L/(s\cdot m)}] \tag{8-10}$$

式中　Q——管网总用水量，L/s；

$\sum Q_i$——工业企业及其他大用水户的集中流量之和，L/s；

$\sum L$——干管总长度，m，计算时，不计穿越广场、公园等无建筑物地区的管线长度。对于沿河岸等地段所敷设的只有一侧配水的管线，其长度只按一半计算。对于人口密度不同的或房屋卫生设备条件不同的市内各区，也应根据其用水量和管线长度，分别相应调整比流量。

比流量的大小随用水量的变化而变化。因此，控制管网水力情况的不同供水条件下的比流量（如在最高用水时、最大转输时、消防时的比流量）是不同的，须分别计算。

有了比流量，就可求出各管段的沿线流量。例如，某一管段的沿线流量 Q_y 可按下式算出：

$$Q_y=q_{cb}L\quad (\mathrm{L/s}) \tag{8-11}$$

式中　L——管段长度，m。

整个管网的沿线流量总和（$\sum Q$），当 q_{cb} 全网相同时，等于 $q_{cb}\sum L$。由式（8－10）知

$$q_{cb}\sum L=Q-\sum Q_i \tag{8-12}$$

必须指出，按照用水量全部均匀分布在干管上的假定来求比流量的方法，存在一定的缺点，因为它忽视了沿管线供水人数多少的影响，所以，不能反映各管段的实际配水量。很显然，在干管线的不同管段上，它的供水面积和供水用户数不会相同，配水量不可能均匀。因此，另提一种改进的计算方法——面积比流量法。

2. 面积比流量法

所谓面积比流量即是假定 q_1'，q_2'，…这些用水量均匀分布在整个供水面积上，则单位面积上的配水流量称为比流量，记为 q_{mb}。

q_{mb} 可按下式计算

$$q_{mb}=\frac{Q-\sum Q_i}{\sum\tilde{\omega}}\quad (\mathrm{L/s}) \tag{8-13}$$

式中　$\tilde{\omega}$——供水面积的总和，m^2。

干管每一管段供水面积的划分，可按分角线法或对角线法进行。

由面积比流量 q_{mb}，亦可计算出某一管段的沿线流量 Q_y，计算式为

$$Q_y = q_{mb}\tilde{\omega} \quad (L/s) \tag{8-14}$$

式中　$\tilde{\omega}$——管段的供水面积，m^2。

整个管网的沿线流量总和$\sum Q_y$ 则等于 $q_{mb}\sum\tilde{\omega}$。由式（8－12）知，$q_{mb}\sum\tilde{\omega}=Q-\sum Q_i$。

鉴于农村供水面积大，用水量多，故用面积比充量法较之用长度比流量法要准确一些，但此法的计算颇麻烦。当供水区的干管分布比较均匀，管距大致相同时，似无必要采用面积比流量法，改用长度比流量法比较简便。

（二）节点流量

干管各管段的沿线流量已由比流量法来求出。但是，实际上管网每一管段的流量包括两部分：一部分是上述的沿管线配出的沿线流量；另一部分则是转输到后续管线去的转输流量。在一条管段中，转输流量沿整个管段不变，沿线流量则因沿线配水，流量沿程逐渐减小，到管段末端等于零。AB 管段起点 A 处的流量是转输流量 Q_{zs} 与沿线流量 Q_y 之和，而管段终点 B 的流量仅为Q_{zs}。按照计算比流量的假定，Q_y 呈直线变化。显然，这种沿线变化的流量，不便于用来确定管径和水头损失，还需对其作进一步简化。简化的方法是化渐变流为均匀流，全管段引用一个不变的流量，称为折算流量，记为 Q_j。折算流量 Q_j 所产生的水头损失和沿线变化的流量所产生的水头损失完全相同，从而得出管线折算流量 Q_j 的计算式为

$$Q_j = Q_{zs} + \alpha Q_y \quad (L/s) \tag{8-15}$$

式中　α——折减系数，其值在 0.5～0.58 之间。

当管线的转输流量远大于沿线流量时，α 值趋近于 0.5；反之，α 值则趋近于 0.58。实践中往往采用 $\alpha=0.5$，以使计算更为简便，也不致引起过大的误差。

由此，将管段的沿线流量折算成节点流量，只需将该管段的沿线流量平半分配于管段始、末端的节点上，便得到节点流量（q_n）的计算式为

$$q_n = \frac{1}{2}Q_y \quad (L/s) \tag{8-16}$$

某一管段沿线流量化为节点流量的分配图，此时该管段的折算流量为

$$Q_j = Q_{zs} + \frac{1}{2}q_{cb}L \quad (L/s) \tag{8-17}$$

由式（8－17）看出，如果把沿线流量化成节点流量，便能大大简化管网的计算工作量。由此可知，管网中每个节点上假想的集中流量便等于与该节点相连的所有管线的沿线流量总和的一半，即

$$q_n = \frac{1}{2}\sum Q_y \quad (L/s) \tag{8-18}$$

求得各节点流量后，管网计算图上便只有集中于节点的流量（包括原有的集中流量）。

而管段的计算流量为

$$Q_j = Q_{zs} + \frac{1}{2}\sum Q_y \quad (\mathrm{L/s}) \tag{8-19}$$

（三）管段计算流量

当运用折算流量法求出各个节点流量，并把大用水户的集中流量亦加于附近的节点上后，则所有各节点流量的总和，便是由二级泵站送来的总流量（即总供水量）。按照质量守恒原理，流向某节点的流量应等于从该节点流出的流量，即流进等于流出。如以流向节点的流量为正值，流离节点的流量为负值，则两者的代数和（以$\sum Q$表示）应等于零，即$\sum Q=0$。

依此条件，用二级泵站送来的总流量沿各节点进行流量分配，所得出的每条管段所通过的流量，就是各管段的计算流量。确定此流量的，难易程度与采用的管网布置形式有关。

对于树状网，其每一管段的计算流量容易确定，因为从二级泵站到任一节点的来水方向只有一个。设二级泵站位于 0 点；q_1 和 q_2 代表由沿线流量折算成的节点流量；Q_1、Q_2、Q_3、Q_4、Q_5，代表大用水户的集中流量。由这些流量，根据式（8-19），就可求出各管线的计算流量。

对于环状网，确定各管段的计算流量就比较复杂，因为由二级泵站供给每一节点的流量，可以从不同方向供给，不像树状网那样只有一个方向。所以，在进行流量分配时，就必须人为地拟定各管段的流量。显然，按照这样的方式来进行，每人所得的结果不会相同。为此，要求在分配流量时，共同遵循以下原则：

（1）应在管网平面布置图上，事先拟定出主要的流向，并力求使水流沿最近线路，输送到大用水户和边远地区。

（2）在平行的干管中分配流量应大致相同，以免一条干管损坏时其余干管负荷过重。

（3）分配流量时应满足上述的节点流量平衡条件，即在每个节点上满足$\sum Q=0$。

（四）管径的确定

管网中各管段的管径，是按最高时用水量确定的。当流量已定时，管径可按下式计算

$$d=\sqrt{\frac{4Q}{\pi v}} \tag{8-20}$$

式中　d——管段直径，m；

Q——管段的计算流量，m^3/s；

v——流速，m/s。

由式（8-20）可看出，管径不但和管段流量有关，而且和流速的大小有关。如流速未定，则管径亦无法确定，因此还需选定流速。

为防止管网因水锤现象而出现事故，在技术上最高流速限定在 2.5～3.0m/s 的范围内。在输送原水时，为避免水中杂质在管内沉积，最低流速应大于 0.6m/s，可见技术上允许的流速幅度较大。因此，还需根据当地的经济条件，考虑管网造价和经营管理费用等

因素，来选出合适的流速。

由式（8-20）还可看出，流量一定时，管径与流速的平方根成反比。如果流速取得小一些，管径便增大，相应的管网造价便增加。可是，管径增大后，管段中的水头损失便减小，所需的水泵扬程将降低，日常电费便可节省；相反，如果流速取得大一些，管径固然有所减少，管网造价也有所降低，但因水头损失增大后，所需水泵扬程必须相应提高，因而经常的电费势必增加，从而也就增加了管网的经营管理费用。所以，管线管径的确定，要综合考虑管线的建造费用（即造价）和年经营管理费用（主要是电费）这两个主要的经济因素。若以 G 表示建造费用，以 Y 表示年经营管理费用，t 表示投资偿还期，则 t 年内的经营管理费用为 tY，由此分别点绘出 $tY—v$ 和 $G—v$ 两根曲线，就可得出总费用最低（即建造费与经营管理费之和为最小）的流速，称为经济流速（v）。

影响经济流速的因素很多（如管材、施工条件、动力费用、投资偿还期等），主要归结为管网建造费用与经营管理费用两项，因此，必须按照当时当地的具体条件来确定。通过实践，我国各地区均有根据技术经济比较，计算出来的各种管径所对应的经济流速和流量的资料，供设计中选用。不同流量有着与经济流速相适应的管径，称此管径为该流量的经济管径。

当前在设计中，还有根据各农村所采用的经济流速范围，用控制每公里管线的水头损失值（一般为 5m/km 左右）的计算法来确经济管径。按照这种水头损失控制值确定经济流速时，其值得出如下：

d=100～300mm 时，v_e=0.6～1.1m/s；

d=350～600mm 时，v_e=1.1～1.6m/s；

d=600～1000mm 时，v_e=1.6～2.1m/s。

在农村规划设计中，为简化计算，有时也可根据人口数和用水量标准，直接从表 8-5 中查出所需的管径。

三、给水管网水泵扬程及水塔高度的确定

确定给水管网所需的水泵扬程，一般来说，就是确定二级泵站中水泵的扬程。至于水塔高度的确定，须根据水塔不同的设置情况分别计算。

（一）无水塔的管网

管网内不设置水塔而二级泵站直接供水时，水压线标高均以清水池最低水位为基准面算起。由于输水管和管网中的水头损失，以致离泵站越远的地方水压下降越多，而地形越高之处，水压也低。所以二级泵站的扬程，应以离泵站远和地形高的地点为控制点来确定，用以控制整个管网的水压。只要控制点的水压符合要求，则全管网的水压就有了保证。

另外，为了用户使用上的需要，生活用水管网必须保证一定的水压，通常称为最小自由水压，亦称最小自由水头（从地面算起），其值根据给水区内的建筑物层数确定：一层为 10m，二层为 12m，二层以上每加一层增加 4m。在最高用水量时，二级泵站的扬程应能保证控制点达到这种压力。在确定二级泵站的扬程时，通常不考虑农村内个别高层建筑物所需的水压，一般是另行设法（如设置专用加压水泵）解决。否则，为此而提高整个管

表 8-5　给水管径简易估算

管径/mm	计算流量/(L·s⁻¹)	使用人口数							注明
		用水标准=50L/(人·d)(K=2.0)	用水标准=60L/(人·d)(K=1.8)	用水标准=80L/(人·d)(K=1.7)	用水标准=100L/(人·d)(K=1.6)	用水标准=120L/(人·d)(K=1.5)	用水标准=150L/(人·d)(K=1.4)	用水标准=200L/(人·d)(K=1.3)	
1	2	3	4	5	6	7	8	9	10
50	1.3	1120	1040	830	700	620	530	430	1. 流速：当 $d\geqslant$ 400mm，$v\geqslant$1.0m/s；当 $d\leqslant$ 350mm，$v\leqslant$1.0m/s。 2. 本表可根据用水人口数以及用水量标准查得管径，亦可根据已知的管径，用水量标准查得该管可供多少人使用
75	1.3～3.0	1120～2600	1040～2400	830～1900	700～1600	620～1400	530～1200	430～1000	
100	3.0～5.8	2600～5000	2400～4600	1900～3700	1600～3100	1400～2800	1200～2400	1000～1900	
125	5.8～10.25	5000～8900	4600～8200	3700～6500	3100～5500	2800～4900	2400～4200	1900～3400	
150	10.25～17.5	8900～15000	8200～14000	6500～11000	5500～9500	4900～8400	4200～7200	3400～5800	
200	17.5～31.0	15000～27000	14000～25000	11000～20000	9500～17000	8400～15000	7200～12700	5800～10300	
250	31.0～48.5	27000～41000	25000～38000	20000～30000	17000～26000	15000～23000	12700～20000	10300～16000	
300	48.5～71.00	41000～61000	38000～57000	30000～45000	26000～28000	23000～34000	20000～29000	16000～24000	
350	71.00～111	61000～96000	57000～88000	45000～70000	28000～60000	34000～58000	29000～45000	24000～37000	
400	111～159	96000～145000	88000～135000	70000～107000	60000～91000	58000～81000	45000～70000	37000～56000	
450	159～196	145000～170000	135000～157000	107000～125000	91000～106000	81000～94000	70000～81000	56000～65000	
500	196～284	170000～246000	157000～228000	125000～181000	106000～154000	94000～137000	81000～117000	65000～95000	
600	284～384	246000～332000	228000～307000	181000～244000	154000～207000	137000～185000	117000～157000	95000～128000	
700	384～505	332000～446000	307000～412000	244000～328000	207000～279000	185000～247000	157000～212000	128000～171000	
800	505～635	446000～549000	412000～507000	328000～404000	219000～343000	247000～304000	212000～261000	171000～211000	
900	635～785	549000～679000	507000～628000	404000～506000	343000～425000	304000～37000	261000～323000	211000～261000	
1000	785～1100	679000～852000	628000～980000	506000～780000	425000～595000	37000～529000	323000～453000	261000～366000	

网的水压是不经济的。因此，二级泵站的扬程为

$$H_p = Z_c + H_c + h_c + h_n \quad (\text{m}) \tag{8-21}$$

式中　Z_c——管网内控制点 c 的地面标高和清水池最低水位的高差，m；

H_c——控制点要求的自由水压，m；

h_c——输水管中的水头损失，m；

h_n——管网中的水头损失，m。

h_c、h_n 均按最高时用水量算出。

（二）网前水塔的管网

网前水塔管网的工作情况是，二级泵站供水到水塔，再经管网到用户。为了确定水泵扬程，须先求出水塔高度，即水塔的水柜底高出地面的高度。

水柜底的高度 H_t，应保证在最高用水量时，管网内控制点上具有所要求的自由水压，可按下式计算

$$H_t = H_c + h_n - (Z_t - Z_c) \tag{8-22}$$

式中　Z_t——水塔处地面与清水池最低水位的高差，m；

h_n——按最高时用水量计算的管网水头损失，m；

其余符号意义同式（8－21）。

从上式看出水塔须修建在高地的原因：因为建造水塔处的 Z_t 越大，水塔高度 H_t 则越小，有条件时甚至可使 $H_t=0$，就可用地面水池代替水塔，使造价大为降低。所以，根据农村地形特点，水塔可放在管网起端、中间或末端的高地上，从而分别构成了网前水塔，网中水塔和对置水塔的给水系统。

水塔水柜中的水位变动和用水量的变化，都会引起管网的水压波动。当水柜为低水位而用水量最大时，管网的水压最低；当水柜的水位上升而用水量减小时，管网的水压增大。

网前水塔的缺点是，水塔高度需按设计年限内最高时用水量确定，在未达到设计流量之前，管网水压总是高于要求值，从而浪费了能量，并且当用水量超过设计值时，随着管网内水头损失的增大，又使边远地区的水压不足，因而，它对流量变动的适应性较差。

二级泵站的扬程，应保证供水至水塔：

$$H_p = Z_t + H_t + H_0 + h_c + h_s \quad (\text{m}) \tag{8-23}$$

式中　H_0——水柜的有效水深，m；

h_s——水泵吸水管中的水头损失，m；

其余符号意义同式（8－22）。

（三）对置水塔的管网

当农村地形离二级泵站越远越升高时，水塔应放在管网末端，形成对置水塔的管网系统。在最高用水量时，由泵站和水塔同时向管网供水，两者有各自的供水区。在供水区的分界线上，水压最低。

设想把对置水塔的给水系统分成两部分：一部分是从泵站到分界线上 c 点，在这部分范围内可看作是无水塔的管网，所以二级泵站的扬程仍按式（8－21）计算；另一部分是从水塔到分界线上的 c 点，这部分类似于网前水塔的管网，水塔高度可按式（8－22）

确定。

当泵站供水量大于用水量时，多余的水通过整个管网流入水塔，流入水塔的流量称为转输流量。因一天内泵站供水量大于用水量的时间很多，一般取转输流量为最大时流量进行计算，以保证安全供水，称此流量为最大转输时流量。

最大转输时的水泵扬程为

$$H'_p = Z_t + H_t + H_0 + h'_n + h'_c + h'_s \quad (\mathrm{m}) \tag{8-24}$$

式中　h'_n、h'_c、h'_s——最大转输时管网、输水管、水泵吸水管中的水头损失，m。

在最大转输时，虽然用水量较小，但因转输流量通过整个管网进入水塔，所以最大转输时的水泵扬程往往大于最高用水时。在最高用水时和最大转输时两种情况下，水泵的流量和扬程有所不同，为便于管理，所选用水泵的台数和型号不宜多，在难以两者兼顾而选出合适水泵的情况下，可酌情放大管网中个别管段的直径。

（四）网中水塔的管网

当农村中心的地形较高或为了靠近大用户，水塔设置在管网中间，构成网中水塔的给水系统。根据网中水塔在管网中的位置，可有两种工作情况，如水塔靠近二级泵站，并且泵站供水量大于泵站和水塔间用户的用水量时，情况类似于网前水塔，不出现供水分界线；但当水塔离泵站较远，以致泵站供水量不够泵站和水塔间的用户使用时，必须由水塔供给一部分水量，这时情况类似于对置水塔，会出现供水分界线，整个管网的控制点可能在网中的 c 点，也可能在网后的 b 点。综上所述，网中水塔给水系统的水泵扬程和水塔高度的确定，应根据实际工作情况，能照网前水塔和对置水塔的有关公式计算。

（五）设加压泵站的管网

随着给水区的扩大和用水量的增加，以致二级泵站的扬程不能满足用户的水压要求时，可在管网水压不足的地区设置加压泵站；当二级泵站的扬程提高后，引起泵站附近地区的压力远高于所需水压致使供水能量浪费很大时，可设加压泵站；当农村管网延伸很长而地势又平坦，建造水塔的费用很高，甚至不能考虑时，或者由于用水量的增加，旧的水塔将失去调节作用时，均可设置加压泵站，这样，可将一部分地区的水压提高，而二级泵站的扬程不一定提高，以节省动力费用。设置加压泵站后，整个给水区的水压比较均匀。此外，通过调度使加压泵站在高峰用水时开泵，在用水量小时停泵，以使二级泵站能经常处于高效率下工作。

加压泵站的位置越靠近二级泵站，则二级泵站的扬程就越低，但这时所需加压的水量就越多。反之，加压泵站位置离二级泵站越远，虽然加压的水量少，但二级泵站的扬程降低不多。因此，在选定加压泵站位置时，应作技术和经济方面的比较。当加压泵站位置已定时，加压泵站的增压高度是，在平坦地区等于泵站到控制点之间的水头损失；如地形不平，则须计算加压泵和控制点的高程差。

（六）消防时的管网水压

前已述及，管网的各管段直径是根据最高用水时流量确定的。在消防时，额外增加了消防流量，必须通过核算，以确定按最高用水时流量定出的管径和水泵扬程是否适用。

按照消防时的管网压力，可分为高压网和低压网两种。高压网是消防时不仅保证应有的消防流量，并且有足够的水压，当从消火栓接出水龙带时，即能射流灭火。目前，我国普遍采用的是低压网，即管网只保证消防时所需流量，而消防所需的水压则由消防车从消火栓取水自行加压来达到。火警时，管网内通过大量消防流量，水头损失明显增大，着火地区的管网水压必然下降。根据规定，消防时管网自由水压不得低于10m。因此，管网除了在平时满足最高用水时的水压外，还须满足消防时的水压要求，这些都需要通过管网计算来确定。

消防时的水压，按无水塔、网前水塔和对置水塔等情况说明如下：

消防时水泵所需扬程（假定在控制点c失火）等于

$$H_p'=Z_c+H_f+h_s'+h_c'+h_n' \quad (m) \tag{8-25}$$

式中　H_f——消防时允许的管网最低水压，m；

h_s'、h_c'、h_n'——消防时水泵吸水管、输水管和管网中的水头损失，m。

将消防时式（8-25）与最高用水时式（8-21）的水泵扬程加以比较，可以看出：一方面，消防时水头损失增大；另一方面，消防时要求的自由水压通常比最高用水时为小，如果增加的水头损失大于两者的水压差H_c-H_f，则消防时的水泵扬程比最高用水时为高。视水泵扬程增大的程度，有时需考虑安装专用消防泵，有时只需安装一台或几台与最高用水时同型号的水泵，在火警时并联使用。相反，最高用水时的水泵扬程也有可能大于消防时（即消防时控制点的自由水头将超过10m），这时则不必考虑设置专用消防泵。此种情况在低压消防中是有可能出现的。

根据消防时的自由水压和管网的水头损失，消防时的水压线可能比水塔水面高，也有可能低。消防时水压线高于水塔时，水塔的进、出水阀必须在火警时及时关闭，以免水塔不断溢水而管网的水压无法提高。如果消防时水压线低于水塔，则水塔仍可起流量调节作用，此时进、出水阀无须关闭。

水塔设置在管网中间时，随着泵站和水塔之间以及水塔以后的管网中供水量的大小，所起的作用可能同网前水塔对置水塔。下面讨论对置水塔的管网在消防时的情况。

假定着火地点在水塔附近，因为消防时所需水压低于最高用水时，所以水塔存水可供消防时使用，但因水塔容积小，很快就会放空，故消防水泵的选择与无水塔的管网消防时相同。消防时所需水泵扬程H_p'可能大于也可能小于最高用水时的水泵扬程H_p。

从以上分析可见，管网应根据水塔的有无及其位置、管网形状、消防时的考虑等，按最高日最高时用水量和设计水压计算，并按下列情况核算：

（1）消防时的情况，按最高时的生活、生产用水量（淋浴用水按15%计算，浇洒和洗刷用水可以不计）加消防用水量核算。

（2）最大转输时（只限于设置网中水塔或对置水塔的管网）的情况，按最大转输时的流量进行核算。

（3）事故情况，即最不利管段损坏时的情况，按通过70%设计流量（包括消防用水量）进行核算。

通过核算，最后定出管网所需的水泵扬程和水塔高度。

四、调节水塔及水池的容积计算

供水与用水的关系有以下两种。

（一）二级泵站与流量的关系

农村供水量通常是按最高日用水量设计的，但无论是生活用水或者是生产用水，其每小时的用水量是变化的，在这种情况下，既要满足最高日最高时用水，又要满足各小时的用水变化情况。如果完全靠调节二级泵站的流量来适应这种变化，就会给运行管理带来困难，同时也不经济。因此，常需修建水塔和水池来调节水量，解决供水和用水量变化中的不平衡，使水泵的运行条件改善。

二级泵站的分级供水每小时的水量一般与每小时用水量不相等，此时多余的水量或不足的水量必须由水塔或高地水池来调节。当泵站的输水量大于用水量时，多余的水就进入水塔贮存，在用水量超过输水量时，不足的水将由水塔（或高地水池）流出补充。这样水塔就起了调节水量和稳定水压的作用。这里可以很容易看出水泵的供水量应尽可能接近或符合用水量变化，这样水塔或高地水池的容量就可以减小，但将增加泵站的供水级数，使机组数目增加和管理工作复杂。一般供水级数不能太多，以一级至三级为宜。

目前在大中农村里一般不设置水塔，因为水塔造价高，容积过大很不经济。在大中农村中往往采用调节水池和加压泵站或多水源集中调度，分级供水等办法解决供水与用水之间的不平衡。

但是在小城镇、居民点和工业企业内，一般均还采用水塔。

当农村或工业区多丘陵，地形条件允许时；或城镇、工业区靠山，而高地距用水区又较近时，可设置高地水池或对置高地水池。若地形条件合适，小型水厂建在山上，则清水池可兼作高地水池蓄水调节。

（二）一级、二级泵站之间的流量关系

水厂中清水池也是一种水量调节设施，它位于一级泵站与二级泵站之间。一般地讲，一级泵站是均匀供水的，以保证水厂中净化构筑物的稳定运行，但二级泵站的供水量要满足用水量的要求。因此常是不均匀的。

水塔内除上述计算的调节容量外，还须适当增加消防用水量，其大小应按 TJ 16《建筑设计防火规范》执行。

当掌握上述供水及用水曲线的资料有困难时，水塔的调节水量也可以根据过去工作经验来选定。在生活用水的给水系统中如果用分级供水、水塔的容量约为总用水量的 2%～6%，若均匀供水，水塔容量约为 8%～15%。一般可按 6%～8%估算。

水厂中清水池的调节容量计算，可照中一级泵站供水曲线和二级泵站供水曲线，用水塔调节容量的方法来求得。但清水池和水塔不一样，它除去调节水量外，还需增加：贮存一定的消防水量和水厂自用水量。因此清水池总容积 W_c 应为

$$W_c = W_1 + W_2 + W_3 \quad (m^3) \tag{8-26}$$

$$W_2 = t(Q_x + Q_P - Q_1) \quad (m^3) \tag{8-27}$$

式中 W_1——调节容量，m^3，一般根据一级泵站供水曲线和二级泵站供水曲线求得；当缺乏资料时，生活用水可按最高日用水量的 10%～20%作参考（大水厂采用上述百分比的下限），生产用水按工艺要求确定；

W_2——消防水贮量（消防时水塔关闭）；

t——消防历时，一般为 3h，也有采用 2h 的，可视具体情况采用；

Q_x——消防总用水量，m^3/h；

Q_P——最高日最高时生活与生产用水量之和，m^3/h；

Q_1——一级泵站供水量（最高日平均时），m^3/h；

W_3——净水构筑物冲洗用水量及其他需用水量，m^3/h，一般可按水厂出水量的5%～10%计。

清水池的个数或分格数，一般不少于两个，并能单独工作和分别放空，若能保证供水要求时，亦可为一个。

另外，还要核算一下，在清水池存水量最少的情况下，是否满足了加氯消毒所需的接触反应时间的要求。若不能满足时，必须加大清水池的容量。

单元三

农村饮水安全工程施工

村镇供水系统施工包括供水工程构筑物施工、管道施工和其他附属设施施工，所涉及的施工艺过程与土建施工关系密切。因此应以土建施工工艺过程为依据，同时与其施工过程紧密配合。

供水工程构筑物施工主要包括取水构筑物施工和贮水构筑物施工。

项目九　供水工程构筑物施工

任务一　取水构筑物施工

沿江河或湖泊的村镇用水多以地面水为给水水源。故需修建取水构筑物。这类构筑物常见的形式有岸边式、江心式、斗槽式等。

在江河中修建取水构筑物工程的施工方法，一般采用围堰法、浮运沉箱法。

一、围堰法

围堰法是指用围堰圈隔基坑，并在抽干堰内水量条件下进行修建。围堰是为创造施工条件而修建的临时性工程，待取水构筑物施工完成后，随即将围堰拆除。围堰按材料分土石围堰、混凝土围堰、草土围堰、木笼围堰、竹笼围堰、钢板桩格形围堰等。

选择围堰类型时，必须根据当时当地具体条件，在满足下述基本要求的原则下，通过技术经济比较加以选定。选择围堰类型的基本要求如下：

（1）具有足够的稳定性、防渗性、抗冲性和一定的强度。

（2）就地取材造价便宜，构造简单，修建、拆除和维护方便。

（3）围堰布置应力求使水流平顺，不发生严重的局部冲刷。

（4）围堰接头和岸坡连接要安全可靠，不致因集中渗漏等破坏作用而引起围堰失事。

（5）在必要时，应设置抵抗冰凌、船筏冲击破坏的设施。

（一）土石围堰施工

土石围堰（图 9－1）由土石填筑而成，它能充分利用当地材料，对基础适应性强，施工工艺简单。围堰的施工有水上、水下两部分。水上部分的施工与一般土石坝相同，采用分层填筑，碾压施工，并适时安排防渗墙施工；水下部分的施工，土料、石渣、堆石体的填筑可采用进占法，也可采用各种驳船抛填水下材料。土石围堰与岸坡的接头，主要通过扩大接触面和嵌入岸坡的方法，以延长塑性防渗体的接触范围，防止集中绕渗破坏。

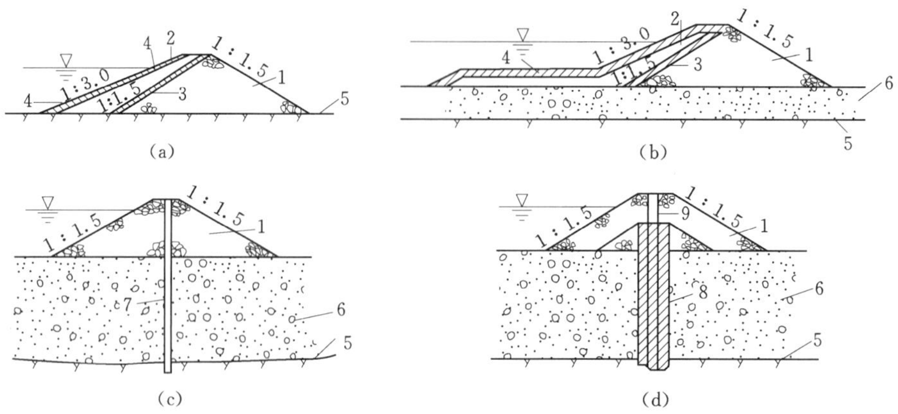

图 9-1　土石围堰结构图

(a) 斜墙式；(b) 斜墙带水平铺盖式；(c) 垂直防渗墙式；(d) 灌浆帷幕式

1—堆石体；2—黏土斜墙、铺盖；3—反滤层；4—护面；5—隔水层；6—覆盖层；

7—垂直防渗墙；8—灌浆帷幕；9—黏土心墙

土石围堰的施工工艺流程为：施工准备→测量放样→修筑周边引截排水设施→修筑围堰→基坑开挖→基坑处理→检查基坑几何尺寸标准不符合则继续基坑开挖，符合继续下一流程→检查基底地质符合标准则进行最后流程基坑报验，不符合→变更设计→基底处理→检查基底处理不符要求则进行上一流程，符合则继续下一流程→基坑报验→结束。

围堰拆除一般是在使用期的最后一个汛期过后，随上游水位的下降，逐层拆除围堰背水坡和水上部分。土石围堰的拆除可用挖掘机开挖、爆破、挖泥船开挖或人工开挖等。

(二) 草土围堰施工

草土围堰（图 9-2）是一种草土混合结构。草土围堰能就地取材，结构简单，施工方便，造价低，防渗性能好，适应能力强，便于拆除，施工速度快。但草土围堰不能承受较大的水头，一般适用于水深不大于 6～8m，流速小于 3～5m/s 的中、小型水利工程。

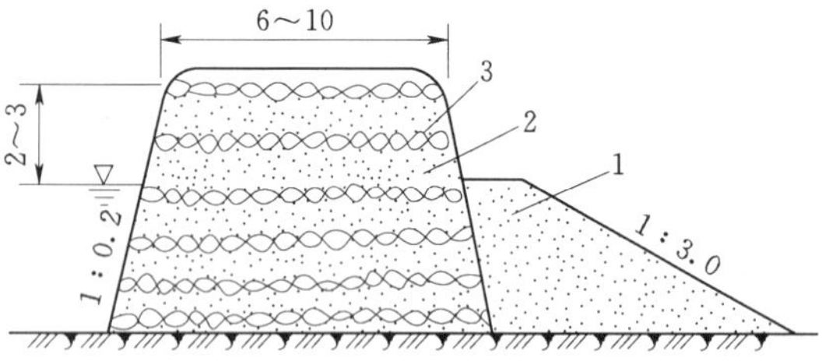

图 9-2　草土围堰结构图（单位：m）

1—护坡；2—土料；3—草捆

(1) 草土围堰，多用捆草法修建，它是用草做成草捆，由一层草捆一层土料在水中进占而成。草捆是用草料包土做成直径为 0.5～0.7m，长为 1.2～1.8m 的长圆体形。进占前先清理岸边，将每两束草捆用草绳绑紧，并使草绳留出足够的长度。然后将草捆垂直于岸边并排铺放，第一排草捆有 1/3～1/2 长度沉入水中，并将草绳固定在岸边，以便与后铺的草捆互相连接。然后再在第一层草捆上后退压放第二层草捆，层间搭接可按水深搭叠草捆长度的 1/3～1/2。如此逐层压放草捆，使其形成一个坡角约为 35°～45°的斜坡，直至高出水面 1.0m 为止。随后在草捆层的斜坡上铺一层厚 0.25～0.3m 的散草，填补草捆间的空隙，再在散草上铺一层厚 0.25～0.3m 的土料并用人工踏实，这样就完成了堰体压草、铺散草和铺土作业的一个工作循环，依此循环继续进行，堰体即可向前进占。

（2）草土围堰的拆除比较容易，一般水上部分用人工拆除，水下部分可在堰体挖一缺口，让其过水冲毁或用爆破法炸除。

（三）钢板桩格形围堰

钢板桩格形围堰是由一系列彼此相连的格体形成外壳，然后在内填以土料或砂料构成。格体是土或砂料和钢板桩的组合结构，由横向拉力强的钢板桩连锁围成一定几何形状的封闭系统。钢板桩格形围堰按挡水高度不同，其平面形式有圆筒形格体、扇形格体、花瓣形格体（图 9-3）。应用较多的是圆筒形格体，圆筒形格体钢板桩围堰，一般适用的挡水高度小于 15～18m，可以建在岩基或非岩基上，也可做过水围堰用。

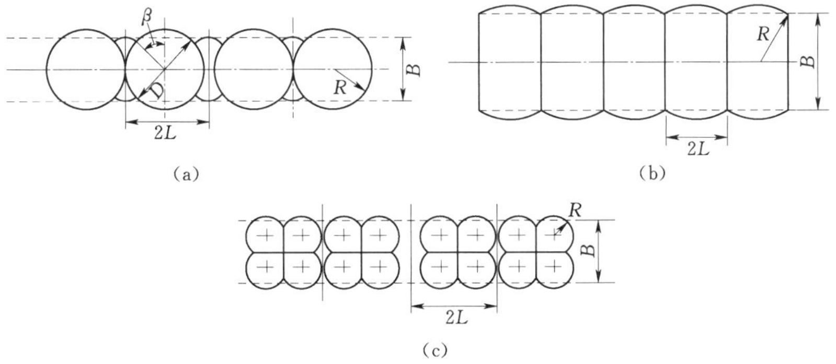

图 9-3　钢板桩格形围堰平面形式

（a）圆筒形格体；（b）扇形格体；（c）花瓣形格体

（1）钢板桩格形围堰的修建和拆除机械化程度高，钢板桩回收可达 70%，边坡垂直、断面小、占地少，安全可靠。

（2）钢板桩格形围堰修建工序：定位、打设模架支柱、模架就位、安插打设钢板桩、安装围檩和拉杆、拆除支柱和模架、填充砂砾料至要求高度。

（3）钢板桩围堰的拆除。工程完工后，围护的基坑充水使围堰的两侧水位平衡，围堰内的砂砾料分层挖除，拆除钢拉杆和围檩，用振动锤拔除钢板桩。

二、浮运沉箱法

浮运沉箱法是指预先在岸边制作取水构筑物（沉箱）通过浮运或借助水上起重设备吊运到设计的沉放位置上，再注水下沉到预先修建的基础上。

当修建的取水构筑物较小，河道水位较深，修建围堰困难或工程量很大或不经济时，适宜采用浮运沉箱法。由于沉箱本身就是取水构筑物的一部分，因而不必修建临时性围堰。该法适用于淹没式江心取水口构筑物的施工，须具备足够的水下机具设备和潜水工作人员。

浮运沉箱法的施工过程包括下列内容：合理选择预制沉箱的场地；水下开挖基槽、抛筑块石基础并进行整平作业；沉箱下水、浮运、定位和下沉至基础上；进行必要的水下混凝土填筑或抛石围护作业；铺设水下管道等。

任务二　水　池　施　工

一、现浇钢筋混凝土水池施工

（一）混凝土运输

通常混凝土的水平运输设备主要有有轨和无轨运输两种；垂直运输设备主要有门式起重机、塔式起重机、缆式起重机和履带式起重机。

使用的运输设备，应使混凝土在运输过程中不致发生分离、漏浆、严重泌水、温度回升过多和坍落度损失。混凝土在运输过程中，应尽量缩短运输时间和转运次数。掺普通减水剂的混凝土运输时间不宜超过表 9-1 的规定。因故停歇过久，混凝土已初凝或已失去塑性时，应作废料处理。严禁在运输途中和卸料时加水。

表 9-1　　混凝土运输时间

运输时平均气温/℃	混凝土运输时间/min	运输时平均气温/℃	混凝土运输时间/min
20～30	45	5～10	90
10～20	60		

为了避免混凝土在运输过程中发生离析现象，混凝土的运输路线应尽量缩短，道路应平坦，特别是流动性较大的混凝土，很容易因颠簸产生离析现象。应力求运距短、搅拌站的位置适中，车辆应行驶平稳，混凝土从高处倾落时，其自由倾落高度不应超过 2m，否则，应使其沿串筒、溜槽或振动溜槽等处下落。

运输工具（容器）应该不吸水、不漏浆。如果气温较高，容器在使用前应先用水湿润；炎热及大风天气时，盛混凝土的容器应遮盖。以防水分蒸发太快；严寒季节，应采取保温措施。以免混凝土冻结。

图 9-4　混凝土搅拌运输车

混凝土如采用商品混凝土，且运输距离较远，混凝土水平运输多用混凝土搅拌运输车（图 9-4），如来自工地搅拌站，则多用载重 1t 的小型机动翻斗车，近距离也用双轮手推车，有时还用皮带运输机和窄轨翻斗车。

混凝土楼面运输，常用混凝土泵或用混凝土泵与布料机一体的混凝土泵车。如用混凝土泵，则用布料机布料。三折叠式布料杆混凝土搅拌运输车及浇筑范围如图 9-5 所示，混凝土泵车如图 9-6 所示。

选择混凝土运输浇筑方案的原则：

（1）运输效率高，成本低，转运次数少，不易分离，质量容易保证。

（2）起重设备能够控制整个建筑物的浇筑部位。

（3）主要设备型号要少，性能良好，配套设备能使主要设备的生产能力充分发挥。

（4）在保证工程质量前提下能满足高峰浇筑强度的要求。

（5）除满足混凝土浇筑要求外，同时能最大限度地承担模板、钢筋、金属结构及仓面

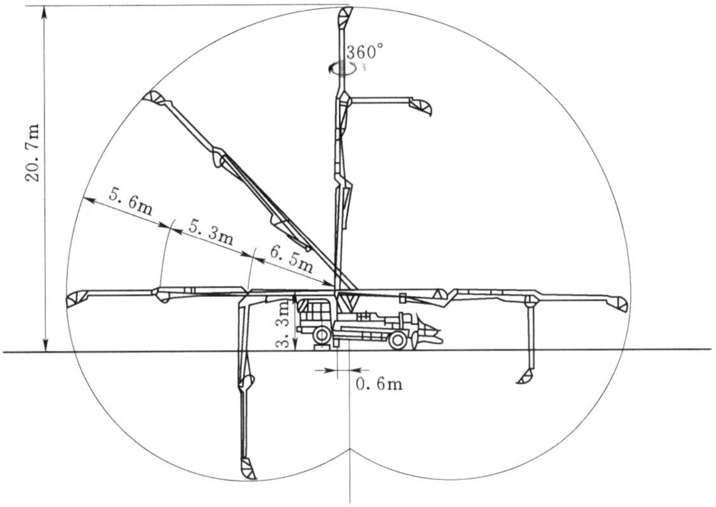

图 9-5　三折叠式布料杆混凝土搅拌运输车及浇筑范围

小型机具的吊运工作。

（6）在工作范围内能连续工作，设备利用率高，不压浇筑块，或不因压块而延误浇筑工期。

（二）混凝土浇筑与养护

混凝土浇筑的施工过程包括：浇筑前的准备作业，浇筑时入仓铺料、平仓振捣和浇筑后的养护。

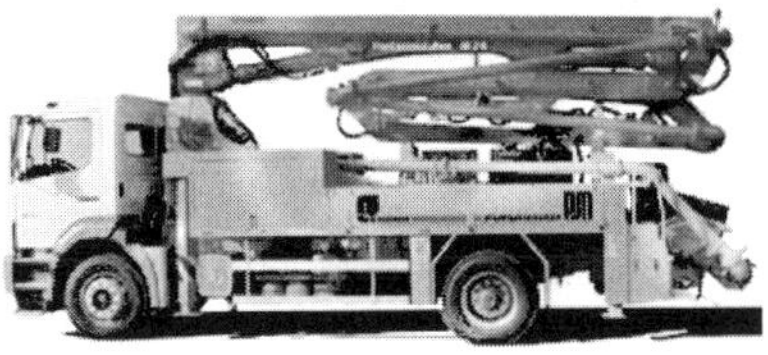

图 9-6　混凝土泵车

1. 浇筑前的准备作业

浇筑前的准备作业包括：

（1）基础面的处理。对于砂砾地基，应清除杂物，整平建基面，再浇 10～20cm 低强度等级混凝土做垫层，以防漏浆；对于土基，应先铺碎石，盖上湿砂，压实后，再浇混凝土；对于岩基，爆破后用人工清除表面松软岩石、棱角和反坡，并用高压水枪冲洗，若粘有油污和杂物，可用金属刷刷洗，直至洁净为止。

（2）施工缝处理。施工缝是指浇筑块间临时的水平和垂直结合缝，也是新老混凝土的结合面。在新混凝土浇筑之前，必须采用高压水枪或风砂枪将老混凝土表面含游离石灰的水泥膜（乳皮）清除，并使表层石子半露，形成有利于层间结合的麻面。对纵缝表面可不凿毛，但应冲洗干净，以利灌浆。采用高压水冲毛，视气温高低，可在浇筑后 5～20h 进行；风砂枪打毛时，一般应在浇筑后一两天进行。施工缝凿毛后，应冲洗干净使其表面无渣、无尘，才能浇筑混凝土。

（3）模板、钢筋及预埋件安设。

（4）开仓前全面检查。仓面准备就绪，风、水、电及照明布置妥当后，才允许开仓浇筑。一经开仓则应连续浇筑，避免因中断而出现冷缝。

2. 入仓铺料

混凝土入仓铺料方法主要有平铺法、台阶法和斜层浇筑法。

（1）平铺法。混凝土入仓铺料时，整个仓面铺满一层振捣密实后，再铺筑下一层，逐层铺筑，称为平铺法，如图 9－7 所示。

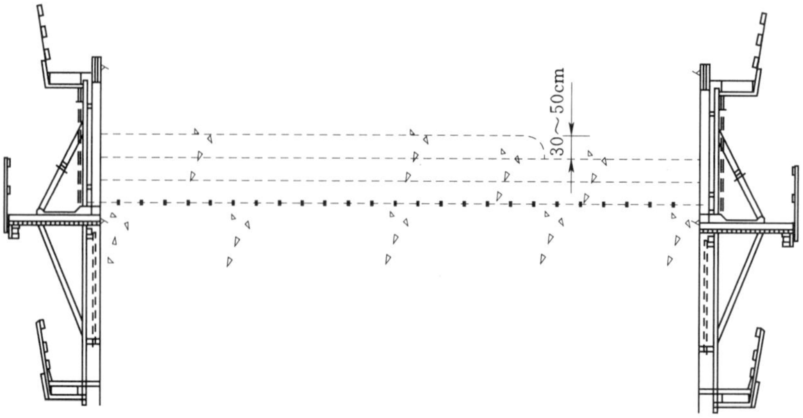

图 9－7　平铺法

（2）台阶法。混凝土入仓铺料时，从仓位短边一端向另一端铺料，边前进边加高，逐层向前推进，并形成明显的台阶，直至把整个仓位浇到收仓高程，如图 9－8 所示。

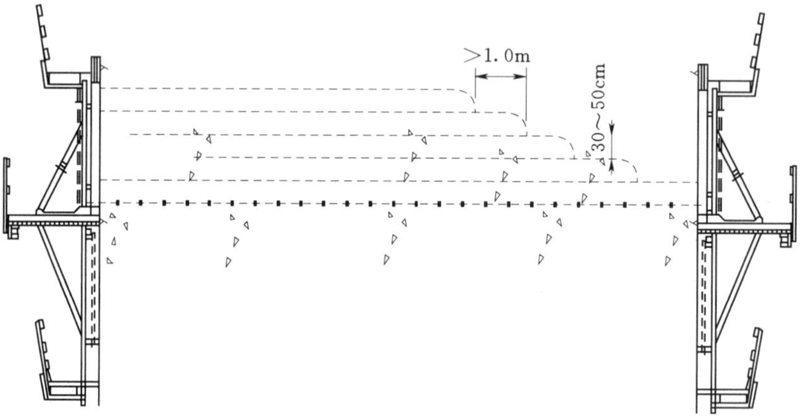

图 9－8　台阶法

（3）斜层浇筑法。斜层浇筑法是在浇筑仓面，从一端向另一端推进，推进中及时覆盖，以免发生冷缝。斜层坡度不超过 10°，否则在平仓振捣时易使砂浆流动，骨料分离，下层已捣实的混凝土也可能产生错动，如图 9－9 所示。浇筑块高度一般限制在 1.5m 左右。当浇筑块较薄，且对混凝土采取预冷措施时，斜层浇筑法是较常见的方法，因浇筑过程中混凝土冷量损失较小。

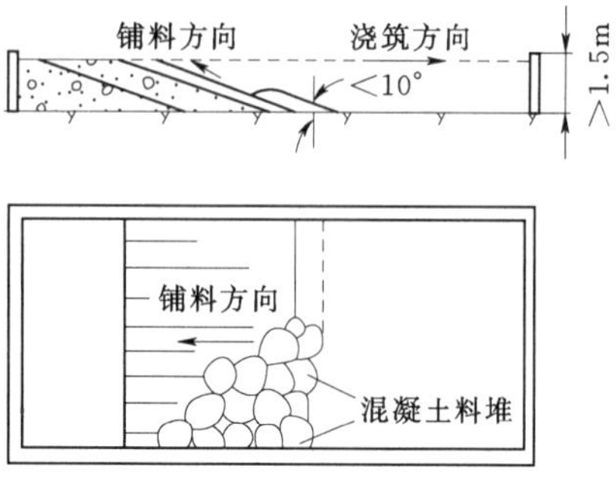

图 9－9　斜层浇筑法

混凝土入仓铺料多用平浇法。

层间间歇超过混凝土初凝时间，会出现冷缝，使层间的抗渗、抗剪和抗拉能力明显降低。

分块尺寸和铺层厚度受混凝土运输浇筑能力

的限制，若分块尺寸和铺层厚度已定，要使层间不出现冷缝，应采取措施增大运输浇筑能力。若设备能力难以增加，则应考虑改变浇筑方法，将平浇法改变为斜层浇筑或台阶浇筑，以避免出现冷缝。为避免砂浆流失、骨料分离，此时宜采用低坍落度混凝土。

3. 平仓与振捣

卸入仓内成堆的混凝土料，按规定要求均匀铺平称为平仓。平仓可用插入式振捣器插入料堆顶部振动，使混凝土液化后自行摊平，也可用平仓振捣机进行平仓振捣。

振捣是保证混凝土密实的关键。为了避免漏振，应使振点均匀排列，有序进行振捣。并使振捣器插入下层混凝土约 5cm，以利上下层结合。

人工捣实是利用捣棍、插钎等并用人力对混凝土进行夯插等来使混凝土成型密实的一种方法它不但劳动强度大，而且混凝土的密实性较差，只能用于缺少机械和工程量不大的情况，机械捣实的方法有多种，在建筑工地主要采用振动法和真空脱水法。其中振动捣实机械有插入式振动器、附着式振动器、平板式振动器（图 9－10）和振动台，而插入式振动器和平板式振动器应用最多。

内部振动器（插入式振动器）：适用于大体积混凝土、基础、柱、梁、厚度大的板。

表面振动器（平板式振动器）：适用于表面积大而平整的平板、地面、屋面等。

外部振动器（附着式振动器）：仅适用于钢筋较密、厚度较薄以及不宜于“插入式振动器捣实的结构。

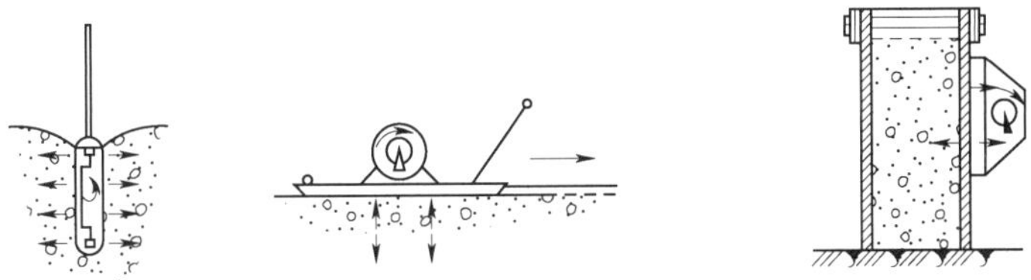

(a)　(b)　(c)

图 9－10　几种常用的振动器

(a) 内部振动器；(b) 表面振动器；(c) 外部振动器

4. 混凝土养护

养护是保证混凝土强度增长，不发生开裂的必要措施。通常采用洒水养护或安管喷雾。养护时间与浇筑结构特征和水泥发热特性有关。正常养护约 2～3 周，有时更长。对于已经拆模的混凝土表面，应用草垫等覆盖。

（三）混凝土构筑物的整体浇筑

贮水、水处理和泵房等地下或半地下钢筋混凝土构筑物是给排水和水处理工程施工中常见的结构，特点是构件断面较薄，有的面积较大且有一定深度，钢筋一般较密；要求具有高抗渗性和良好的整体性，需要采取连续浇筑。常用塔式起重机进行浇筑，其示意图如图 9－11 所示。

浇筑过程中应满足下列要求：

(1) 混凝土底板和顶板，应连续浇筑，不得留置施工缝，当设计有变形缝时，宜按变

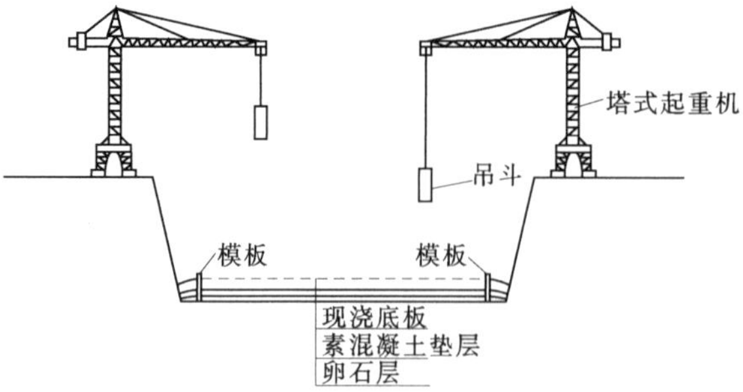

图 9－11　塔式起重机吊运混凝土料斗

形缝分仓浇筑。块与块之间的伸缩缝一般宽 15～20mm，用木板或止水片预留，待收缩完毕后，在伸缩缝内填膨胀水泥或沥青玛琋脂。底板从中央向四周浇筑及分块浇筑示意图如图9－12、图 9－13 所示。

（2）浇筑倒锥壳底板或拱顶混凝土时。应由低向高，分层交圈，连续浇筑。

（3）浇筑池壁混凝土时，应分层交圈，连续浇筑。当需要间歇时，间歇时间应在前层混凝土凝结之前，将次层混凝土浇筑完毕。

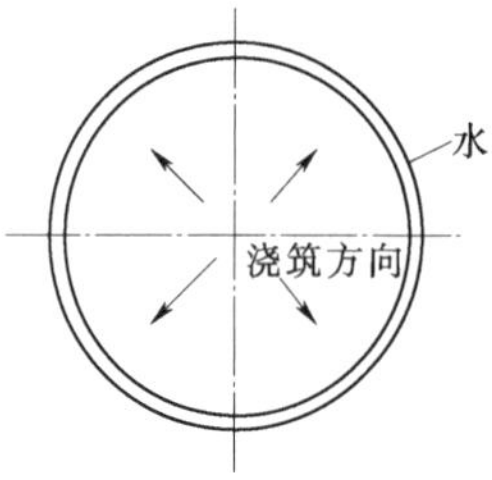

图 9－12　底板从中央向四周浇筑

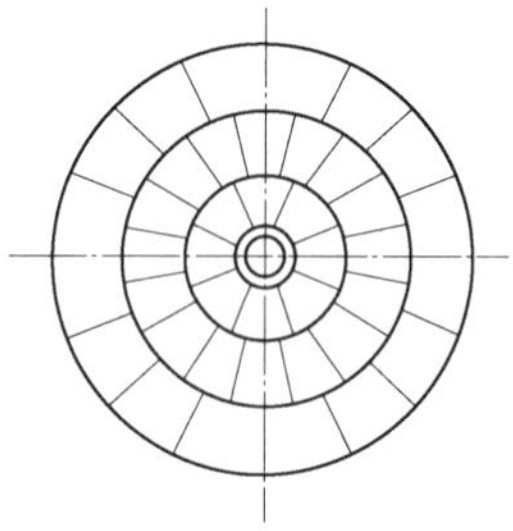

图 9－13　底板分块浇筑

混凝土从搅拌机卸出到次层混凝土浇筑压茬的间歇时间，当气温低于 25℃时，不应超过 3h；当气温高于或等于 25℃时，不应超过 2.5h；如超过，应留置施工缝。

对于面积较小、深度较浅的构筑物，可将池底和池壁一次浇筑完毕。面积较大而又深的水池和泵房地坑，应将底板和池壁分开浇筑。

为保证结构的整体性和混凝土浇筑工作的连续性，应在下一层混凝土初凝之前将上层混凝土浇筑完毕。

施工缝的位置应在混凝土浇筑前按设计要求和施工技术方案确定。

（四）水池止水施工

储水构筑物的伸缩缝和沉降缝均应作止水处理。为了防止地下水渗入，地下非储水构筑物的伸缩缝和沉降缝也应作止水处理。常用的止水片有橡胶止水片、塑料止水片等。止水带装置如图 9－14 所示。

止水缝部位浇筑混凝土的注意事项包括：

（1）水平止水片应在浇筑层的中间，在止水片高程处，不得设置施工缝。

（2）浇筑混凝土时，不得冲撞止水片，当混凝土将要淹没止水片时，应再次清除其表面污垢。

（3）振捣器不得触及止水片。

（4）嵌固止水片的模板应适当推迟拆模时间。

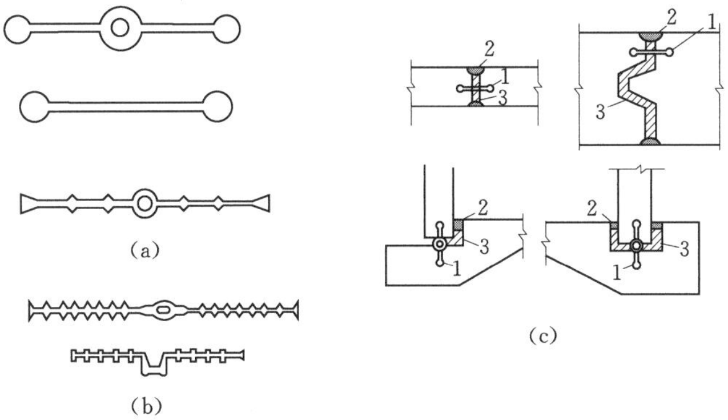

图 9-14　止水带装置

(a) 橡胶止水片；(b) 塑料止水片；(c) 止水片埋设

1—止水片；2—封缝料；3—填料

(五) 混凝土质量检查

混凝土质量检查包括施工中检查和施工后检查。施工中检查主要是对混凝土拌制和浇筑过程中所用材料的质量及用量、搅拌地点、混凝土坍落度等的检查在每一工作班内至少检查两次；当混凝土配合比由于外界影响有变动时，应及时检查；对混凝土的搅拌时间也应随时检查。

施工后的检查主要是对已完混凝土的外观质量检查及其强度检查。对有抗冻、抗渗要求的混凝土，还应进行抗冻、抗渗性能检查。

影响混凝土质量的因素很多，它与各个工序的施工质量密切相关。施工中应建立严格的质量管理与检查制度，并结合现场条件预先编制施工设计。

1. 混凝土质量检查项目

混凝土质量检查项目应结合各施工工序进行，具体如下：

(1) 对购进的原、辅材料的品种、质量进行检验。

(2) 浇筑前检查模板、支架、钢筋、预埋件和预留孔洞。

(3) 搅拌和浇筑时应检查混凝土的坍落度、振捣作业和作业制度。

(4) 为了检查混凝土是否达到设计要求标号和确定能否拆模，都应制作试块以备检验混凝土的强度。

(5) 对给排水构筑物，还应进行抗渗漏、闭气等试验以检查混凝土的施工质量。

2. 混凝土的外观检查

混凝土结构件拆模后，应从外观上检查其表面有无麻面、蜂窝、孔洞、露筋、缺棱掉角、裂缝等缺陷。以及外形尺寸是否超过允许偏差值，如发现问题，应及时加以修正。

3. 混凝土的强度及抗渗、抗冻检验

(1) 混凝土的强度检验。混凝土的强度检验主要是指抗压强度的检验。结构混凝土的强度等级必须符合设计要求。用于检查结构构件混凝土强度的试件，应在混凝土的浇筑地点随机抽取。

(2) 混凝土的抗渗、抗冻检验。用于检查结构构件混凝土抗渗的试件，应在混凝土的浇筑地点随机抽取。每池按底板、池壁和顶板留置，每一部位不应少于一组，每组六块。抗渗试块的抗渗标号不得低于设计规定。

用于检查结构构件混凝土抗冻的试件。应在混凝土的浇筑地点随机抽取。抗冻试块在按设计规定的循环次数进行冻融后，其抗压极限强度同检验用的相当龄期试块抗压极限强度作比较。其降低值不得超过25%；其重量损失不得超过5%。

(3) 冬期施工时的检验。冬期施工时的检验，应增置强度试块两组与水池条件养护，一组用以检验混凝土受冻前的强度，另一组用以检验解冻后转入标准养护28d的强度；并应增置抗渗试块一组，用以试验解冻后转入标准养护28d的抗渗标号。

冬期施工的混凝土应能满足冷却前达到要求的强度，并宜降低入模温度。

(六) 缺陷补救

1. 渗漏较轻时补漏的方法

(1) 水泥浆堵漏法。采用空压机或活塞泵压浆，使水泥浆自压浆管进入裂缝，水泥浆水灰比为0.6～2.0，适用于裂缝宽度大于0.3mm的条件下。

(2) 环氧浆液补缝法。在混凝土裂缝处紧贴压嘴，采用压缩空气将环氧浆液由输浆管及压嘴压入裂缝中。

(3) 甲凝与丙凝补缝法。甲凝与丙凝均为固结性高分子化学灌浆材料，直接注入裂缝处防止渗漏。

2. 渗漏严重时的修补方法

(1) 四环闭水浆补漏法。将松软部分凿净，用水冲净干净，涂上四环闭水浆。

(2) 凿槽嵌铅修补法。在池内储水条件下，于壁板外壁面着手修补，即于池外壁渗漏处沿着裂缝凿槽，剔除混凝土表面毛刺，修理平整，槽内用清水洗净，然后用榔头锤打向槽内填入铅块，使铅块紧密嵌实于槽内。

(七) 水池结构现浇混凝土施工的两个问题

1. 提高水池混凝土防水性的措施

(1) 外加防水剂混凝土。改善混凝土内部组织结构，增加密实度。

(2) 普通防水混凝土。普通防水混凝土是一种富砂浆混凝土，强调水泥砂浆的密实性，使具有一定数量和质量的砂浆能在粗骨料周围形成一定浓度的良好的砂浆包裹层，将粗骨料充分隔开，混凝土硬化后，密实度高的水泥砂浆不仅起着填充和黏结粗骨料的作用，还能切断混凝土内部沿石子表面形成的连通毛细渗水通道，使混凝土具有较好的抗渗性和耐久性。可见，普通防水混凝土具有实用、经济、施工简便的优点。

(3) 改善施工条件，精心组织施工。防水混凝土应尽量采用连续浇筑方式，对于因结构复杂、工艺构造要求或体积庞大受施工条件限制的池类结构，须间歇浇筑作业时，应选择合理部位设置施工缝。

混凝土的振捣应采用机械振捣，不应采用人工振捣。增加养护时间；延长拆模时间，控制拆模时混凝土表面温度与环境温度之差不超过15℃，以防产生裂缝。

采用水泥砂浆（掺适量防水粉）抹面，增加沥青防水层，防止地下水渗透。

(4) 做好施工排水工作。在有地下水地区修建水池结构工程，必须做好排水工作，以保证地基土壤不被扰动，使水池不因地基沉陷而发生裂缝。施工排水须在整个施工期间不间断地进行，防止因地下水位上升而发生水池底板裂缝。

2. 水池整体浇筑的模板结构形式

水池构筑物特点：壁薄、钢筋密、表面积大，其模板结构通常可采用工具式定型组合模板。但因结构类型或工艺构造要求等，又常需现场拼装木制模板，以保证结构和构件各部分形状、尺寸及相互位置的正确，并应具有足够的强度、刚度和稳定性。同时，模板拼装还要便于钢筋绑扎、混凝土浇筑和养护。对这类水池模板结构，常采用如下形式及要求：

（1）内模支设可采用池内设置立柱脚手架与水平撑木，再支设内模，或者不设内部脚手架支撑，而采用多角形支撑结构，或用横箍带连接形式，用料省。

池壁与顶板连续施工时，池壁内模立柱不得同时作为顶板模板立柱，顶板支架的斜杆或横向连杆不得与池壁模板的杆件相连接。

池壁模板先安装一侧模板，绑扎完钢筋后，分层安装另一侧模板，或采用一次安装到顶而分层预留操作窗口的施工方法。

池壁的整体式内模施工，当木模板为竖向木纹使用时。除应在浇筑前将模板充分湿透外，还应在模板适当间隔处设置八字缝板。拆模时，应先拆内模。

（2）外模支撑可直接支撑在土坡上，或采用钢筋箍模法，内模脚手架作外模的支撑。

二、装配式预应力钢筋混凝土水池施工

装配式预应力钢筋混凝土结构安装前应进行预制构件的相关出厂材料的质量验收，要求构件上的预埋件、插筋和预留孔洞的规格、位置和数量应符合标准图或设计的要求。

预制构件的外观质量不应有严重缺陷，对已经出现的严重缺陷，应按技术处理方案进行处理，并重新检查验收预制构件不应有影响结构性能和安装、使用功能的尺寸偏差，对超过尺寸允许偏差且影响结构性能和安装、使用功能的部位，应按技术处理方案进行处理，重新检查验收。

（一）预应力钢筋混凝土

普通钢筋混凝土的抗拉极限应变只有0.0001～0.0015，在正常使用条件下受拉区混凝土开裂，构件的刚度小、挠度大。要使混凝土不开裂，受拉钢筋的应力只能达到30MPa；对允许出现裂缝的构件，当裂缝宽度限制在0.2～0.3mm时，受拉钢筋的应力只能达到200MPa左右。为了克服普通钢筋混凝土过早出现裂缝和钢筋不能充分发挥其作用的矛盾，人们创造了对混凝土施加预应力的方法。即在结构或构件受拉区域，通过对钢筋进行张拉后将钢筋的回弹力施加给混凝土，使混凝土受到一个预压应力。产生一定的压缩变形。当该构件受力后，受拉区混凝土的拉伸变形，首先与压缩变形抵消，然后随着外力的增加，混凝土才逐渐被拉伸，明显推迟了裂缝出现时间。

预应力混凝土的优点：能提高钢筋混凝土构件的刚度、抗裂性和耐久性，可有效地利用高强度钢筋和高强度等级的混凝土。与普通混凝土相比，在同样条件下截面小、自重轻、质量高、材料省。

与普通钢筋混凝土施工相比较，顶应力混凝土施工需要专门的机械设备，工艺比较复杂，操作要求较高。预应力混凝土的产生有先张法（在专门的张拉台座上张拉钢筋后再浇筑混凝土）、后张法（在构件或块体上直接张拉预应力钢筋）、电热张拉等施工工艺。

（二）装配式预应力钢筋混凝土水池的施工方法

在给排水工程中，属于中心受拉构件的水池及压力管道等抗裂性要求很高的结构物宜采用预应力钢筋混凝土结构以提高构件装配化程度，加快施工进度，保证工程质量，增加结构物使用寿命。装配式预应力钢筋混凝土水池比普通钢筋混凝土水池具有更可靠的抗裂性及不透水性。适用于现浇钢筋混凝土底板、预制梁、预制柱、预制壁板及后张预应力池壁的圆形水池。

预应力钢筋主要沿环向布置，但当高度较高的地面式大容量水池，考虑温度收缩应力或由于施加环向预应力时，池壁与底板间会产生摩擦力，而使池壁产生垂直方向的弯矩。为防止由此而形成的水平裂缝，有时也在垂直方向施加预应力钢筋。

由于整体式（池壁、池底、池顶一起）连接太紧密，限制了池壁两端的位移，从而使上、下端附近产生垂直方向的弯矩，对结构不利。所以，做成整体式预应力水池并非一定经济，为了避免池壁上、下端产生不利的弯矩，可使池壁与顶板或底板分开。如此既减小了竖向力矩，又加大了环向应力，不过，环向应力可由预应力环筋负担。通常条件下，将预应力钢筋混凝土水池做成装配式的。在农村给排水工程中较少使用预应力钢筋混凝土水池。在此仅对钢筋混凝土预制装配圆形水池施工进行介绍。

（三）钢筋混凝土预制装配圆形水池施工

1. 底板混凝土施工

（1）弹线。在垫层混凝土强度达到 1.2MPa 后，先核对水池中心位置，弹出十字线，校对集水坑、排污管、进水管位置后，分别弹出基础外圈线；池壁环槽杯口（图 9-15）的里外弧线，控制杯口吊斗位置；杯口里侧吊绑弧线及加筋区域弧线。

（2）钢筋绑扎。按加筋区域弹线布筋，再布弧线筋绑扎成整体。分别垫起保护层 $\delta=35mm$。先布弧线筋，再布放射筋，绑扎成整体。

（3）模板安装。模板应用木模，以保证构筑物拼装接头的严密。特别要注意吊模的支设，除上、下位置靠铁马凳外，左、右位置均在池底预埋角钢作支撑固定连接，以确保设计外形。角钢根部的混凝土欠缺处，用砂浆加厚作防漏处理。

（4）浇筑混凝土。为了不留施工缝，宜采用连续作业，接茬时间控制在 2h 以内，浇筑混凝土由中心向四周扩张，池壁环槽杯口部分，两个茬口可交替施工，由两个作业组相背连续操作，一次完成，不留施工缝。

2. 预制构件的制作

（1）壁板。为了保证外弧面的弧形圆滑和壁板中预埋铁件的平整准确，可按图 9-15 支模，并浇筑混凝土。

（2）曲梁。根据曲梁的型号、尺寸，可做成一套或几套模板（可用钢模），如图 9-16 所示。

（3）扇形板。用木材做成定型模板，在混凝土地坪上进行无底支模，并可以在涂刷隔离剂后进行重叠生产。

3. 吊装及准备工作

（1）壁槽拆模后，在槽壁两侧将混凝土凿毛，并清除干净，测好杯底标高，将不平地方凿掉。

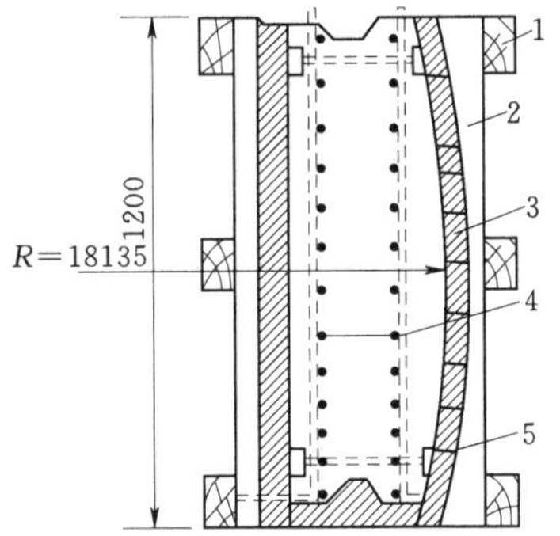

图 9-15　预制壁板支模示意

1—横带；2—弧形立带；3—平板模板；4—对称配筋；5—预埋铁件

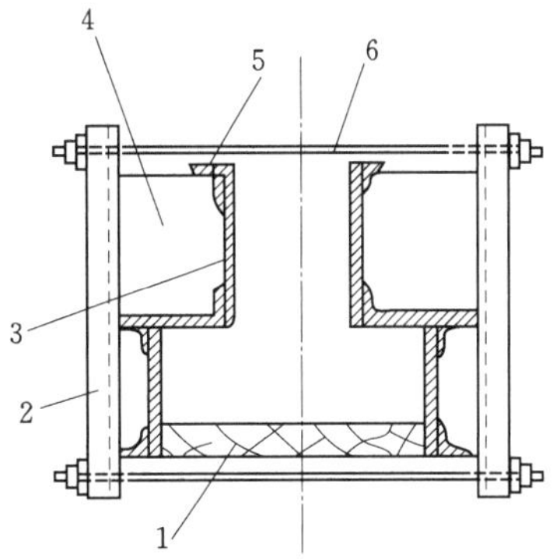

图 9-16　曲梁钢模示意

1—木底；2—槽钢；3—钢板厚；4—钢肋；5—角钢；6—夹紧螺栓

(2) 根据设计要求及预制壁板尺寸的排列，在壁槽上口弹出壁板安放线。

(3) 将每块壁板两侧凿毛。

(4) 吊装顺序为：

1) 池内。柱子 —(校正)→ 灌杯口 → 曲梁 —(焊接)(中部加临时支撑)→ 内部三圈扇形板。

2) 池壁。壁板 —(校正固定)→ 灌环槽杯口(内侧部分) → 最外一圈扇形板。

(5) 吊装就位固定。柱子吊装后杯口灌缝混凝土可采用早强措施，3d 即可进行上部结构吊装。壁板安装时下部外环槽杯口楔固定，上部则与外圈扇形板焊接，内环槽杯口浇筑 C30 细石混凝土，如图 9-17 所示。

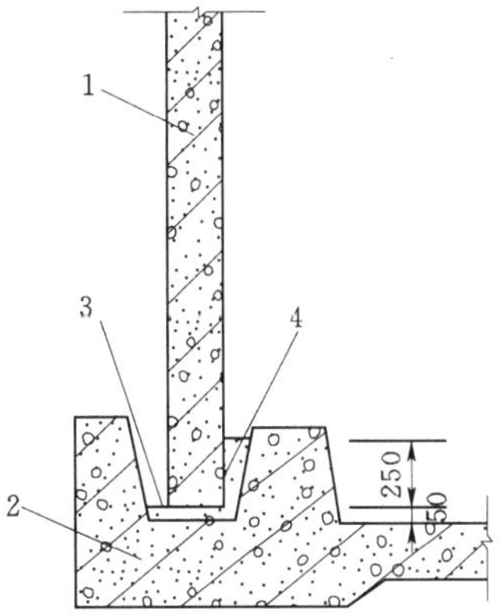

图 9-17　环槽杯口浇筑混凝土

1—壁板；2—环槽；3—水泥砂浆找平；4—C30 细石混凝土

4. 灌缝

壁板吊装校正固定后，将两块壁板之间的钢筋按设计要求进行连接，然后进行灌缝工作。

(1) 池壁环槽杯口灌缝。根据预先制定的施工方案，对于非预应力水池可先灌外口混凝土，后灌内杯口混凝土。在环槽杯口填灌细石混凝土时，必须先将环槽清洗干净，在充分润湿状态下填灌杯口细石混凝土，并必须保持湿度养护一周以上。

(2) 壁板接头灌缝。壁板间竖缝是水池渗漏的要害处，因此，其灌缝质量是决定水池能否达到抗渗的关键。为此，必须一次连续浇筑不留施工缝。其支模方法如图 9-18 所示。

所用混凝土的水灰比应小于 0.5，并采用补偿收缩混凝土（微膨胀混凝土）。可掺用减水剂增大坍落度，确保浇筑混凝土的质量，浇筑后要加强浇水养护。

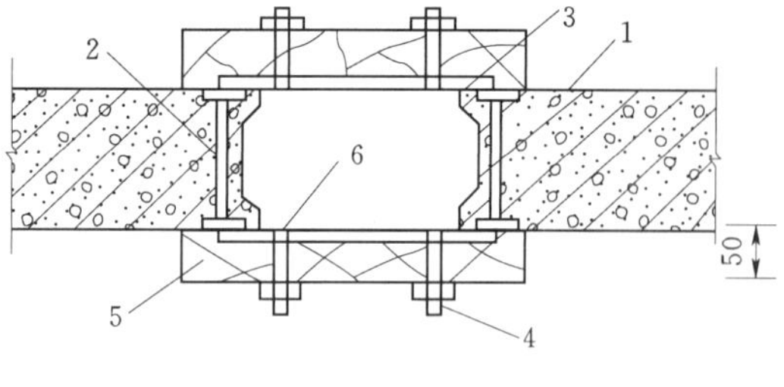

图 9-18 壁板间竖缝支模示意图

1—壁板；2—预埋铁件；3—连接板；4—ϕ12 螺栓@900；5—50 厚木模（连接板处打槽）；6—连接板上套丝孔

三、砖砌圆形水池施工

（一）池壁与底板的结合

砖壁与底板的连接处应注意结合好，因此在底板混凝土初凝之前，沿砖壁位置按设计要求尺寸将底板表面拉毛，同时铺砌一皮湿润的砖，嵌入深度2～3cm，并用1：2水泥砂浆灌缝，再砌几皮砖作为环梁的砖模，随即将环梁混凝土浇筑完毕。

（二）操作要求

（1）池壁宜采用五顺一丁或三顺一丁的砌法，顺砖的搭接长度不宜少于10cm。径向竖缝应相互错开，不得通缝，并保证砂浆饱满。砌体砌好后，应用湿草袋覆盖。

（2）砌体中如配置构造钢筋时，宜环向均匀地放置在砖砌体上，钢筋表面应铺2～3mm砂浆层。钢筋搭接长度应不小于24cm。同一层几根钢筋的接头应互相错开。倘有竖向配筋，应置于竖向砖缝处。

（3）砖壁上不得留脚手洞，一切预埋件、预留孔均应在砌筑时一次做好。

（4）穿墙套管应在砌筑池壁时，按设计位置、标高安放，并浇捣混凝土。

（5）砖壁砌筑过程中，必须顺着圆周和线杆一皮一皮往上砌筑，并经常用中心桩和导线板检查圆周和垂直的准确。不得采用踏步式及马牙接头砌筑方法。

（三）砌薄壳顶盖施工

圆形砖壁、砖薄壳结构，目前在500～600m^3水池、粮仓、油罐工程上广泛应用。一般采用支模砌筑方法。

砌筑红砖薄壳顶盖时，应沿水池壁四周逐圈砌筑，并用M10水泥砂浆灌缝，将砖缝填嵌严密，以增加壳体的整体性。当壳体全部砌筑完后，用1：2.5水泥砂浆压实抹光，覆盖浇水养护。

也可采用预制蜂窝式无筋混凝土球壳顶盖，施工时可根据球壳尺寸预制需要用量的六角形及非六角形素混凝土块，如图9-19所示。砌筑时预制块的安装顺序如图9-20所示。混凝土预制块开口向上，混凝土预制块之间用C20细石混凝土灌缝，这种混凝土块之间现浇C20细石混凝土，如图9-20中的斜线部分。

四、工程质量要求和试水

（一）工程质量要求

（1）砖壁砌筑必须做到横圆竖直，灰浆饱满。不得留斜茬或直茬。砖的强度等级不低于MU7.5，砌筑时要挑选，砂浆配合比要称量准确，搅拌均匀。

（2）钢筋混凝土壁板和壁槽灌缝之前，必须将模板内杂物清除干净，用水将模板湿润。

（3）池壁模板不论采用无支撑或有支撑法，必须将模板紧固好，防止混凝土浇筑时，模板发生变形。

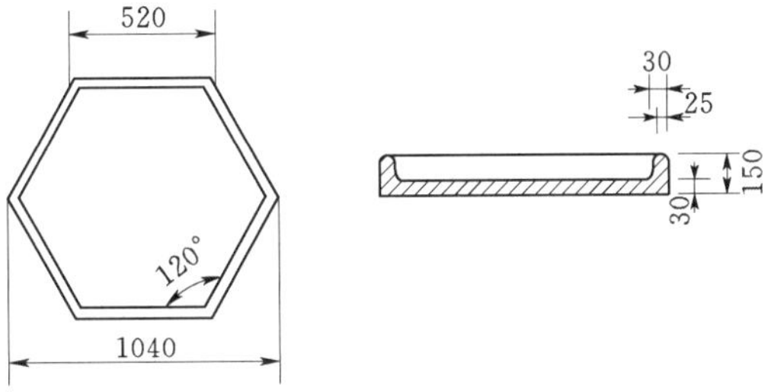

图 9-19　素混凝土预制块

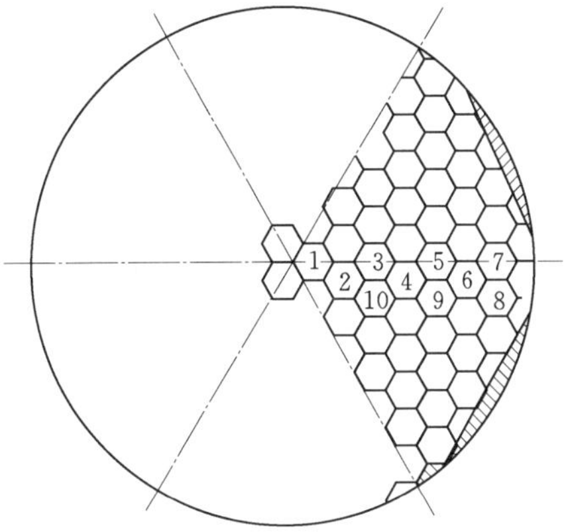

图 9-20　安装顺序

(4) 防渗混凝土可掺用木素磺酸钙减水剂，掺用减水剂配制的混凝土，耐油、抗渗性好，而且节约水泥。

(5) 矩形钢筋混凝土水池，由于工艺需要，长度较长，在底板、池壁上设有伸缩缝。施工中必须将止水钢板或止水胶皮正确固定好，并注意浇筑，防止止水钢板、止水胶皮移位。

(6) 水池混凝土的强度好坏，养护是重要一环，底板浇筑完后，在施工池壁时，应注意养护，保持湿润。池壁混凝土浇筑完后，在气温较高或干燥情况下，过早拆模会引起混凝土收缩产生裂缝。因此，应继续浇水养护，底板、池壁和池壁灌缝的混凝土的养护期应不少于 14d。

(二) 试水

试水工作应在水池全部施工完后方可进行。试水主要目的是，检验结构安全度，检查施工质量。

试水时应先封闭管道孔。由池顶孔放水入池，一般分几次进水，根据具体情况，控制每次进水高度。从四周上下进行外观检查，做好记录，如无特殊情况，可继续灌水，到储水设计标高。同时要做好沉降观察。

灌水到设计标高后，停 1d，进行外观检查，并做好水面高度标记，连续观察 7d，外表面无渗漏及水位无明显降落方为合格。

任务三　构筑物渗漏检验

水池等给排水构筑物施工完毕后必须进行满水试验。满水试验合格后，应及时进行池壁外的各项工序及回填土方，池顶亦应及时、均匀、对称地回填土方。同时在满水试验过程中，需要了解水池沉降量时，应编制测定沉降量的施工设计，并应根据施工设计测定水池的沉降量。

1. 水池满水试验应具备的条件

(1) 池体的混凝土或砖石砌体的砂浆已达到设计强度。

(2) 应在现浇钢筋混凝土水池的防水层、防腐层施工以及回填土以前。

(3) 应在装配式预应力混凝土水池施加预应力以后，保护层喷涂以前。

(4) 应在砖砌水池防水层施工以后，石砌水池勾缝以后。

(5) 砖石水池满水试验与填土工序的先后安排符合设计规定。

2. 满水试验方法及步骤

(1) 向水池内充水宜分三次进行：第一次充水为设计水深的1/3；第二次充水为设计水深的1/3；第三次充水至设计水深。对大、中型水池，先充水至池壁底部的施工缝以上，检查底板的抗渗质量，当无明显渗漏时，再继续充水至第一次充水深度。

(2) 充水时的水位上升速度不宜超过2m/d。相邻两次充水的间隔时间，不应小于24h。

(3) 每次充水宜测读24h的水位下降值，计算渗水量，在充水过程中和充水以后，应对水池作外观检查。当发现渗水量过大时，应停止充水。待做出处理后方可继续充水。

3. 满水试验要求及检测

(1) 在满水试验中应进行外观检查、不得有漏水现象。

(2) 水池渗水量按池壁和池底的浸湿总面积计算。钢筋混凝土水池不得超过2L/(m^2·d)，砖石砌体水池不得超过3L/(m^2·d)。

(3) 充水至设计水深后至开始进行渗水量测定的间隔时间，应不少于24h。

(4) 测读水位的初读数与末读数之间的间隔时间，应为24h。

(5) 24h后的水位下降，即渗水量。按照规范规定，1m^2的浸湿面积每24h的漏水量不大于2L。

4. 构筑物闭气检验

厌氧消化池内存在CO_2、CO，有漏气的危害，应进行气密性试验。

气密性试验主要试验设备有压力计、温度计、大气压力计、空气压缩机。

测读气压试验步骤：

(1) 向池内充气至试验压力并稳定后，测读池内气压值，即初读数，间隔24h，测读末读数。

(2) 在测读池内气压的同时，测读池内气温和大气压力，并将大气压力换算为与池内气压相同的单位。

(3) 检测池内气压降。消化池24h气压降小于试验压力的0.2倍，则气密性符合要求。

项目十　管网工程施工

农村给水排水管道工程施工前应由设计单位进行设计交底，同时应根据施工需要进行调查研究。并应掌握管道沿线的情况和资料：现场地形、地貌、建筑物、各种管线和其他设施的情况；工程地质和水文地质资料；气象资料；工程用地、交通运输及排水条件；施工供水、供电条件；工程材料、施工机械供应条件；在地表水水体中或岸边施工时，应掌握地表水的水文和航运资料。在寒冷地区施工时，应掌握地表水的冻结及流冰的资料；结合工程特点和现场条件的其他情况和资料。

任务一　管道施工

管道铺筑前，应检查堆土位置是否符合规定，检查管道地基情况、施工排水措施，检查沟槽边坡及管材与配件是否符合设计要求。

管道及管件应采用兜身吊带或专用工具起吊，装卸时应轻装轻放，运输时应垫稳、绑牢，不得相互撞击；接口及钢管制的内外防腐层应采取保护措施。

管节堆放宜选择使用方便、平整、坚实的场地；堆放时必须垫稳，使用管节时必须自上而下依次搬运。

安装时宜自下游开始，承口朝向施工前进的方向。

一、管道连接形式

按照管道连接的结构形式和方式可分为管螺纹连接、承插连接、法兰盘连接和焊接连接等。

（一）管螺纹连接

用于管道连接的螺纹有细牙螺纹和管螺纹两种。

1. 细牙螺纹连接

细牙螺纹是属于公制机械螺纹的一种。细牙螺纹与普通粗牙螺纹相比，它的螺距小、内径大、强度高；由于其螺纹升角较小，自锁作用强，密封能力强，因此常用于高压管道的螺纹连接，特别是用于化工管道的螺纹连接中。但对螺纹的加工精度要求很严。

2. 管螺纹连接

管螺纹是一种专门用于管道连接的螺纹。与普通机械螺纹相比，管螺纹的螺距大、工作长度较长。

由于螺纹连接无法填平齿面四凸的微小间隙，必须借助填料来保证管螺纹的密封。

常用的填料：与介质温度不大于100℃时，采用聚四氟乙烯胶带或麻丝蘸白铅油；当介质温度大于100℃时，可采用黑铅油和石棉绳。

然后用管钳或活口扳子将管道与配件、丝扣阀件或管子拧紧，一般在管件外部露3～4扣丝为宜。

（二）承插连接

承插连接是将管子的一端做成承口，另一端做成插口，安装时按照承口迎向介质流动方向的方式，将插口插入承口，并采用相适应的密封方法实现承插口的密封，同时保证其连接强度的一种管道连接方法。

（三）法兰盘连接

法兰盘连接是依靠螺栓的拉紧将两管段、阀件等的法兰盘紧固在一起构成管路系统，靠法兰盘之间的垫片形成的静密封达到防渗漏的目的，是一种可拆卸的连接。这种连接主要用于铸铁管、衬胶管、非铁金属管和法兰阀门等的连接，工艺设备与法兰的连接也都采用法兰连接。法兰连接的主要特点是拆卸方便、强度高、密封性能好。安装法兰时要求两个法兰保持平行、法兰的密封面不能碰伤，并且要清理干净。法兰所用的垫片，要根据设计规定选用。

法兰分螺纹连接（丝接）法兰和焊接法兰。低压小直径有丝接法兰，高压和低压大直径都是使用焊接法兰，不同压力的法兰盘的厚度和连接螺栓直径和数量是不同的。

根据压力的不同等级，法兰垫也有不同材料，从低压石棉垫、高压石棉垫到金属垫都有。

（四）焊接连接

焊接连接属于不可拆卸连接、与螺纹连接相比，焊接连接的接头，可靠牢固，连接强度好，焊接连接不受连接部件的限制，可焊接任何位置、任何连接形式的接头，工效高，设备简单。在管道连接工艺中，焊接连接仍占主导地位。

二、管道开槽敷管施工

开槽敷管施工应按照相关要求进行测量、放线、沟槽开挖、回填、施工排水等作业符合要求后才能进行管道安装，包括下管、排管、稳管、管道基础浇筑、接口、质量检查与验收。新建管道与已建管道连接时，必须先核查已建管道接口高程及平面位置后，方可开挖施工。

（一）管道沟槽开挖

1. 人工法开挖管道沟槽

用锹、镐、锄头等工具开挖沟槽称为人工法。

人工法开挖适用于土质松软、地下水位低、地下其他管线在开挖时需保护的地段沟槽开挖。人工开挖管道沟槽体力劳动强度大，作业辛苦，施工进度慢，在沟槽深度大且易塌方的地方开挖不易保证开挖人员的安全。

2. 机械法开挖管道沟槽

用挖土机等机械开挖沟槽称为机械法。

机械法开挖适用于土质松软地段，不受地下水位影响。具有施工进度快、安全性好和体力劳动强度小等特点。采用机械开挖管道沟槽，应特别注意查明地下其他管线、电缆及构筑物，免使其受破坏。

3. 爆破法开挖管道沟槽

在给水管道工程施工中，当开挖的管道沟槽内有岩石、坚硬土层和其他坚硬障碍物，在采用人工法、机械法开挖有困难时，可采用爆破法施工。爆破法即采用炸药爆破方法。爆破法施工中一定要注意安全，应遵守爆破操作有关技术规程。

（二）沟槽的处理

给水管道沟槽处理包括沟槽断面的确定、沟槽的支撑、沟槽基础处理、沟槽内排水等内容。

1. 沟槽断面的确定

沟槽断面的形式有直槽、梯形槽、混合槽和联合槽等，如图 10－1 所示。选择沟槽断面通常根据土的种类、地下水情况，现场条件及施工方法，并按照设计规定的基础、管道的断面尺寸、长度和埋置深度等进行。正确地选择沟槽的开挖断面，可以为后续施工过程创造良好条件，保证工程质量和施工安全，以及减少土方开挖量。

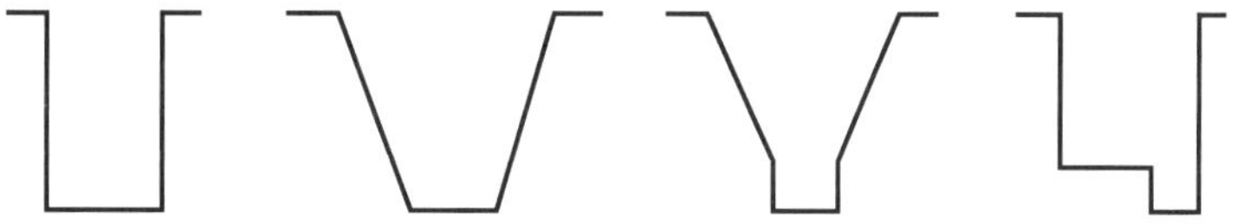

图 10－1　沟渠断面种类

(a) 直槽；(b) 梯形槽；(c) 混合槽；(d) 联合槽

直槽适用于深度小土质坚硬的地段；梯形槽适用于深度较大、土质较松软的地段；混合槽是直槽和梯形槽的结合，即上梯下直，适用于深度大且土质松软地段；联合槽适用于两条或多条管道共同敷设且各埋设深度不同，深度均不大，土质较坚硬地面。

2. 沟槽底宽和沟槽开挖深度

沟槽底宽如图 10－2 所示，且由下式决定：

$$W=B+2b$$

式中　W——沟槽底宽，m；

B——管道基础宽，m；

b——工作宽度，m，工作宽度根据管径大小确定，一般不大于 0.8m。

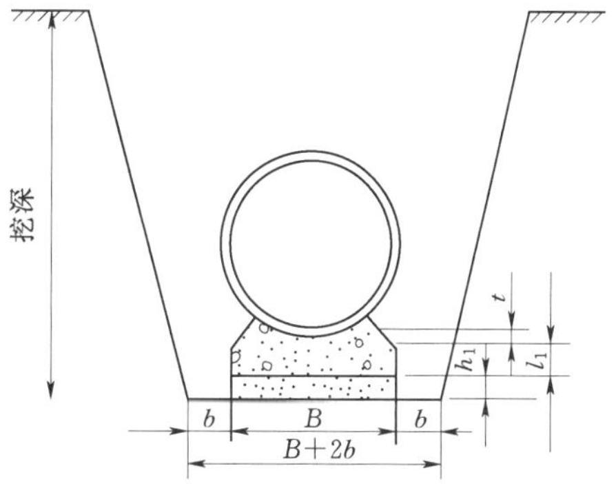

图 10－2　沟渠底宽和挖深

B—管基础宽度；b—槽底工作宽度；t—管壁厚度；l_1—管底厚度；h_1—基础厚度

沟槽开挖深度按管道设计纵断面图确定。

沟槽开挖深度与水管埋深及管道基础有关。一般给水管道埋在道路下，水管管顶以上覆土深度，在不冰冻地区由外部荷载、水管强度和管线交叉情况决定，通常不小于 0.7m。非金属管的管顶覆土深度应大于 1～1.2m，以免受到动荷载的作用而影响其强度。冰冻地区的管顶埋深应考虑土壤的冰冻深度。一般，管底埋设深度可采用如下数值：管径 $D_N<300$mm 时，管底应在冰冻线以下 D_N+200mm；$D_N=300\sim600$mm 之间时，管底埋深应为 $0.75D_N$（mm），$D_N>600$mm 时，应为 $0.5D_N$（mm）。

在土壤耐压力较高和地下水位较低处，水管可直接埋在管沟内的天然地基上，如图

10－3（a）所示；在岩石或半岩石地基处，必须铺垫厚度为100mm以上的中砂或粗砂，再在上埋管，如图10－3（b）所示；在土壤松软的地基处，应有标高不小于100mm的混凝土基础，如图10－3（c）所示，如遇流沙或通过沼泽地带，混凝土基础下还应有桩排架。

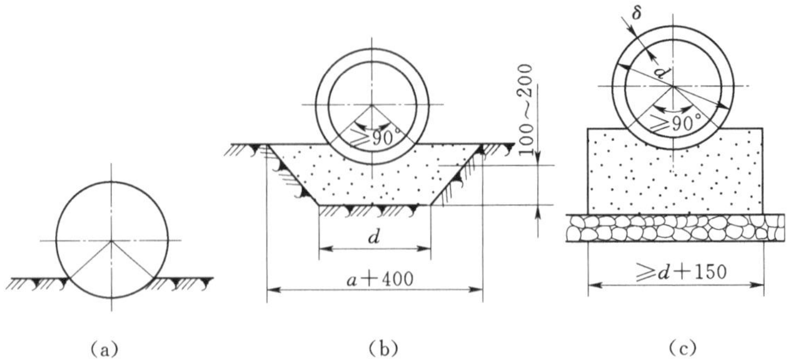

图10－3　给水管道基础

（a）天然基础；（b）砂基础；（c）混凝土基础

3．沟槽的支撑

在沟槽开挖和管道安装过程中，会发生边坡塌方和产生流沙的可能，其原因有：

（1）沟槽边坡放坡不足，边坡过陡，使土体本身的稳定性不够，这种情况常因土质较差、开挖深度较大时发生。

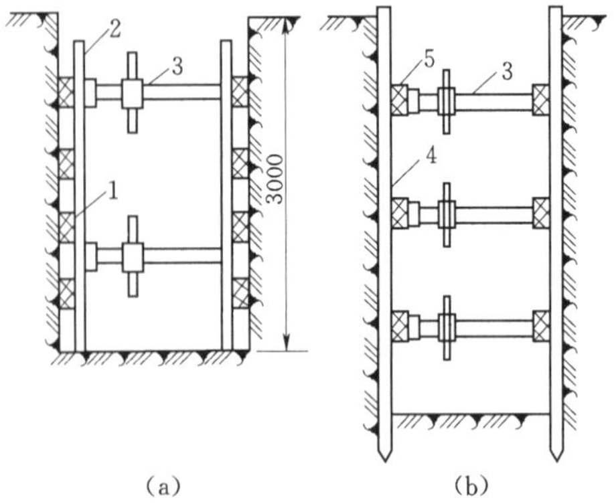

图10－4　撑板简图

（a）横撑；（b）竖撑

1—水平挡土板；2—竖楞木；3—工具式撑杠；4—竖直挡土板；5—横楞木

（2）降雨、地下水或施工用水渗入边坡，使土体抗剪能力降低而发生塌方。

（3）沟槽边缘附近大量堆土或停放机具或因不合理的开挖坡脚及受地表水、地下水冲蚀等，增加了土体负荷，降低了土体的抗剪强度而引起滑坡和塌方等。

防治塌方和流沙应注意地表水、地下水的排除；严格按不同土质放足边坡；当开挖深度大、施工时间长、边坡有机具或堆置材料等情况时，边坡应平缓；当因受场地限制，或因放坡增加土方量过大，则应采用设置支撑的方法。

支撑适用于沟槽土质较差、深度较大而又挖成直槽时，或高地下水位砂性土质并采用表面排水时，均应支设支撑。支设支撑可以减少挖方量和施工占地面积，减少拆迁。但支撑增加材料消耗，有时影响后续工序的操作。

支撑由撑板、撑杠、撑柱所组成。撑板紧贴沟槽壁，撑柱固定撑板，由撑杠支设在撑柱上再把力传至撑板上以稳定沟槽壁。根据撑板摆放的位置分横撑、竖撑，如图10－4所示。

支撑材料常见有钢制和木制两种，钢制可以重复使用，降低支撑造价。

4. 沟槽施工排水

为了保证沟槽防止边坡倒塌和沟槽底基础承载力下降，改善管道安装环境，保证施工人员安全，根据施工现场条件，决定是否采用施工排水。

施工排水方法分明沟排水和井点排水两种。

（三）下管稳管

开挖沟槽出的土应尽量堆放在沟槽边的一侧，以便在沟槽边的另一侧运输排管，如图10－5所示。

在沟槽边的另一侧排管凡承插连接的管如铸铁管、预应力钢筋混凝土管、自应力钢筋混凝土管、承插塑料管其承口应对着水流方向，如图10－6所示。

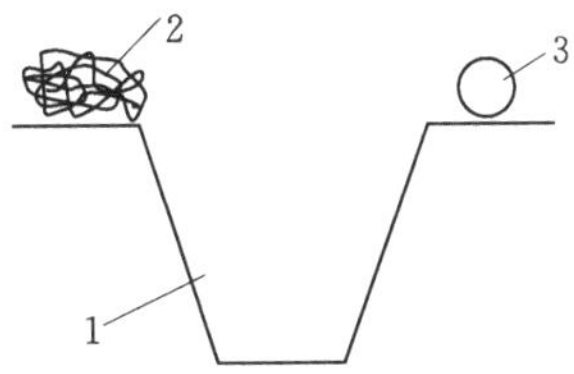

图10－5　沟渠边堆土和排管

1—沟槽；2—堆土；3—管

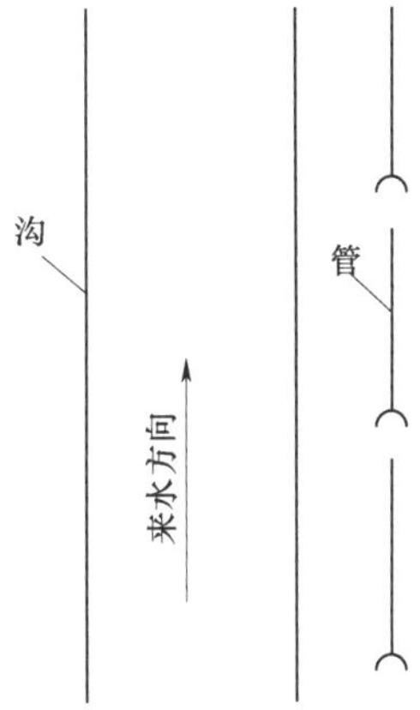

图10－6　承接管承口方向

沟槽内地基应按设计要求制作，管道支墩位置和形式应符合设计要求。沟槽边坡应稳固。按设计图样确定管材与配件的数量和质量。

按图量测所用管长和各种配件的型号、数量和细部位置，并在沟槽边排设时确定。

在下管前细心检查管子、管件、配件的质量，有无破损和砂眼，可用小锤轻轻敲击，凡发出沙哑声处可能被损坏。

1. 下管

农村供水管道下管应以施工安全、操作方便、经济合理为原则，考虑管径、管长、沟深等条件选定下管方法。下管作业要特别注意安全问题，应有专人指挥，认真检查下管的绳、钩、杠、铁环桩等工具是否牢靠，在混凝土基础上下管时，混凝土强度必须达到设计强度的50%才可下管。下管方法分人工下管法和机械下管法。

（1）人工下管。利用人力、桩、绳、棒等下管，把沟槽边上的管子下至沟槽内称下管。人工下管法常见有：

1）压绳下管法。此法适用于管径为400～800mm的管子。下管时，可在管子两端各套一根大绳套在立管上，并把管子下面的半段绳用脚踩住，上半段用手拉住，两组大绳用力一致，将管子徐徐下入沟槽，如图10－7所示。

2）木架下管法。此法适用于直径 900mm 以内，长 3m 以下的管子。下管前预先特制一个木架，下管时沿槽岸跨沟方向放置木架，将绳绕于木架上，管子通过木架缓缓下入沟内。

(2) 机械下管。机械下管常采用吊车下管，吊车下管施工方便、安全、快捷，不易造成人员和管子损伤，是市政给水管道工程最好的下管方法，但要求施工现场容许吊车行走和工作。某地机械下管工作如图 10－8 所示。

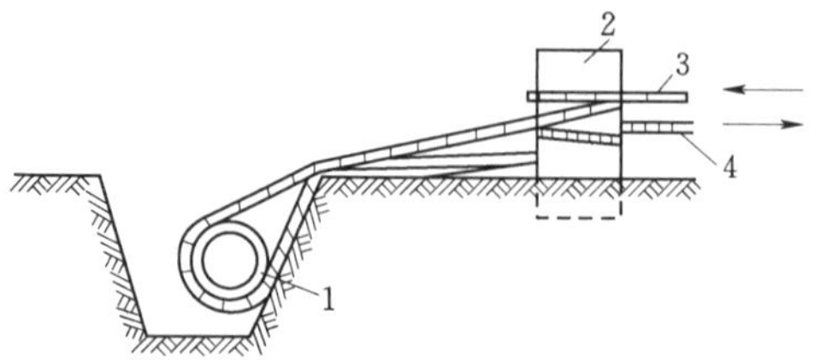

图 10－7　压绳下管法

1—管子；2—立管；3—放松绳；4—固定绳

图 10－8　机械下管

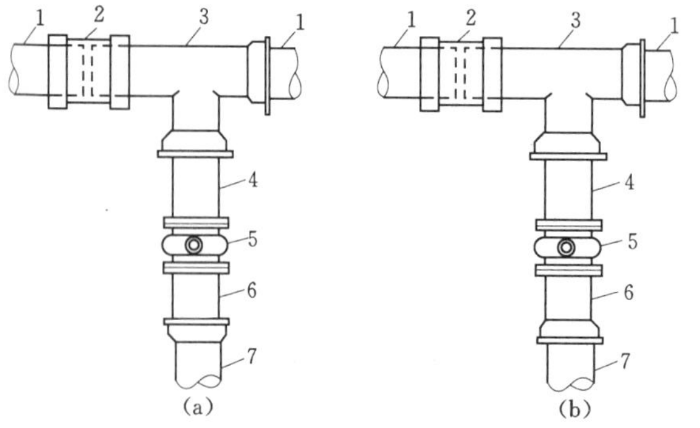

图 10－9　干管上引接分支管线节点详图

(a) 分支管承口顺水流方向；(b) 分支管承口背水流方向

1—原建干管；2—套管；3—异径三通；4—插盘短管；5—闸门；6—承盘短管；7—新接支管

沟槽内下管在实际工程中，考虑到施工的方便，在局部地段，有时也可采用承口背着水流方向排列。图10－9 为在原有干管上引接分支管线的节点详图。若顾及排管方向要求，分支管配件连接应采用图 10－9（a）为宜，但使闸门后面的插盘短管的插口与下游管段承口连接时，必须在下游管段插口处设置一根横木做后背，其后续每连接一根管子，均需设置一根横木，安装比较麻烦。如果采用图 10－9（b）所示分支配件连接方式，其分支管虽然为承口背着水流方向排列，但其上承盘短管的承口与下游管段的插口连接，以及后续各节管子连接时均无须设置横木做后背，施工十分方便。

2. 稳管

稳管是管子按设计的高程与平面位置稳定在沟槽基础上。如果分节下管，其稳管与下管均同时进行，即第一节管下到沟槽内后，随即将该节管位置稳定，继而下所需的第二节管并与第一节管对口，对口合格后并稳定，再下第三节管……依此类推。稳管应达到管的平面位置、高程、坡度坡向及对口等尺寸符合设计和安装规范的要求。

(1) 中线控制。使管中心与设计位置在一条线上，可用中心线法和边线法进行控制。

(2) 高程控制。通过水准仪测量管顶或管底的标高，使之符合设计的高程要求。控制中心线与高程必须同时进行，使两者同时符合设计规定。

(3) 对口控制。钢管常采用焊接，焊接端对口间隙应符合焊接要求。

(4) 管道自弯水平借转控制。一般情况下，可采用 90°弯头、45°弯头、22.5°弯头、11.25°弯头进行管道平面转弯，如果弯曲角度小于 11°时，则可采用管道自弯作业。

(5) 管道反弯借高找正。排管时，当遇到地形起伏变化较大，新旧管道接通或翻越其他地下设施等情况时，可采用管道反弯借高找正作业。

施工中，管道反弯借高主要是在已知借高高度 H 值的条件下，求出弯头中心斜边长 L 值，并以 L 值作为控制尺寸进行管道反弯借高作业，L 值计算方法如下：

当采用 45°弯头时：$L_1=1.414\times H$ (m)；

当采用 22.5°弯头时：$L_2=2.611\times H$ (m)；

当采用 11.25°弯头时：$L_3=5.128\times H$ (m)。

(四) 给水管道接口

金属给水管如钢管、铸铁管在管道敷设前应做好内外防腐处理，一般铸铁管内外壁涂刷热沥青，钢管内外壁涂刷油漆、水泥砂浆、沥青及玻璃钢等加厚防腐层。

常见的给水铸铁管接口形式有承插式和法兰式两种。承插式接口分刚性接口和柔性接口。铸铁管在插口和承口对口前，应用乙炔焊枪烧掉插口和承口处的防腐沥青，并用钢刷清除沥青渣。

1. 承插式刚性接口

承插式铸铁管刚性接口常用麻—石棉水泥、石棉绳—石棉水泥、麻—膨胀水泥砂浆、麻—铅、橡胶圈—水泥等几种。

(1) 麻—石棉水泥接口。麻是广泛采用的一种挡水材料，以麻辫形状塞进承口与插口间环向间隙。麻辫的直径约为缝隙宽的 1.5 倍，其长度较管口周长长 100～150mm 作为搭接长度，视情况塞 1～3 圈麻辫：每圈麻辫用錾子填打紧密。錾子如图 10－10 所示。

图 10－10 錾子

麻辫填塞完成后，再用石棉水泥填塞并分层打紧。

石棉水泥是纤维加强水泥，有较高的抗压强度，石棉纤维对水泥颗粒有很强的吸附能力，水泥中掺入石棉纤维可提高接口材料的抗拉强度，水泥在硬化过程中收缩，石棉纤维可阻止其收缩，提高接口材料与管壁的黏着力和接口的水密性。石棉水泥是采用具有一定纤维长度的Ⅳ级石棉和 425 号以上硅酸盐水泥，使用之前应将石棉晒干弹松，不应有结块，其施工配合比为石棉：硅酸盐水泥＝3：7，加水量为石棉水泥总重的 10%左右，视气温与大气湿度酌情增减水量。拌和时，先将石棉与水泥干拌，拌至石棉水泥颜色一致，然后将定量的水徐徐倒进，随倒随拌，拌匀为止。实践中，使拌料能捏成团，抛能散开为准，加水拌制的石棉水泥灰应当在 1h 之内用毕。打口时，应将石棉水泥填料分层填打，每层实厚不大于 25mm，灰口深在 80mm 以上采用四填十二打，即第一次填灰口深度的 1/2，打三遍；第二次填灰深约为剩余灰口的 2/3，打三遍；第三次填平打三遍；第四次找平打三遍。如灰口深为 60～80mm 者可采用三填九打。打好的灰口要比承口端部凹进 2～3mm，当听到金属回击声，水泥发青析出水分，若用力连击三次，灰口不再发生内凹或掉灰现象，接口作业即告结束。为了提供水泥的水化条件，在接口完毕之后，应立即在接口处浇水养护，养护时间为1～2d，养护方法是：春秋两季每天浇水两次；夏天在接口处盖湿草袋，每天浇水四次；冬天在接口抹上湿泥，覆土保温。

（2）石棉绳—石棉水泥接口。石棉绳—石棉水泥接口与麻—石棉水泥接口的区别是以石棉绳代替麻辫，石棉绳具有良好的水密性与耐高温性，据研究，水长期和石棉接触可能造成水质污染。

（3）麻—膨胀水泥砂浆接口。在接口处按麻—石棉水泥接口的填麻方法打麻辫，再进行膨胀水泥砂浆填塞。膨胀水泥在水化过程中体积膨胀，增加其与管壁的黏着力，提高了水密性，而且产生封密性微气泡，提高接口抗渗性能。

膨胀水泥砂浆，采用洁净中砂，最大粒径不大于1.2mm，含泥量不大于2%。膨胀水泥砂浆施工配合比通常采用膨胀水泥：砂：水＝1：1：0.3。当气温较高或风力较大时，用水量可酌量增加，但最大水灰比不宜超过0.35。膨胀水泥砂浆拌和应均匀，一次拌和量应在初凝期内用毕。

接口操作时，不需要打口，可将拌制的膨胀水泥砂浆分层填实，用錾子将各层捣实，最外一层找平，比承口边缘凹进1～2mm。

膨胀水泥水化过程中硫酸铝钙的结晶需要大量的水，因此其接口应采用湿养护，养护时间为12～24h。

实践表明：膨胀水泥砂浆除去用做一般条件下管道接口材料之外，还可用于引接分支管等抢修工程的管道接口作业。此时，接口填料配合比可以采用膨胀水泥：砂：水＝1.25：1：0.3，另外再加水泥重量的4%的氯化钙，接口完毕，养护4～6h即可通水。其中，应特别注意控制氯化钙的投加量，若其投加量大于4%，强度增加到一定值后，因继续膨胀而使管头破坏。加氯化钙之接口材料应在30～40min内用毕。

（4）麻—铅接口。在接口处按麻—石棉水泥接口的填麻方法打麻辫，再进行灌铅。铅接口具有较好的抗震、抗弯性能，接口的地震破坏率远较石棉水泥接口低。铅接口操作完毕后便可立即通水。由于铅具有柔性，接口渗漏可不必剔口，仅需锤铅堵漏。但是，由于铅的成本高、含毒性，一般情况下不做管道接口填料。在市政给水管道工程中，如管道过河、穿越铁路、道路、地基不均匀沉陷等特殊地段及新旧管子连接开三通等抢修工程时仍采用铅接口。铅的纯度应在90%以上，灌铅前，把接口所需铅质量放进铅化锅，加热熔化。当熔铅呈紫红色时，即为灌铅的适宜温度。灌铅的管口必须干净和干燥，雨天禁止灌铅，否则易引起溅铅或爆炸，造成人身伤害。在灌铅前应在管口安设石棉绳、绳与管壁间之接触处敷泥堵严，并留出灌铅口。灌铅操作如图10－11所示。

每个铅接口应一次浇完，灌铅凝固后，先用铅钻切去铅口的飞刺，再用薄口錾子贴紧管身，沿插口管壁敲打一遍，一钻压半钻，而后逐渐改用较厚口錾子重复上法各打一遍至打实为止，最后用厚口錾子找平。

（5）橡胶圈—水泥接口。橡胶圈—水泥接口与麻—石棉水泥接口的区别是以橡胶圈代替麻辫。橡胶圈外观应粗细均匀，椭圆度在允许范围内，质地柔软、无气泡、无裂缝、无重皮，接口平整牢固，胶圈内环径一般为插口外径的0.86～0.87倍，胶圈的压缩率以35%～40%为宜。

图 10-11 灌铅操作

对于橡胶圈接口，在对口之前，应将胶圈套在插口上，并先清除管口杂物，这一点应引起特别注意，以免重新对口。打口时，将胶圈紧贴承口，胶圈模棱应在一个平面上，不能拧成麻花形。先用錾子沿管外皮着力将胶圈均匀地打入承口内，开始打时，须在 2 点、4 点、8 点、…慢慢扩大的对称部位上用力锤击。胶圈要打至插口小台，胶圈吃深要均匀，不可在快打完时出现多余一段形成像“鼻子”形状的“闷鼻”现象，也不能出现深浅不一致及裂口等现象。若有一处难以打进，表明该处环向间隙太窄，可用錾子将此处撑大后再打。

橡胶圈填塞完成后，其胶圈外层的填料一般为石棉水泥或膨胀水泥砂浆。

2. 承插式柔性接口

上述几种承插式刚性接口，抗应变能力差，受外力作用容易产生填料碎裂使管内水外渗等事故，尤其在松软地基地带和强震区，接口破碎率高，为此可采用以下柔性接口。

(1) 楔形橡胶圈接口。此接口的承口内壁为斜形槽，插口端部加工成坡形。安装时先在承口斜槽内嵌入起密封作用的楔形橡胶圈，再对口使插口对准承口而使楔形橡胶圈紧固在接口处如图 10-12 所示。由于承口内壁斜形槽的限制作用，胶圈在管内水压的作用下与管壁压紧，具有自密性，使接口对于承插口的椭圆度、尺寸公差、插口轴向相对位移及角位移具有很好的适应性。

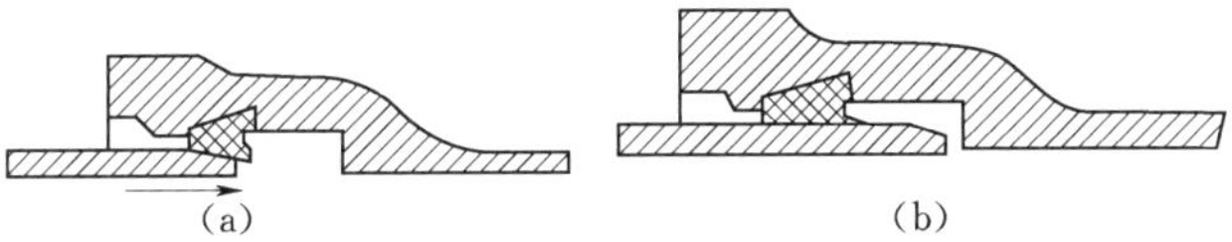

图 10-12 承接口楔形橡胶圈接口

(a) 起始状态；(b) 插入后状态

此种接口抗震性能良好，能提高施工进度，减轻劳动强度。

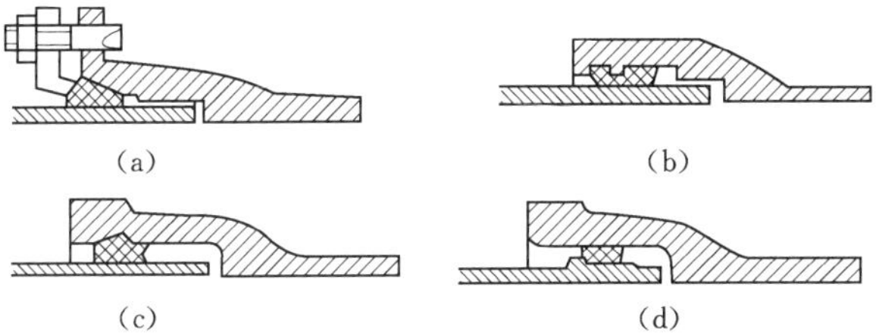

图 10-13 其他形式橡胶圈接口

(a) 螺栓压盖形；(b) 中缺形；(c) 角唇形；(d) 圆形

(2) 其他形式橡胶圈接口。其他形式橡胶圈接口有橡胶圈螺栓压盖形、橡胶圈中缺形、橡胶圈角唇形、橡胶圈圆形等，均是接口的改进施工工艺。如图 10-13 所示。

螺栓压盖形的主要优点是抗震性能良好，安装与拆修方便，缺点是配件较多，造价较高；中缺形是插入式接口，接口仅需一个胶圈，操作简单，但承口制作尺寸要求较高；角唇形的唇口可以固定安装胶圈，但胶圈耗胶量较大，造价较高；圆形则具有耗胶量小，造价较低的优点，但其仅适用于离心铸铁管。

任务二　管道的特殊施工

当农村供水管道通过铁路、河流及重要建筑物等障碍物时，不能采用一般开挖沟槽的施工方法，而应视具体条件与要求，采用诸如不开槽的顶管施工、架空管桥施工、倒虹管施工、等一些特殊的施工方法。

一、顶管施工

顶管的施工设计应包括以下主要内容：施工现场平面布置图；顶进方法的选用和顶管段单元长度的确定；工作坑位置的选择及其结构类型的设计；顶管机头选型及各类设备的规格、型号及数量；顶力计算和后背设计；洞口的封门设计；测量、纠偏的方法；垂直运输和水平运输布置；下管挖土、运土或泥水排除的方法；减阻措施；控制地面隆起、沉降的措施；地下水排除方法；注浆加固措施；安全技术措施。

（一）直接顶进法

1. 使用条件

地处黏土及含水性黏土地区，$D_N=25\sim200$mm，如图 10-14 所示。

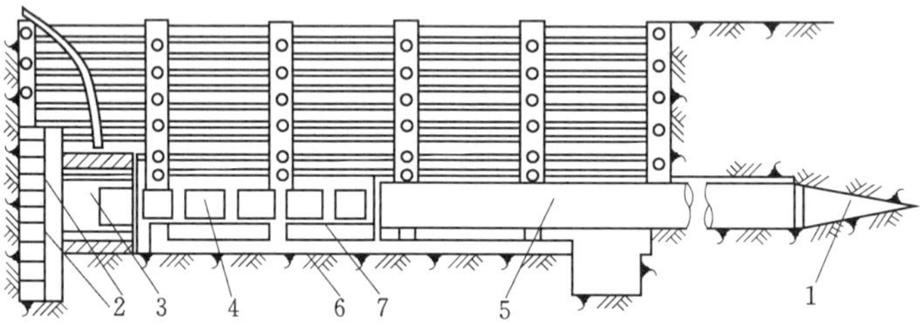

图 10-14　直接顶进法
1—顶尖；2—后背；3—顶管千斤顶；4—垫铁；
5—待顶管；6—基础；7—导轨

2. 方法

采用直接顶进法可以不必开槽，不加套管；可省去挖土与运土工序；不影响铁路正常交通。但顶管阻力大；顶管平面与高程位置不易控制，易出现较大误差。该法操作程序如下：

(1) 开挖工作坑，处理基础，支设后背、导轨与顶进设备。为了减小前进阻力，在管端可以安装锥形管尖（管尖的长细比一般为 1∶0.3)；为了增加管端接触土的面积，使顶进中不易偏斜，也可在管端装置管帽。管尖与管帽如图 10-15 所示。

管道由夹持器固定在千斤顶的活塞上。夹持器由瓦楞筒与三瓣瓦楞铁组成，管子夹在瓦楞铁中间。其特点是，千斤顶顶进时，瓦楞铁也向前并挤紧管壁，夹住管道顶进土层中；回程时，瓦楞铁的螺栓沿着滑槽向后滑，瓦楞铁与管壁即松脱，不致将已顶进管子运回。瓦楞筒与瓦楞铁的锥度通常采用 7°～10°。夹持器如图 10-16 所示。

(2) 启动千斤顶，将管子徐徐顶进。

(3) 千斤顶行程终了，将千斤顶复位，在垫块空余部分再加塞垫块。

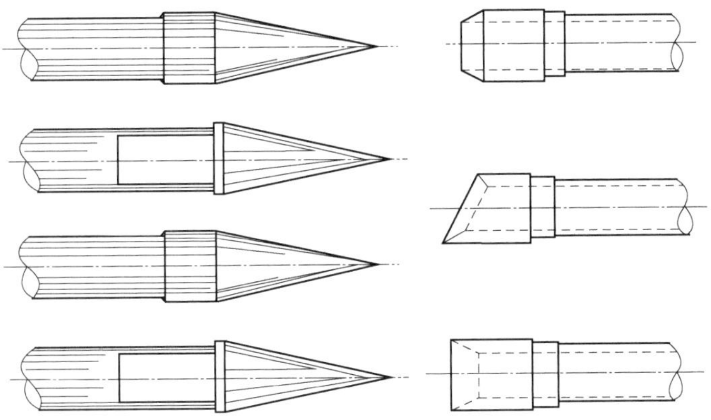

图 10－15 管尖和管帽
(a) 管尖；(b) 管帽

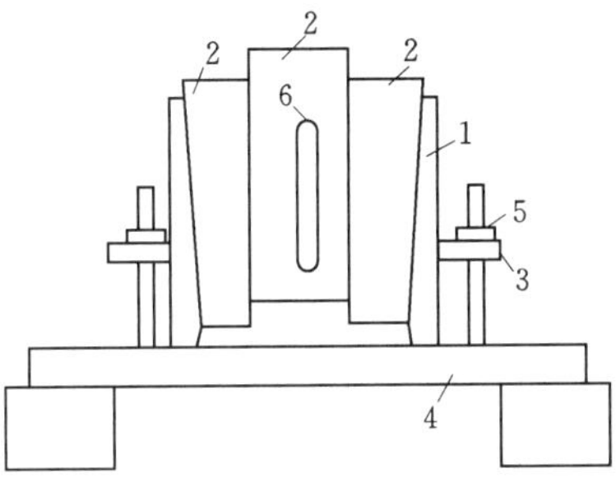

图 10－16 夹持器
1—瓦楞筒；2—瓦楞铁；3—螺杆；4—夹持器架；5—固定螺母；6—滑槽

(4) 再次启动千斤顶，继续将管子顶进，如此往复启动千斤顶，复位千斤顶，加塞垫块，即将管子顶过铁路，进入对面工作坑中。

(二) 套管人工顶进法

1. 使用条件

如图 10－17 所示，套管管径应较穿越管径大 600mm，且不小于 1000mm；若穿越流沙地段，须采用带基础套管整体施工。

2. 施工方法

采用套管人工顶进法不影响铁路的正常交通；穿越管道发生故障时可进行检修，一般事故不造成路基下沉；设置套管，穿越管道安全可靠；顶进平面与高程位置较易控制。但劳动强度较大，运土与挖土较困难；采用带基础套管整体顶入，增加费用。此法操作程序如下：

(1) 开挖工作坑，处理基础，支设后背、导轨与顶进设备。

(2) 将一节套管置于导轨上，用经纬仪、水准仪校正其平面与高程位置，使其满足设计要求。

(3) 派两人至管内，一人在工作面挖土，一人用小车将松土运出管外至工作坑，再用电葫芦将土运至地面上。

(4) 启动千斤顶，将套管顶进，千斤顶行程终了，复位千斤顶，加塞垫块后复顶。第一节套管顶入工作面后，使其预留 0.3m 左右的管子在导轨上，供作第二节套管顶进前稳管用，第二节套管在导轨上就位后，即可续顶。

(5) 顶进中应用水准仪监测管道是否偏离中心位置，否则，应进行纠偏后再行顶进。为防止顶进管管节错位，需在两管节之间的接口处加设内撑环，待管子全部顶进土中后拆除内撑环，换上内套管，并打塞填料予以接口。

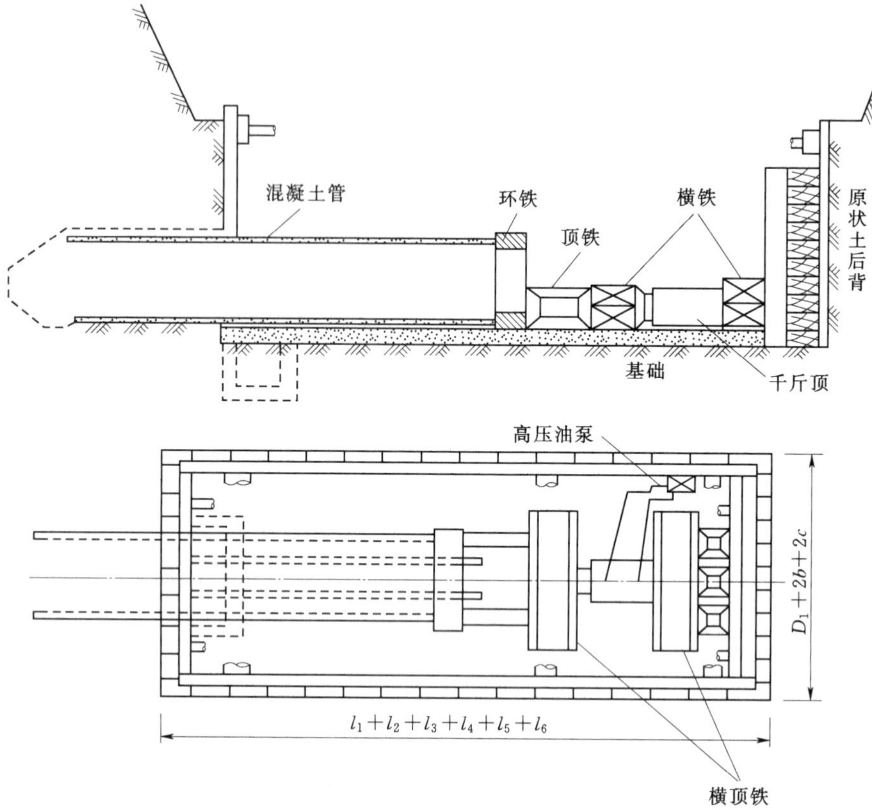

图 10－17　套管人工顶进法

(三) 水平钻孔机械顶进法

1. 使用条件

如图 10－18 所示，此法适用条件与套管人工顶进法相同。对黏性土与淤泥土，在不降低地下水条件下均可采用此法。

2. 施工方法

水平钻孔机械顶进法具有套管人工顶进法的上述优点；还减去了挖运土的操作，劳动强度低。但此法遇到地下障碍物无法排除；耗费专用机械，增加了一定的动力费用。

水平钻孔机械顶进法是利用在被顶进管道前端安装上机械钻进的挖土设备，配上皮带等运土机械，以取代人工挖土与运土。当管前土方被切削成土洞孔隙时，利用顶进设备，将连接在钻机后部的管子徐徐顶入土中。管道顶进作业之前，亦应于工作坑内按设计的中线位置及标高安置导轨，支设后背，处理基础。

(四) 水冲顶管法

1. 设备组成

水冲顶管主要设施由工作头部、高压水泵、高压进水管、排泥管、泥浆沉淀池等组成。其工作头部包括工具管、封板、中间喷射管、环向管、真空室、测杆及管路与闸门附件等，如图 10－19 所示。

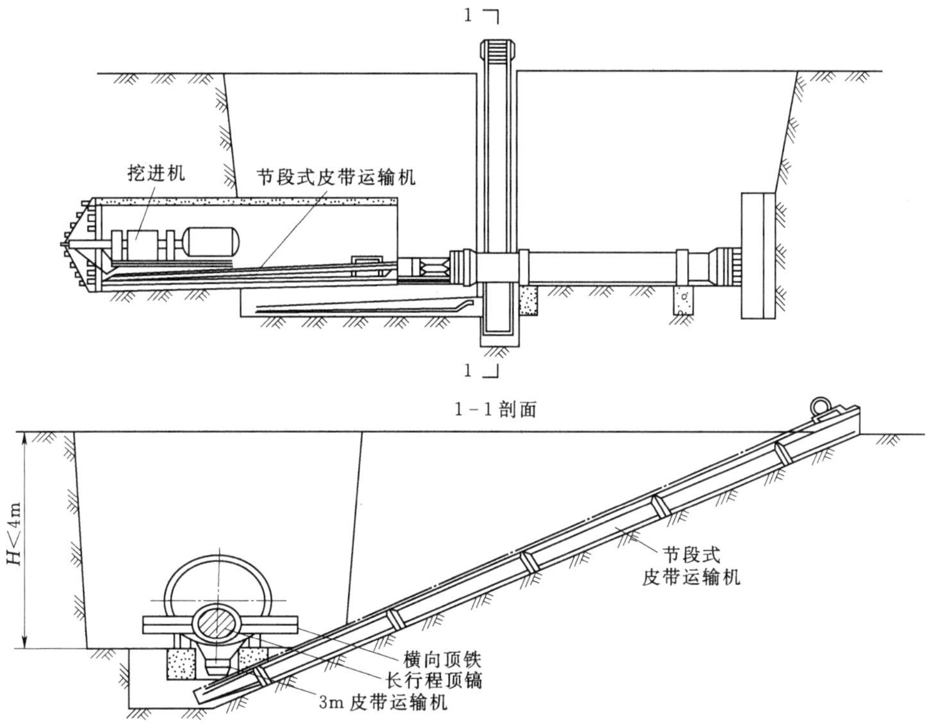

图 10－18 水平钻孔机械顶进法

2. 工作原理

以环向管喷出的高压水流，将顶入管内土壤冲散，并由中间喷射管将工作管前下方的粉碎土冲成泥浆。流至真空室回水管中的高速水流，使真空室产生负压，且泥浆自管内吸出，与高压水一并从排泥管泄出地面。启动顶进设备之后，即可将管子徐徐顶入土中。由于采用边顶进，边水冲，边排泥的操作过程，加快了顶进作业的进程。

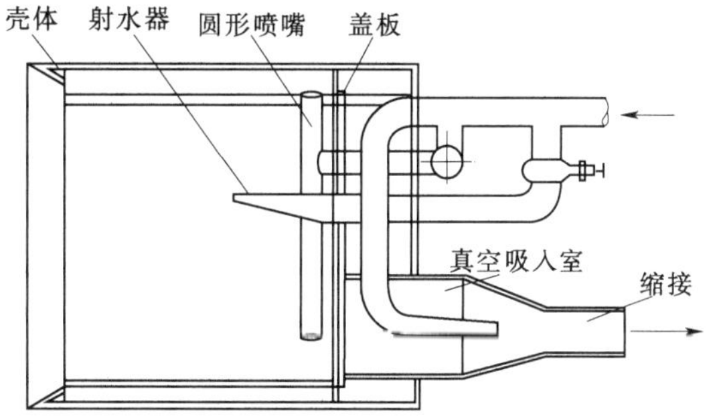

图 10－19 水冲顶管法示意图

3. 注意事项

为了防止高压水流冲出管外，使管外土层塌方，土壤冲散与粉碎作业宜在管内进行。顶入管内土壤应保持一定长度形成“土塞”，为掌握顶进情况，应随时采用测杆测量。

水冲顶管时射水水枪口距管子前端距离一般采用1～2m；在工作坑内应设集水井，以便采用泥浆泵将汇入井内的泥水混合物抽走。

4. 优缺点

此法的优点是冲土、排泥连续作业，速度高，减轻劳动强度；设备制作简单，成本较低。其缺点是顶进中不易观测，方向较难控制；泥浆处理占地面积较大。此法适用于顶管工程任务较紧，顶进质量要求不甚高，且具有泥浆处理地方的工程。

二、倒虹管施工

倒虹吸管施工设计包括以下主要内容：倒虹管施工平面布置图及沟槽开挖断面图；导流或断流工程施工图；施工机械设备数量与型号；施工场地临时供电、供水、通信等设施；沟槽开挖与回填的方法；管道的制作与组装方法；管道运输方法与浮力计算；水上运输航线的确定；管道铺设方法；安全保护措施。

倒虹管施工特点和难点：有水上和水下作业；有的采用导流或断流后再进行倒虹管施工，其管道处在地下水位以下，且在施工中要保证倒虹管自身的强度不受破坏。

水下给水管道倒虹管如图 10－20 所示。

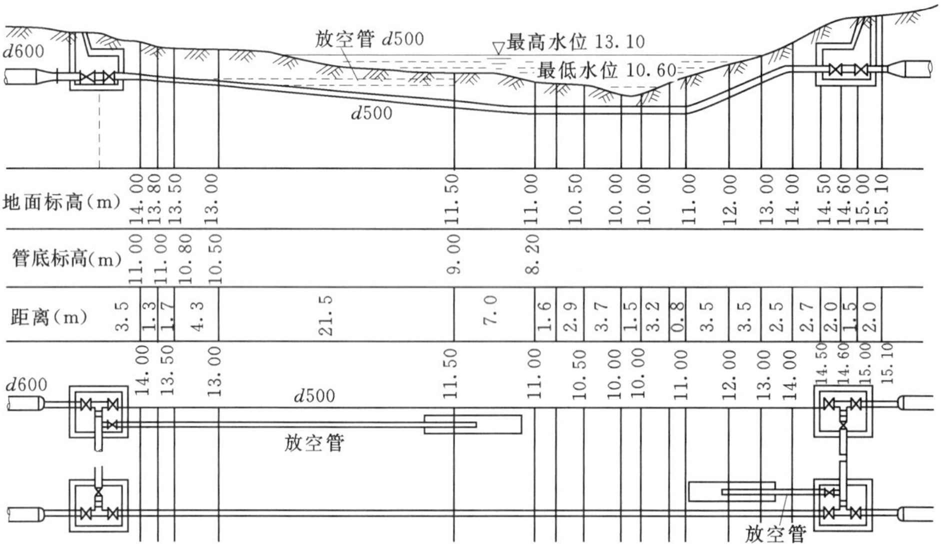

图 10－20　水下给水管道倒虹管

施工方法如下。

1. 顶管法施工

将待穿越部位的河床断面尺寸与河底工程地质、水文地质资料实地勘测准确，然后采用直接顶进法将管道自河底顶过去。顶进中，管道埋深、防腐措施均应满足顶管施工要求。在河床两岸设置的顶管工作井，可作为倒虹管运行时的检修井。倒虹管顶进施工现场布置示意图如图 10－21 所示。

2. 围堰法施工

管道埋设至河岸处，先拦截一半河宽的河流修筑围堰，再用水泵抽出堰中河水，在堰内开挖沟槽，铺筑管线，管线铺筑后，塞住管端管口，回填沟槽。再拆除第一道围堰，回填砂土，使水流在此河床上部通过。然后拦截另一半河宽的水流，建造第二道围堰，再用水泵抽去第二道围堰中的水，开挖沟槽并接管，完工后清除第二道围堰。

在小河流中，通常采用草袋黏土或草土围堰进行施工。对于水面宽且水深流急的河流，应考虑采用木板桩围堰，但仅能在河床为泥沙构成的条件下采用；若河床由岩石构成，无法打桩，则不能采用木桩围堰。

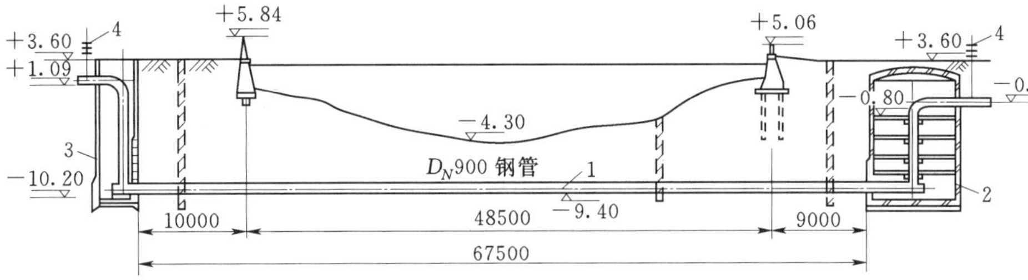

Ⅰ-Ⅰ剖面图

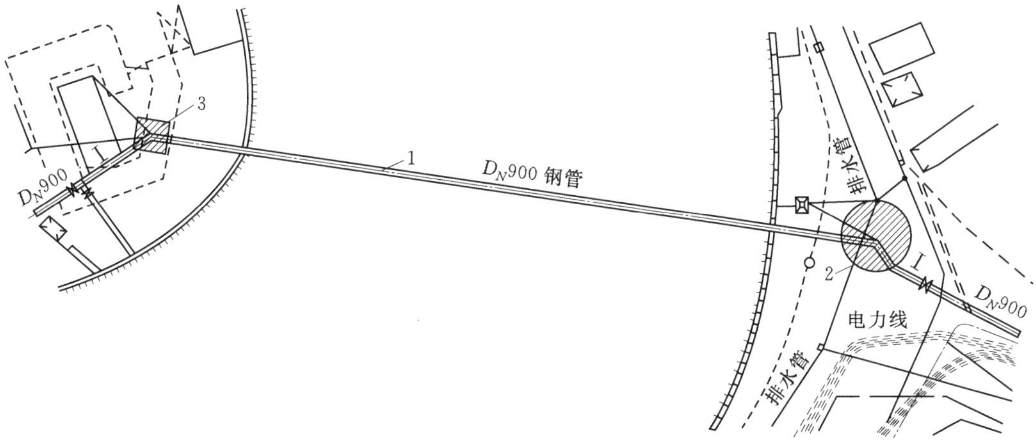

平面图

图 10-21 给水钢管倒虹管顶进施工现场布置图（尺寸单位：mm；高程单位：m）

1—D_N900 钢管；2—顶管井；3—连接井；4—排气阀

围堰施工，应估计到施工期间河水的最高水位不致淹没堰顶。修筑围堰时，迎水流方向的堰体应做得平缓些，尽量减少河水的冲刷。

在河床埋管应考虑防止冲刷的措施，当河底土质不好时，应作管基础，如图 10-22 所示。

当河底为流沙时，应于管道两侧加设固定桩，避免管道在流沙运动下发生滚动，如图 10-23 所示。

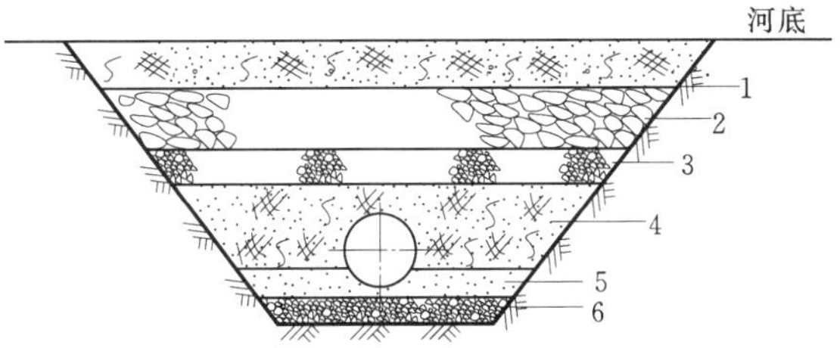

图 10-22 河床埋管时基础做法

1—回填土；2—大块石；3—小块石；4—回填土；5—砂；6—块石

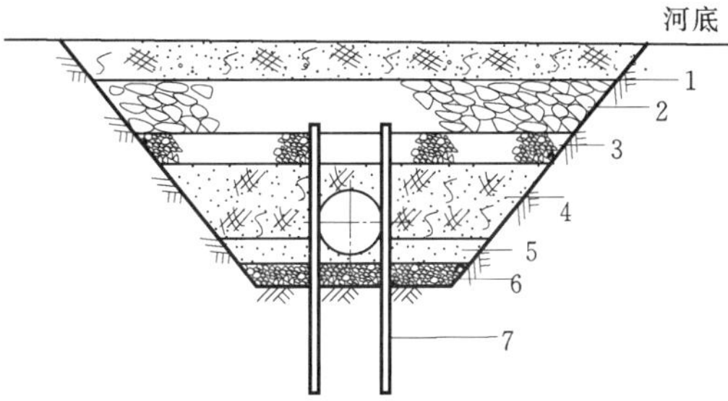

图 10-23 加设固定桩的管基础做法

1—回填土；2—大块石；3—小块石；4—回填土；5—砂；6—块石；7—固定桩

3. 浮运沉管施工

将在河岸上备好的管道采用拖船或浮筒将管道浮运到河中预定下管位置，再向管内充水沉入河底。浮沉法施工应尽量减少水下作业，通常多用钢管，以减少管道接口数量。

施工前，首先应对管子进行内壁与外壁的防腐处理。向河中下管时，于管下垫方木，且用绞车通过绳子系住管子，通过浮船牵动使管子缓缓滑向河中。

(1) 水下沟槽开挖。按照测量好的管道在河底铺筑位置，于河两岸设置岸标，以此确定沟槽开挖方向。岸标设置为两对，分别示出挖沟的两条边线，并不时采用经纬仪校测沟位。对于通航的河流，可采用挖泥机、吸泥泵开挖沟槽，挖泥船上装置抓斗挖泥机，高压水枪、螺旋输泥机及泥浆泵等不同的挖泥设施。

(2) 浮运与沉管。当河面较狭窄时，可于放管对岸使用绞车或拖拉机用钢丝绳将管子拖运至水面，安放绞车对面河岸使用绳索校正管子于河中的下管位置；当河岸无足够场地作垂直排列管子时，亦可沿河岸平行排管，采用浮筒法浮运管子。两对浮筒中间吊管，浮运时采用拖船将管子与浮筒一并浮运至下管位置，抛锚固定浮筒后下管。

管子于河岸上接口之后，在两端要安装法兰堵板，一端堵板上安装附阀门的排气管，另一端安装附阀门的进水管。沉管时可先向管内充水并予排气。管子沉下接近沟槽时，潜水员可由定位桩控制下管位置。

(3) 管道接口。管道接口一般采用伸缩法兰接口，2 号活动法兰用来挤紧麻辫或石棉绳等填料，3 号活动法兰用来连接插口管段。1 号、3 号法兰之间采用长螺栓连接起来；1 号、2 号法兰之间采用短螺栓连接。

(4) 水下回填。潜水员于水下使用水枪进行回填。为防管道损坏，管顶以上填一层土，再填一层块石予以保护，块石上再填砂土。

沉管施工应严格把好管顶回填土一关，力求恢复原河床断面要求。

三、架空管桥施工（管道架空敷设）

管道敷设于桥梁或建、构筑物上：有吊环法、托架法（包括钢托架、桥墩等）、拱管过河（图 10-24）。

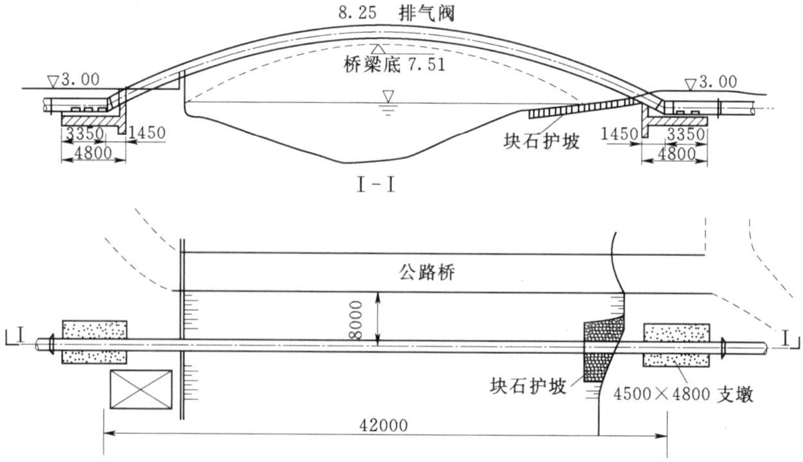

图 10-24　拱管过河（尺寸单位：mm；高程单位：m）

拱管过河是利用钢管自身作为支承结构，起到了一管两用的作用。由于拱是受力结构。钢材强度较大，加上管壁较薄，造价经济。适用于跨度较大的河流。拱管过河关键控制参数为矢高比，一般为1/6～1/8，通常采用1/8。

拱管的弯制方法有：

(1) 先弯后接法。管段为单数。弯成之后，在平地上预装合格后再焊接。焊毕应再行测量，以保证管段中心的轴线在一个平面上，不能出现扭曲现象。

(2) 先接后弯法。先将长度大于拱管总长的几根钢管焊接起来，而后在现场操作平台上采用卷扬机予以弯管。

弯制可采用冷弯、热弯。在管道焊接之后，均须进行充氧试验或油渗试验，以检查管道渗漏情况。

拱管的安装可采用立杆法、履带式吊车进行安装。

任务三 地下工程交叉施工

管道与管道之间或管道与构筑物之间应采取相互跨越交叉方式，不允许立面上重叠敷设，同时保持适宜的垂直净距及水平净距。这样不仅会给维修作业带来困难，而且极易因应力集中而发生爆管现象，以至产生灾害。

一、管道与管道交叉施工

1. 给水管道从其他管道上方跨越时

若管间垂直净距大于等于0.25m一般不予处理；否则应在管间夯填黏土，若被跨越管回填土欠密实，尚需自其管侧底部设置墩柱支承给水管。

2. 其他管道从给水管下部穿越时

若两种管道同时安装，除其他管道作局部加固于四周填砂外，两管之间的沟槽可采用三七灰土填夯。当其他管道从原建给水管道下方穿越时，若管间垂直净距小于0.25m，可于给水管管底以下包角135°范围内的全部沟槽浇筑混凝土，处理沟槽长度约为给水管管径加0.3m；如遇管间垂直净距大于0.25m时，可于给水管管底以下整个沟槽回填砂夹石或灰土，给水管道可铺筑135°混凝土或砂浆的带形管座，其沟槽长度同前。

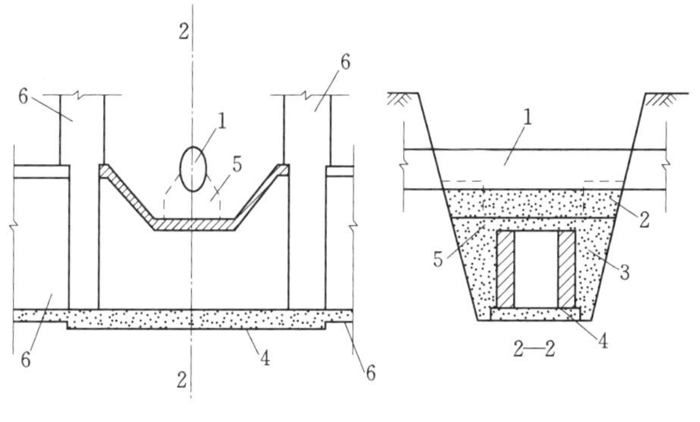

图10-25 排水管扁沟法穿越

1—给水管；2—混凝土管座；3—砂夹石；4—排水沟渠；5—黏土层；6—检查井

3. 给水管与排水干管的过水断面交叉

若管道高程一致时，在给水管道无法从排水干管跨越施工的条件下，亦可使排水干管保持管底坡度及过水断面面积不变的前提下，将圆管改为沟渠，以达到缩小高度目的。给水管设置于盖板上，管底与盖板间所留0.05m间隙中填置砂土，沟渠两侧填夯砂夹石，如图10-25所示。

二、管道与构筑物交叉施工

（一）给水管道与构筑物交叉施工

1. 地下构筑物埋深较大时

给水管道可从其上部跨越。施工时，应保证给水管底与构筑物顶之间高差不小于0.3m；且使给水管顶与地面之间的覆土深度不小于0.7m，对冰冻深度较深的地区而言，还应按冰冻深度要求确定管道最小覆土深度。此外，在给水管道最高处应安装排气阀并砌筑排气阀井，如图10-26所示。

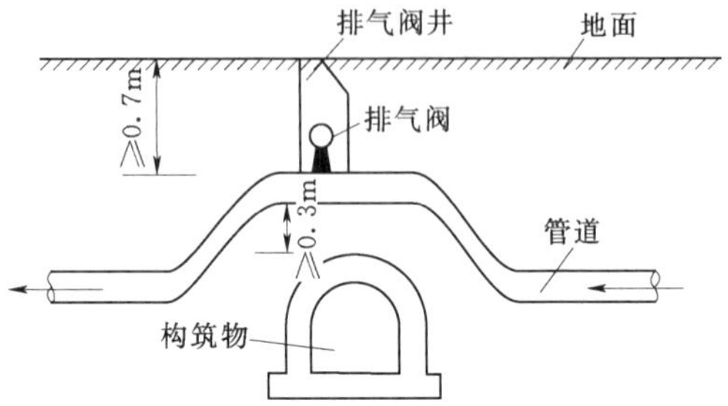

图10-26 给水管道从上部跨越构筑物

2. 地下构筑物埋深较浅时

给水管道上跨构筑物不能满足覆土要求时，给水管道可以从构筑物下部穿越，施工时要求构筑物基础下面的给水管道应增设套管。当构筑物后施工时，须先将给水管及套管安装就绪之后再修筑构筑物。

（二）排水管道与构筑物交叉施工

排水管道为重力流，其与构筑物交叉时，仅能采用倒虹管自构筑物底部穿越，如图10-27所示。施工时，要求穿越部分管道增设套管，倒虹管上下游分别砌筑进水室与出水室。

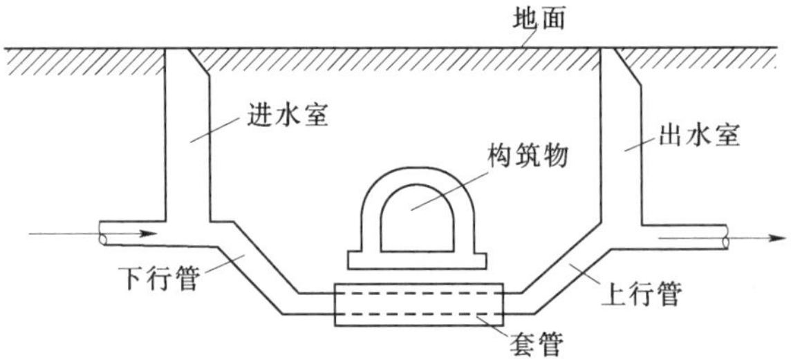

图10-27 排水管道倒虹管穿越构筑物

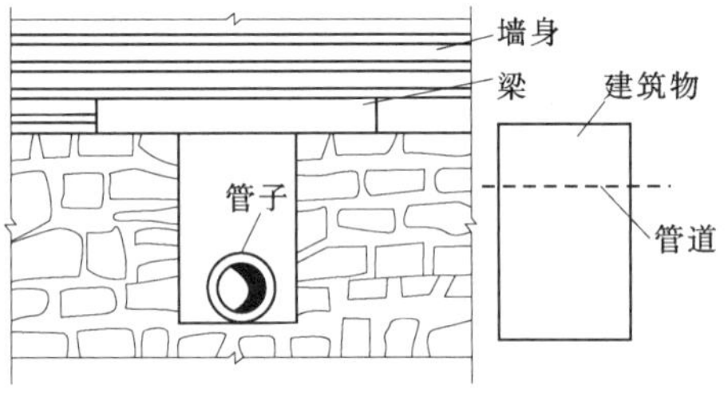

图10-28 与管道垂直的基础处理方法

（三）建筑物建在管道上施工

管道被压在建筑物下，原则上是不允许的。当建筑物实在无法避开地下管道时，则应当保证在地上建筑物一旦发生下沉时，管道不致受到影响，而且应创造管道维修的方便条件。当建筑物基础尚未建在地下管道上时，可采用如图10-28所示的管道垂直基础处理，于两外墙处设置基础梁，且在建筑物内修建过人管沟，便于维修管道。

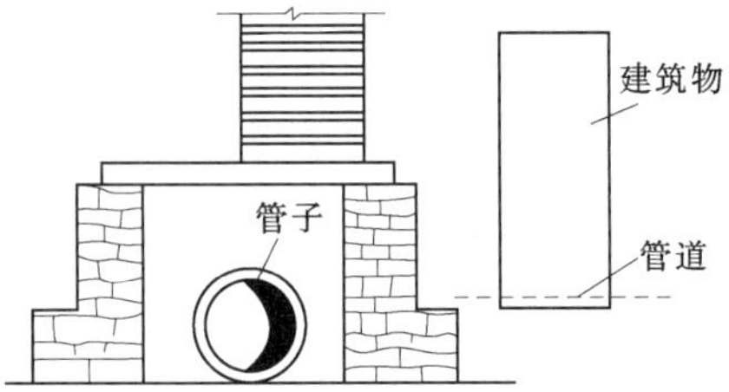

图10-29 与管道平行的基础处理方法

当建筑物基础建在管道上时，可采用如图10-29所示的管道在基础下与基础平行的处理方法作特殊的基础处理。

以上两种条件下施工，管道的管材应采用钢管或铸铁管（铅接口）。

任务四 阀门及仪表的安装

一、阀门的安装

阀门的连接方式有法兰连接和螺纹连接，与管道连接类似。

阀门的安装要求阀门在安装前因存放时间长、运输过程中有损坏或无合格证时，应在安装前重新作强度和严密性试验。阀门试验持续时间见表 10－1，阀门试验台如图 10－30 所示。

表 10－1 阀门试验持续时间

公称直径/mm	最短试验持续时间/s		
	严密性试验		强度试验
	金属密封	非金属密封	
≤50	15	15	15
65～200	30	15	60
250～450	60	30	180

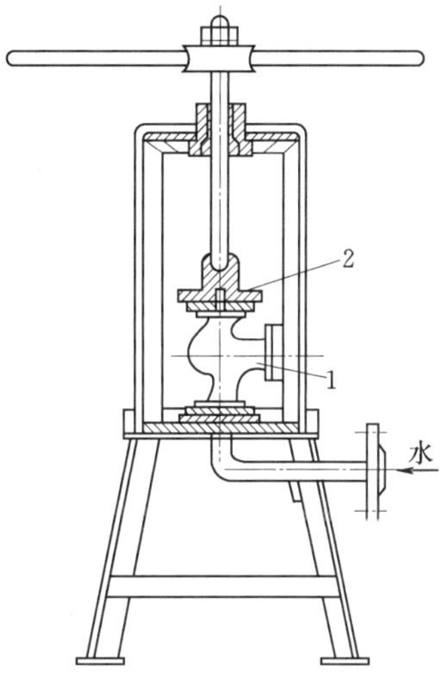

图 10－30 阀门试验台
1—阀门；2—放气孔

阀门安装有如下要求：

（1）对截止阀、止回阀、吸水底阀、减压阀、疏水阀等阀门，安装时必须使水流方向与阀门标注方向一致；水平安装与垂直安装不能混淆。

（2）法兰与阀门对正并平行。特别是蝶阀，应防止阀门受力不均和受力过猛而损坏；应尽量避免操作手轮位于阀体下方。

（3）安全阀安装在管道或设备留出的管头上，出口不能有任何障碍物。安装连接完毕后，要用压力表参照设计压力以定压。

（4）减压阀安装及运行时不得有任何杂质掉入阀内，以防阻塞造成减压阀失灵。

（5）排气阀安装时应伴装一个隔离用阀门，一定要安装在管道的顶部，以保证正常使用。

（6）疏水阀安装在蒸汽管路中较低的位置，并且整个装置不应高于蒸汽管。

（7）便于检修。螺纹连接安装的阀门应伴装一个活接头；法兰连接、对夹连接等安装的阀门宜伴装一个伸缩接头，以利于阀门的拆、装。阀门安装位置应符合设计要求。

二、仪表的安装

1. 水表及流量计

安装水表时应注意水表上箭头所示方向，应与水流方向相同。一般应水平安装；当允许垂直安装时，水流方向必须由下而上（否则水表会在静压太大时，自动冲开运转）。安装水表及流量计时，应保证前、后有一定长度的直管段。

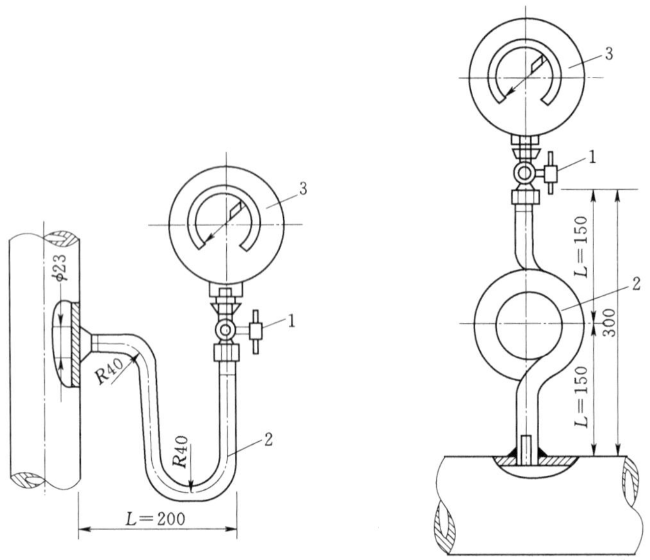

图 10-31　压力表安装

1—三通旋塞；2—表弯；3—压力表

2. 压力表

应考虑表弯（存水弯），防止传动机构损坏及误差的产生，如图 10-31 所示。应按设计的压力等级及精度进行安装。

3. 温度计

安装时应保证温度计的敏感元件处于被测介质的管道中心线上，并应迎着或垂直流束方向；保证温度计在温度范围内使用。如图 10-32 所示。

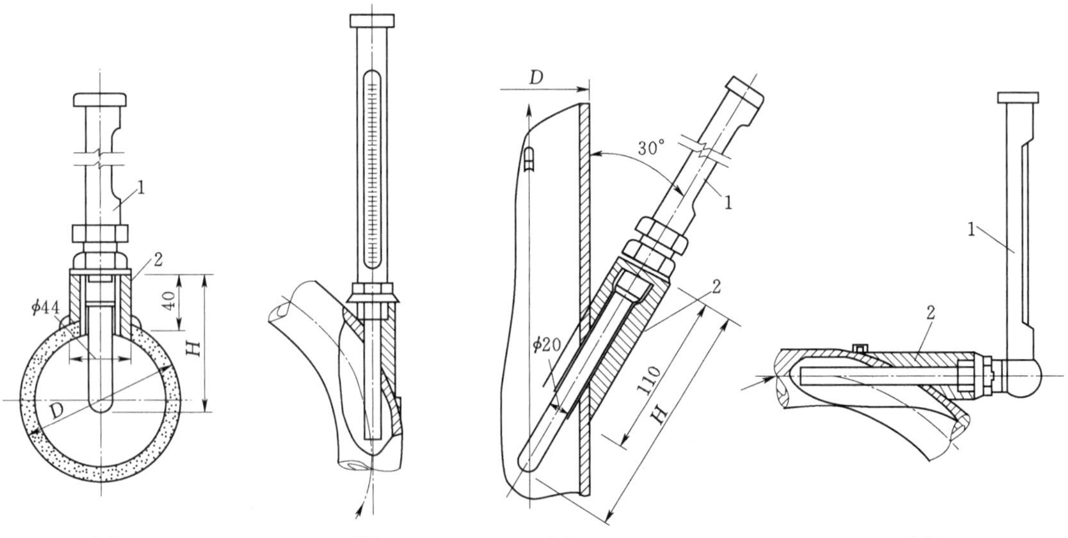

图 10-32　温度计安装

（a）水平管上安装；（b）垂直弯管处安装；（c）立管上安装；（d）水平弯管处安装

1—温度计；2—套管

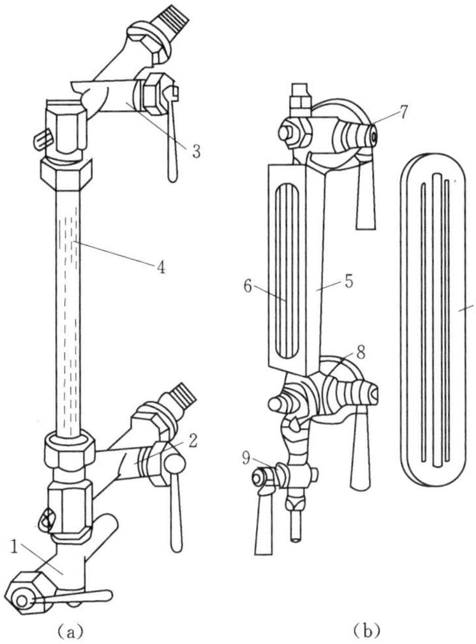

图 10－33　液位计安装

(a) 玻璃管水位计；(b) 玻璃板水位计

1—放水旋塞；2—水旋塞；3、7—汽旋塞；4—玻璃管；5—金属框；

6—玻璃板；8—水旋塞；9—放水旋塞

4. 液位计

液位计常安装在敞口或密闭容器上，显示容器内的液位。如图 10－33 所示。安装时应保证液位高、低的设置正确。液位计的上、下固定点应比最高水位高 25～50mm，比最低水位低 25～50mm。

任务五　水泵的安装

水泵的安装流程为：基础施工、安装前准备、设备安装、动力安装、试运转。轴流泵结构如图 10－34 所示，立式轴流泵的安装如图 10－35 所示。

一、基础施工

按混凝土施工要求，保证平面及高程上的尺寸大小、位置正确（用经纬仪测量）；按设计要求留地脚螺栓孔。

二、安装前的准备

(1) 检查设备的名称、型号、规格是否符合设计要求。

(2) 检查验收基础的尺寸大小、位置。

(3) 检查连接管路的管径、长度、数量、安装位置。

(4) 检查起吊设备的起重量、起重半径、起升高度、名称、型号、规格是否满足设计要求等。

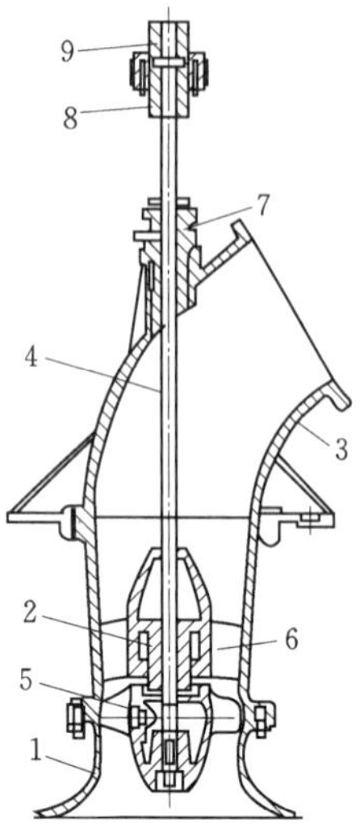

图 10－34　轴流泵

1—吸水喇叭管；2—导叶座；3—出水弯管；4—泵轴；5—叶轮；6—导叶；7—填料盒；8—泵联轴器；9—电机联轴器

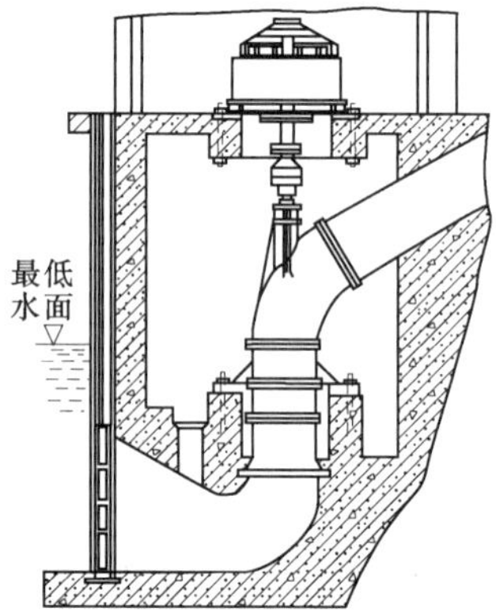

图 10－35　立式轴流泵的安装

三、设备安装

1. 底座安装

底座安装主要有下列工序：

（1）安装前用经纬仪或拉线定出水泵进口和出口的中心线、水泵轴线位置及高程。

（2）按基础尺寸放好开挖线，开挖深度应保证基础面比水泵房地面高 100～150mm，基础底有厚 100～150mm 的碎石或砂垫层。

（3）按 98S 102《卧式水泵隔振基础及其安装》、CECS 59《水泵隔振技术规程》选择合适的隔振材料或器材。

（4）浇基础混凝土，基础平面尺寸在水泵底座四边各加 100mm，利用垫铁使基础的位置及尺寸符合要求。

（5）泵底座和基础面上画线。

（6）底座就位，紧地脚螺栓和螺母，使底座中心线与基础中心线一致。

2. 设备及管道安装

利用起吊设备使设备就位；在水泵进出口管道和附件的安装时，使设备的进出口中心线符合要求；吸水管应采用管顶平接，水泵吸水管安装如图 10－36 所示；在压水管道的转弯与分支处应采用支墩或管架固定，以承受管道上的内压力所造成的推力；装橡胶可挠接头；装压力表、止回阀等。

四、动力安装

采用联轴器直接传动时应保证泵联轴器与电机联轴器同心，间隙满足要求。皮带间接传动时应保证皮带的松紧度合适。

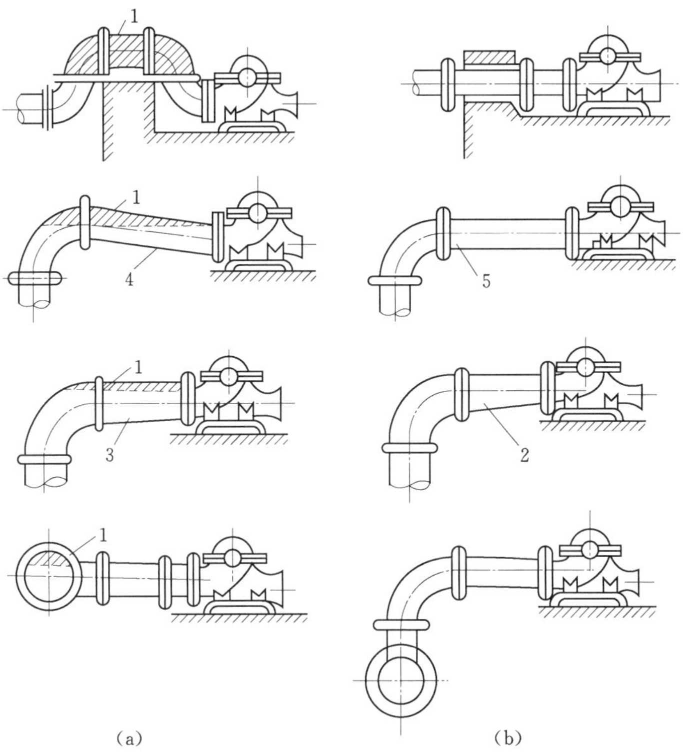

图 10-36　水泵吸水管安装
(a) 正确；(b) 不正确
1—空气团；2—偏心渐缩管；3—同心渐缩管；4—向水泵下降；5—向水泵上升

五、水泵运行调试

在水泵机组安装完毕后，在运行前应检查所有与水泵运行有关的仪表、开关，应保证完好、灵活；检查原动机的转向应符合水泵的转向要求；各紧固连接部位不应松动，按照水泵机组的设备技术文件要求，对润滑部位进行润滑。水泵机组的安全保护装置应灵敏、可靠。盘车应灵活正常。在水泵启动前进水阀门应全开。

按设计方式进行水泵机组的启动，待压力上升后开启出水阀门，同时观察机组的电流、真空、压力、噪声等情况。若不能启动，则应从电气设备、水泵、吸水管路、引水系统等方面逐个查找排除故障。机组启动时，周围不要站人。运行现场最好设有急停开关，以作应急之用。

水泵机组在设计负荷下连续试运转不应少于 2h。在此期间，附属系统运行应正常，真空、压力、流量、强度、电机电流、功率消耗、电机温度等要求应符合设备技术文件要求。

运转中不应有不正常声音。无较大振动，各连接部分不得松动或泄漏；泵的安装保护装置应灵敏、可靠。除此之外，还应符合设备技术文件及有关规范的规定。

试运转结束后，关闭泵的进、出口阀门和附属系统的阀门。离心泵停泵前应先将压水管阀门关闭，然后停泵；按要求放净泵内积存的介质，防止泵锈蚀、冻裂、堵塞。若长时间停泵放置，还应采取必要的措施，防止设备被沾污、锈蚀和损坏。

任务六　电气设备安装

一、开关柜及配电柜（箱）安装

柜（箱）的接线应正确、连接紧密、排列整齐、绑扎紧固、标志清晰。柜（箱）的金属框架及基础型钢应接地（PE）或接零（PEN）可靠；装有电器的可开启门和框架间应用裸编织铜线连接，且应有标识。

开关柜及配电柜（箱）应有可靠的电击保护装置。柜（箱）间线路的线间和线对地间绝缘电阻值，馈电线路应大于0.5MΩ，二次回路应大于1MΩ。柜（箱）间的二次回路应进行交流工频耐压试验。当绝缘电阻值大于10MΩ时，用2500V兆欧表遥测1min，应无闪络击穿现象；当绝缘电阻值在1～10MΩ时，做1000V交流工频耐压试验1min，应无闪络击穿现象。

照明配电箱（盘）安装应符合下列规定：箱（盘）内配线应整齐、无铰接现象；导线连接应紧密、不伤芯线、不断股；垫圈下螺丝两侧压的导线截面面积应相等，同一端子上导线连接应不多于2根，防松垫圈等零件应齐全。箱（盘）内开关动作应灵活、可靠，带有漏电保护的回路，其漏电保护装置动作电流应不大于30mA，动作时间应不大于0.1s。箱（盘）内应分别设置零线（N）和保护地线（PE线）汇流排，零线和保护地线应经汇流排配出。

柜、箱、盘应符合下列规定：控制开关及保护装置的规格、型号应符合设计要求；保护装置动作应准确、可靠；主开关的辅助开关切换动作应与主开关动作一致；柜、箱、盘上的标识器件应标明被控设备编号、名称和操作位置，接线端子的编号应清晰、工整、不易脱色；回路中的电子元件不应参加交流工频耐压试验，48V及以下回路可不作交流工频耐压试验。

二、电力变压器安装

电力变压器应按GB 50150《电气装置安装工程电气设备交接试验标准》规定进行交接试验。其安装应符合国家相关标准的规定，并通过电力部门检查认定。变压器不应有渗油现象；绝缘油应符合要求，油位指示应正确。接地装置引出的接地干线应与变压器的低压侧中性点直接连接。

三、电缆与管线安装

电缆敷设前应检查电缆的型号、规格与编号等；电缆外表应无破损、无机械损伤、排列整齐，标志牌的安装应齐全、准确、清晰。电缆的固定、弯曲半径与间距等应符合设计要求。

金属的异管和线槽、桥架、托盘与电缆支架应接地（PE）或接零（PEN）可靠。当设计无要求时，金属桥架或线槽全长不应少于2处与接地（PE）或接零（PEN）干线连接。电缆支架、支撑、桥架、托盘的固定应牢固可靠。

汇线槽应平整、光洁、无毛刺，尺寸准确，焊接牢固。电缆保护管不应有变形及裂缝，内部应清洁、无毛刺，管口应光滑、无锐边，保护管弯曲处不应有凹陷、裂缝和明显的弯扁。

当电缆进出构筑物、建筑物、沟槽及穿越道路时，应加套管保护。电缆管线与其他管线的间距应符合设计要求。电缆沟内应无杂物，盖板应齐全、稳固、平整，并应满足设计要求。

四、接地与防雷装置

设置人工接地装置或利用水工构筑物、建筑物基础钢筋作为接地装置，其接地电阻值应符合设计要求，接地应良好。接地装置应在地面以上，按设计位置设置测试点。除埋设在混凝土中外，焊接接头均应采取防腐措施。

建筑物顶部的避雷针、避雷带等应与顶部外露的其他金属物体连成一个整体的电气通路，且与避雷引下线连接可靠，并应符合 GB 50057《建筑物防雷设计规范》的规定。避雷针、避雷带的位置应正确，焊缝应饱满无遗漏，焊接部分补刷的防腐油漆应完整。

单元四

农村饮水安全工程运行管理与维护

水是生命之源，发展农村供水、保障饮水安全是农村居民生存的基本需求，是贯彻落实“以人为本”、“构建和谐社会”的必然要求，也是全面建设农村小康社会和社会主义新农村的重要任务之一，对改善居民生活环境、提高卫生健康水平、解放农村劳动生产力、促进农村社会经济发展具有重要的意义。农村饮水安全工程任务完成后，政府职能部门能否管理好工程，使农民群众长期得到实惠，才是保障饮水安全最终的目的。工程建设是短期的，而工程管理是长期的，各个部门要立足自身工作职责，密切配合、互相协助，才能实现农村饮水安全工程的良性运行。

项目十一　水源及取水构筑物的管理与维护

村镇供水工程水源分为地下水和地表水两大类。地下水源有潜水、承压水、泉水等；地表水源有江河水、湖泊水、水库水等。

取水构筑物随水源的不同而有多种形式。常见的地下水取水构筑物有管井、大口井、辐射井、渗渠、泉室等。地表水取水构筑物则分为固定式和移动式两种，固定式中有岸边式、斗槽式、底栏栅式、低坝式、库坝式等；移动式有缆车式、浮船式等。

搞好水源及取水工程构筑物的管理与维护，对于保障村镇供水设施的正常生产、保证供水质量、降低制水成本至关重要。

任务一　水源管理与保护

一、饮用水水源保护区划分

饮用水地表水源保护区包括一定的水域和陆域，其范围应按照不同水域特点进行水质定量预测并考虑当地具体条件加以确定，保证在规划设计的水文条件和污染负荷下，供应规划水量时，保护区的水质能满足相应的标准。

饮用水地下水源保护区应根据饮用水水源地所处的地理位置、水文地质条件、供水的数量、开采方式和污染源的分布划定。

饮用水水源保护区由地方环境部门会同水利、地质矿产、卫生、建设等有关部门共同划定，报经县级以上人民政府批准。跨省、市、县的饮用水水源保护区，其位置划定和管理办法，由保护区范围内的各级人民政府共同商定并报经上一级人民政府批准。

村镇供水工程要建立水源卫生防护区，供水管理单位要对水源和水厂卫生防护区的具体范围、要求、措施等提出具体意见，在取得当地卫生行政主管部门和供水行政主管部门同意后报请当地人民政府批准公布。同时，供水单位在具体工作中，要主动取得当地卫生、公安、水上交通、环保、农业与规划、建设部门的协助和支持。地方人民政府应当在饮用水水源保护区的边界设立明确的地理界标和明显的警示标志。村镇供水水源卫生防护区建立后，供水单位应经常进行巡视检查，采取专门人员和群众联防的办法，确保供水水源卫生安全。

二、水源保护

水源的水质关系到人民群众的身体健康和村镇供水工程的良性运转，因此加强饮用水水源保护，设置防护地带对涵养水源和保障水源水质至关重要。地表水源和地下水水源的保护必须按照相关的法律法规要求执行。

（一）水源保护分级

1. 地表水源保护区分级

饮用地表水源保护区一般设三级，即一级保护区、二级保护区和水源涵养区（准保护区）。特殊情况下可以只设一级保护区。

一级保护区指从取水点起计算，上游 1000m 至下游 100m 的水域及其两侧河岸外延 100m 的路域。一级保护区的水质标准不得低于 GB 3838 Ⅱ类标准，并须符合 GB 5749 的要求。

二级保护区指从一级保护区上界起上溯 2000m 的水域，及其两侧河岸外延 200m 的区域。二级保护区的水质标准不得低于国家规定的 GB 3838 Ⅲ类标准，应保证一级保护区的水质能满足规定的标准。

根据需要可在饮用水地表水源二级保护区划定一定的水域及陆域作为饮用水地表水源准保护区。准保护区为从二级保护区上界起上溯 3000m 的水域，及其两侧河岸外延 300m 的路域。准保护区的水质标准应保证二级保护区的水质能满足规定的标准。

2. 地下水源保护区分级

饮用地下水源保护区一般设三级，即一级保护区、二级保护区和污染监控区。特殊情况下可以只设一级保护区。

饮用水地下水源一级保护区位于开采井的周围，以取水井为中心，半径 55m 的圆形区域，其作用是保证集水有一定滞后时间，防止一般病原菌的污染。直接影响开采井水质的补给区地段，必要时也可划为一级保护区。二级保护区位于一级保护区外，以取水井为中心，半径 55m 至二倍影响半径的圆环形区域，其作用是保证集水有足够的滞后时间，防止病原菌以外的其他污染。准保护区位于二级保护区外的主要补给区，可视情况确定，主要是保护水源地补给水源的水量和水质。

（二）饮用水源保护区的保护

1. 地表水源各级保护

一级保护区内禁止新建、扩建与供水设施和保护水源无关的建设项目；禁止向水域排放污水，已设置的排污口必须拆除；不得设置与供水需要无关的码头，禁止停靠船舶；禁止堆置和存放工业废渣、城市垃圾、粪便和其他废弃物；禁止设置油库；禁止从事种植、放养禽畜，严格控制网箱养殖活动；禁止可能污染水源的旅游活动和其他活动。

二级保护区内不准新建、扩建向水体排放污染物的建设项目。改建项目必须削减污染物排放量；原有排污口必须削减污水排放量，保证保护区内水质满足规定的水质标准；禁止设立装卸垃圾、粪便、油类和有毒物品的码头。

准保护区内直接或间接向水域排放废水，必须符合国家及地方规定的废水排放标准。当排放总量不能保证保护区内水质满足规定的标准时，必须削减排污负荷。

水厂生产区范围应明确划定并设立明显标志，在生产区外围不小于 10m 的范围内，不得设置生活居住区和修建禽畜饲养场、渗水厕所、渗水坑；不得堆放垃圾、粪便、废渣或铺设污水渠道；应保护良好的卫生状况和绿化。单独设立的泵站、沉淀池和清水池的外围不小于 10m 的区域内，其卫生要求与水厂生产区相同。

2. 地下水源各级保护

一级保护区内禁止建设与取水设施无关的建筑物；禁止从事农牧业活动；禁止倾倒、堆放工业废渣及城市垃圾、粪便和其他有害废弃物；禁止输送污水的渠道、管道及输油管道通过本区；禁止建设油库；禁止建立墓地。

二级保护区内对于潜水含水层地下水水源地，禁止建设化工、电镀、皮革、造纸、制浆、冶炼、放射性、印染、染料、炼焦、炼油及其他有严重污染的企业，已建成的要限期治理，转产或搬迁；禁止设置城市垃圾、粪便和易溶、有毒有害废弃物堆放场和转运站，已有的上述场站要限期搬迁；禁止利用未经净化的污水灌溉农田，已有的污灌农田要限期改用清水灌溉；化工原料、矿物油类及有毒有害矿产品的堆放场所必须有防雨、防渗措施。对于承压含水层地下水水源地，禁止承压水和潜水的混合开采，作好潜水的止水措施。

准保护区内禁止建设城市垃圾、粪便和易溶、有毒有害废弃物的堆放场站，因特殊需要设立转运站的，必须经有关部门批准，并采取防渗漏措施；当补给源为地表水体时，该地表水体水质不应低于地面水环境质量标准Ⅲ类标准；不得使用不符合农田灌溉水质标准的污水进行灌溉，合理使用化肥；保护水源林，禁止毁林开荒，禁止非更新砍伐水源林。

（三）村镇供水工程水污染防治

开展湖库流域范围内综合治理。要以小流域为单元，强化水源地、涵养区等自然生态系统的保护与建设，构筑“生态修复、生态治理、生态保护”三道防线，实施水源区污水、垃圾、厕所、环境、河道五项同步治理，采取多种措施建设生态清洁小流域。

实施水源生态修复与建设。要加大作为饮用水水源地的湖泊、水库区域退耕还湖、退耕还林的实施力度，对侵占湖库滩地进行农耕开发的行为一律予以制止，在农田和水体之间建立合理的草地或林地过滤地带，在湖库周边建设生态屏障、涵养水源；利用湖库周边自然滩地和湿地，种植芦苇、香蒲、荻等水生植物，为水生和两栖生物提供栖息地；在湖库内布设生态浮床、放置生物净化装置、除藻曝气装置等，促进水体生态健康，改善水体水质状况。

发展生态农业。要调整种植结构和生产方式，以发展生态农业为目标，大力推行有机食品、绿色食品和无公害农产品生产；加强农业耕作的科学管理，引导农民科学施肥施药，禁止使用高毒、高残留化学农药，推广生物制剂，推广病虫害生物防治技术。

村镇供水工程要建立水源卫生防护区，供水管理单位要对水源和水厂卫生防护区的具体范围、要求、措施等提出具体意见，在取得当地卫生行政主管部门和供水行政主管部门同意后报请当地人民政府批准公布。

农村饮用水水源地要按照批准的环境保护区划对饮用水水源地二级保护区（陆域）进行定桩立界，桩立面分别标注农村饮用水源地、某某人民政府字样，间距30～50m；在一级保护区取水口树立饮用水水源地宣传警示标志牌。村镇供水水源卫生防护区建立后，供水单位应经常进行巡视检查，采取专门人员和群众联防的办法，确保供水水源卫生安全。

水厂生产区范围应明确划定并设立明显标志，在生产区外围不小于10m的范围内，不得设置生活居住区和修建禽畜饲养场、渗水厕所、渗水坑；不得堆放垃圾、粪便、废渣或铺设污水渠道；应保护良好的卫生状况和绿化。

三、水源的水质管理

建设村镇供水工程的主要目的，在于供给水质良好、水量充足的生活饮用水，以保证广大农民的身体健康，预防水疥疾病的发生和流行。地下水源的水质管理原则上和地表水源相同。

1. 地表水水质管理主要工作内容

（1）认真分析和记录取水口附近河水的浊度，pH值及水的温度、每日一次，在水质变化频繁的季节要适当增加分析次数和内容。

（2）每月或每季对取水口附近河水的水质进行一次常规分析。分析项目有色度、浊度、臭和味、肉眼可见物、pH值、总碱度、氨氮、亚硝酸氮、硬度、溶解氧、耗氧量、细菌总数、大肠菌值及选择对本水源有代表性的几个重要理化指标。以水库和湖泊为水源的还要增加氮、磷含量的检测。

（3）每季或每半年对取水口附近河水按GB 5749规定的所有项目进行一次全面分析。

（4）水库与湖泊水源每3个月还要对不同深度的水温、浊度进行一次检测，并要掌握藻类与浮游生物含量。在水质变化频繁季节，还要增加检测次数。

（5）定期、定点对水源附近包括上游的地表水进行水质调查、检测和分析。发现水体发生污染，应立即向有关部门汇报，并协助查清污染来源、污染途径和有害物质成分，采取有效措施，保证供水安全。

2. 水质管理的职责分工

（1）每日的浑浊度、pH值及水的温度可由进水泵房或净化操作工作人员进行测定。

（2）常规分析、全分析与其他检测都应由厂化验室负责，没有化验室的由厂部责成管理人员委托卫生部门或其他有条件的水厂或水质检测中心进行。

（3）所有分析资料都要指定专人进行分析、整理。发现异常情况，要立即分析研究，查找原因、寻求对策。每年还要写出源水水质分析方面总结材料，所有资料都要存档管理。

四、水源的水量管理

1. 江河水的水量管理

（1）每日一次记录取水口附近的流量、水位、水温、浑浊度以及水源附近发生的施工作业情况与异常情况等，在洪水期间适当增加观察次数。

（2）记录当天取水量和总取水量。

（3）收听当地气象预报，记录当天气温、气候和降雨情况。

（4）防汛期间及时了解上游水文变化和洪水情况。

2. 湖库水的水量管理

（1）及时了解历年水库的入库水量、水位、取水量、放水量和库存量。

（2）了解库区范围内的气象变化，中长期天气通报和上游的洪水情况。

（3）定时观察水库不同深度的水温变化，注意水的色度与水生物的变化。

3. 地下水的水量管理

（1）每天记录出水量和井内水位变化。

（2）经常了解和观察周围地区其他取水井的水位变化。

（3）了解在靠近河水附近开采地下水河水流量与水位变化对地下水的影响。

任务二　取水构筑物的管理

一、地表水取水构筑物的管理

1. 取水低坝

村镇供水中的山区溪沟做水源时，常用低坝取水方式，以提高取水水位和拦截足够的水量。低坝取水枢纽由拦河低坝、进水渠闸、冲沙闸、底栏栅、沉沙池或取水泵站等组成。

取水低坝管理应每日检查进水格栅或底栏栅的砂石淤积情况，及时进行清理。每日检查冲沙闸孔泥沙淤积情况，经常开闸冲淤。应定期检查沉沙池淤积情况，在汛期要每天检查，及时进行排泥。要检查坝基渗漏情况，发现渗漏采取打板桩、砌筑齿墙或灌浆等措施防渗。

2. 取水头部

取水头部是保证安全供水的重要组成部分。取水口要做到“五无三有”，即无任何排污口、无固定停泊船只、河道两侧无垃圾、水面无漂浮物、无畜禽水产养殖；有保护区长效管理制度、有专业管理人员、有保护标志牌。

取水头部的主要问题是进水孔眼极易被堵塞，危及安全运行，甚至无法取水。取水头部的防草一般是在取水头部附近的河面上设置防草浮堰和在进水孔处安装格栅。村镇供水工程的水厂取水头部可采用人工清理的方法，清理时要注意安全。

取水头部的防草要建立巡回检查制度，一般每天检查一次。在汛期，由于草木杂物比较多，还要增加检查次数，发现有堵塞现象要及时采取措施，以免延误。

岸边式泵站、河床式泵站的取水口在运行应符合下列规定：

(1) 取水口上游至下游适当地段应装设明显的标志牌，在有船只来往的河道，还应在取水口上装设信号灯。

(2) 取水口应设有格栅，并应有专人定时检查，有杂物时应及时清除处理。

(3) 藻类、杂草较多的河、湖，应保证格栅前后的水位差不超过 0.3m。

(4) 应 4～8h 巡视一次取水口。对水库等的巡视宜至少每 8h 一次，汛期应加强。

3. 进水管

由于进水管内经常保持一定的流速，一般不会产生淤积。但管中流量达不到设计流量时，管道内流速较小，可能发生淤积现象，有时漂浮物可能堵塞取水头部。一般根据集水井内水位的变化，可判断进水管工作的好坏。如水泵出水正常，当集水井与河流的水位差较平时增大时，说明取水口和进水管发生局部堵塞，应该进行清淤冲洗。

冲洗进水管通常采用顺冲和反冲两种方法。

顺冲法有两种：一种是将一部分供水设备的进水管关闭，使全部水流通过一条进水管，以加大该管的流速来实现冲洗。另一种是河流高水位时，先关闭进水管路上的阀门，从该格集水井抽水至最低水位，然后迅速开启进水管阀门，利用河流与集水并的水位差来冲洗进水管。这种方法比较简单，不必另设冲洗管道，但附着在管壁上的泥沙难于冲洗掉，故冲洗效果较差。

反冲法亦有两种：一种是河流的低水位时，先关闭进水管末端阀门，将该格集水井充水至最低水位，然后速开阀门，利用集水井与河流的水位差来进行反冲洗。另一种方法是将水泵的压力管与进水管连接，利用水泵的压力进行反冲洗。反冲洗易于冲下附在管壁上的泥沙，效果较好，但管路较复杂。

4. 闸门

要做好启闭前的检查。启闭前要检查闸门的开启度是否在原来记录的位置上，检查周围有无漂浮物卡阻，门体有无歪斜、门槽是否堵塞，如有问题应处理好之后，再进行操作。

操作时要用力均匀，慢开、慢闭。当开启度接近最大开度或关闭闸门接近闸门底时应注意指示标志，掌握力度，防止产生撞击底坎现象。

闸门的操作要有严格的启、闭制度。进水孔、引水管上的闸门，不能随便启闭。操作人员必须在得到有权决定闸门启闭人员的指示后方可启闭。操作后应认真将操作人员、启闭依据、时间、开（闭）度详细记录在值班日记上。

5. 堤防、坝体的防汛

汛前要全面细致检查。要对取水头部、引水管、闸门、渠道、堤防、坝体以及河道阻水障碍物等所有工作设施作一次全面细致检查，发现存在问题应及时消除。

汛期特别是水情达到警戒水位时要组织巡查。要建立巡查、联络及报警制度。巡查要周密细致，在雨夜和风浪大时要加强对堤面、堤坡、坝体出现的裂缝、漏水、涌水现象的观察。

防漫顶措施：当水位越过警戒水位，堤防有可能出现漫顶前要抓紧修筑子堤。草袋装土七成左右，将袋口缝合铺于子堤的迎水面。铺筑时，袋口应向背水侧互相搭接、用脚踩实，要求上下层缝必须错开，待铺叠至可能出现的水面所要求的高度后，再在土袋背水面填土夯实。填土的背水坡度不得陡于1∶1。

防风浪冲击用草袋或麻袋装上土（或砂）七成左右，放置在波浪上下流动的位置。袋口用绳缝合并互相叠压成鱼鳞状。也可采用挂树防浪，挂树防浪是将砍下的树叶繁茂的灌木树梢向下放入水中，并用块石或砂袋压住，其树干用铅丝或竹签连接在堤顶的桩上。木桩直径0.1～0.15m，长1.0～1.5m，布置成单桩、双桩或梅花桩。

漏洞处理：漏洞修补一般在迎水面。若漏洞较小，周围土质较硬时，用大于洞的铁锅或其他不透水器具扣住；亦可用软楔、草捆堵塞，再在上面盖上土袋，最后用透水性较小的散土顺坡推下，以帮助截渗。若漏洞找不到，为防止险情恶化，可暂在背水坡面漏洞出口处修筑滤水围井。用土袋围一个不很高的井，然后用滤料分层铺压，其顺序是自下而上分别填0.2～0.3m厚的粗砂、砾石、碎石、块石。围井内的涌水在上部用管引出。

二、地下水取水构筑物的管理

（一）管井

1. 管井的维护与保养

管井的运行管理直接关系到井的使用寿命。每眼管井都应建立技术档案。除了保存打井时的地层柱状图、施工抽水及水质资料以外，平时运行中应详细记录其出水量、水位、水温、水质及含沙量变化情况，并绘制长期变化曲线。如发现出水量减少、水位明显变化、大量涌沙或水质变坏等现象，应及时研究其原因并妥善处理，以保证正常运行。

管井在使用期中应根据抽水试验资料，妥善选择管井的抽水设备。所选用水泵的最大出水量不能超过井的最大允许出水量。管井在生产期中，必须保证出水清、不含沙；对于出水含沙的井，应适当降低出水量。如发现出水量突然减少，涌沙量增加或水质恶化等现象，应即停止生产，进行详细检查修理后，再继续使用。

管井一般每年都要测量管井的深度。与检修水泵同时进行，如果发现井深变小，则可能井底已经淤沙，应用抽砂筒或空压机进行清淤。管井不能长期停用，否则会影响其出水量。应定期抽水，每三个月抽一次水，每次抽水时间不少于一天。

2. 管井的故障分析

管井运行过程中，可能出现水位的变化和出水量减少等故障，其原因见表11-1。

表11-1　　　管井故障分析表

静水位	动水位	单位出水量	原因
不变	比前次高	减少	水泵故障
比前次低	比前次低	不变	区域性水位下降
有时比前次低	有时比前次低	不变	受相邻井抽水影响
不变	比前次低	减少	过滤器堵塞
比前次低	不变	不变	动水位以上井管损坏处漏水
比前次低	比前次低	减少	动水位以下井管损坏处漏水

注　单位出水量指水位下降1m时的出水量。

（二）大口井及辐射井

1. 大口井

大口井的使用保养基本和管井一样，可参考管井的使用保养部分。大口井在运转中应均匀取水，最高时开采水量也不要大于设计允许的开采水量，要特别防止在枯水期加大水泵出水量。即使遇到供水高峰，也要杜绝过量开采的产水方式，否则很容易破坏水井过滤层结构。大口井一般都是取浅层地下水，要注意防止周围地表水的侵入。在地下水影响半径范围，要注意污染观测，严格按照水源卫生防护的规定制定卫生管理制度。同时要注意井内卫生，要保持井内良好的卫生环境，经常换气并防止井壁微生物的生长。对大口井的水泵应按照水泵的要求制定各项工作标准、操作规程，检修制度大口井的运行卡片可同管井卡片一样，每天需要详细记录水位、出水量、水温，定期分析水质。

2. 辐射井

辐射井是由集水井和若干辐射状铺设的水平或倾斜的集水管（辐射管）组合而成。它与大口井接近。因此，大口井的使用与保养同样也适用于辐射井。但辐射井要加强辐射管的管理，防止辐射管堵塞，影响辐射井的出水量。当辐射管基础发生不均匀沉降或堵塞时，应将集水井的水抽干净，针对堵塞原因采取措施修理。

（三）渗渠

渗渠的管理除了和管井、大口井有共同之处外，还应注意以下几点：

做好渗渠的防洪。设置于河床中的渗渠要严防洪水冲刷，更不能使洪水灌入集水管造成整个系统的淤积。每次洪水来临前应详细检查，如渗渠上层覆盖是否完好、集水井盖封闭是否严密，护坡等有无问题，洪水过后再次检查以及时清淤和修补被损坏部分。

掌握渗渠在不同时期出水量的变化规律，通过观察其变化规律以正确指导生产。观察渗渠出水量，可以利用检查井或专门打几个观察孔，指定专人每隔 5～7 天认真观察和记录一次井与孔中的水位，及当时河水水位与水泵的出水量，连续观察 2～3 年，就可以清楚地了解在不同时期、在不同出水量时渗渠内水位的变化规律，地下水影响的范围、地面水和地下水的关系等。

渗渠的淤积与堵塞维修。一般用水冲洗清淤，清淤时在集水井地面附近安装两台水泵，一台为高扬程水泵，水泵胶管末端用水枪相连，将水枪放在集水井内，当水泵向渗渠排水时，利用水枪冲力使淤积的泥沙变成浑水；另一台为低扬程水泵，从集水井中将浑水排出，在连续不断的冲、排过程中，将水枪逐渐向里延伸，边冲边移，直至冲完。若渗渠滤层淤塞，应考虑翻修、清洗滤层并适当加厚，翻修时要严格掌握反滤层的级配及厚度要求。如由于集水管流速太小造成淤积的，可以人为地将集水井内水位下降，加大集水管与渗渠的水力坡度，以改善淤积现象。

项目十二　净水及调节构筑物的运行管理

净水处理是通过必要的处理方法去除水中杂质，使之符合生活饮用或工业使用所要求的水质。混凝、沉淀和过滤，称为净水处理常规工艺。处理对象主要是水中悬浮物和胶体杂质。原水加药后，经混凝使水中悬浮物和胶体形成大颗粒絮凝体，通过沉淀进行重力分离，最后利用粒状滤料过滤截留水中剩余杂质，进一步降低水的浑浊度使之符合用水要求。

净水工程的管理与维护，是要建立、健全对各种净水设施的管理、维护规章制度，管好、用好、维护好净水处理设施，确保在任何情况下运行正常、安全可靠、经济合理，并使供水水质始终符合规定的标准。

任务一　净水构筑物的运行管理

一、净水药剂的管理

在水处理过程中，净水药剂管理应符合以下要求：

(1) 应根据净水工艺、原水水质情况、水质净化设计要求等来选择药剂。所用药剂质量要符合国家现行有关标准，购药时应向厂家或供应商索要产品卫生许可证、质量合格证及说明书。

(2) 药剂的进厂应先药剂外观、内外标志、包装及衬垫等进行感官检验，然后进行药剂样品与标准样的烧杯对比试验。待目测合格后进行盐酸检验氯化氢含量、相对密度等相应项目检验，合格后方可卸货。检验样品宜保留 3 个月，以避免出现供货纠纷。

(3) 净水药剂应据其特性和安全要求，分类存放。药剂以先进先出为原则，并做好出入库记录。储存量以 30d 左右的用量为宜，防止积压过期。盐酸储存 15d 用量，防止因氯化氢挥发影响其含量。氯酸钠 30d 用量，降低安全隐患及长时间储存板结。

(4) 药剂堆放高度根据应工人操作条件，一般在 2.0m 以下，以防止下部的药剂板结。药剂堆之间要有适当的行走通道。

(5) 药剂仓库及加药间应保持整洁，库房应保持阴凉、干燥、通风、避光，并有相应的消防、安全措施与设备。库存药剂应避免阳光直射、曝晒，远离热源、电源、火源。与库存药剂性质相抵的禁止同库储藏。具有腐蚀性的药剂，房屋地面和墙体应进行防腐处理，并配有水冲设备和排水地沟。

(6) 定期对库房净水药剂进行检查，检查易燃物是否清理，有无异常现象，检查所用药剂包装有无损坏，药剂有无受潮失效。

二、凝聚剂的投加

1. 确定凝聚剂的投加量

凝聚剂的投加量，在原水的 pH 值和碱度相对稳定的情况下，主要与原水水质（浑浊度)、水温、凝聚剂品种和絮凝条件等因素有关，一般可通过试验和实际观察来确定。

首先是经过试验采用优选法初步确定投加量。用几个烧杯放入原水，加入不同量的凝聚剂，用玻璃棒先快后慢地连续搅拌 3min，观察矾花生成情况，1h 后检测上层水浊度，以浊度低作为初选的投加量。

然后，通过絮凝池和沉淀池的实际使用，观察矾花形成状态和出水浊度，进一步调整投加量。通过对原水不同水质（主要是浊度）、不同季节的长期净水效果的积累，绘制加药量图表，用以指导日常生产。

2. 凝聚剂的配制

应严格按照配比浓度配制，并如实填写配制记录，准确计量。在实际使用中，一般按规定的浓度事先计算好一次需要溶化的药量与所加水量，正确的加以调配。溶解药剂搅拌 15min 后沉静 30min 方可提升至储药池。制备药液浓度，冬季可在 15%，夏季可在 20% 左右；投加池的浓度不低于 1%～5%，防止因 pH 值大于 4.3 时三氧化二铝水解成氢氧化铝沉淀，降低药效。

根据原水水质投加适当数量的混凝剂，投药量随水质和水量的变化而改变，必要时可投加助凝剂。混凝剂和助凝剂要分别配制，一般在溶解池和溶液池内进行。配制时先将药剂倒入溶解池中，加水后用机械、人力或压缩空气进行搅拌使之溶解，然后将溶解好的药液放入溶液池，再用水稀释成规定的浓度。

3. 净水药剂投加

投加工作前应仔细检查各种安全防护装置必须齐全、可靠，投加设备应处于完好状态，如有损坏，需修复后方可投入工作。同时药池内不得有杂物，防止堵塞管道。

投加点要满足药剂溶液与原水充分混合的要求，离絮凝池不宜过远，避免在管道中形成矾花，流到絮凝池后矾花破碎，往往不易下沉。

混合在小型供水中主要采用水泵混合和管道静态混合器两种。

水泵混合是将药剂溶液投加到水泵吸水管内，利用水泵翼轮的高速旋转迅速均匀地分散到原水中去，具有很好的混合效果，还可节省凝聚剂用量。但泵房与絮凝池距离不宜超过 100m。采用铁盐混凝剂时，对水泵可能有一定的腐蚀作用。

管道静态混合器是小型供水中常用的混合方式，构造简单，经济实用，一般置于絮凝池前。在管道上投药，须有投加设备，可采用水射器或计量泵投加（图 12－1、图 12－2）。小型水厂也有将溶液池架高，采用重力投加方式（图 12－3）。

投药前对所有投药设备及水射器进行检查，并按规定程序开启控制阀门。投加后要观察矾花生成情况和沉淀池出水浊度，并随时加以调整。

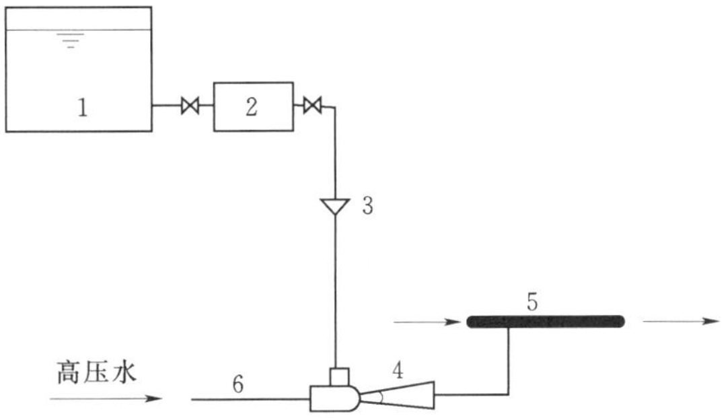

图 12－1　水射器投加

1—溶液池；2—投药箱；3—漏斗；4—水射器；5—压水管；6—高压水管

每天应经常巡视各类加药系统的运行状况，溶药和溶液池水位是否正常，加药设备、液箱、管道有无漏液。发现问题及时处理。静态混合器每年检查一次，混合设施（包括机械传动设备）1～3年进行检修或更换，储药池每年清理一次，投加池每半年清理一次。

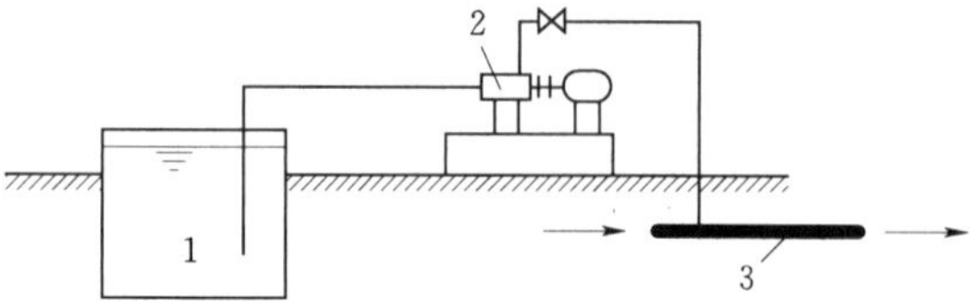

图12－2　计量泵投加

1—溶液池；2—计量泵；3—压水管

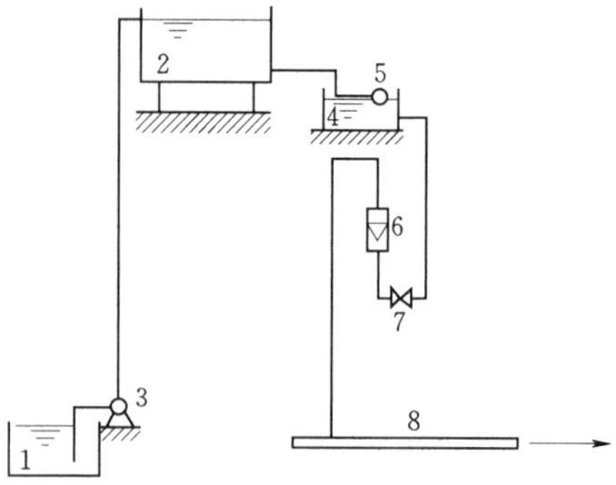

图12－3　高位溶液池重力投加

1—溶解池；2—溶液池；3—提升泵；4—水封箱；5—浮球阀；6—流量计；7—调节阀；8—压水管

三、絮凝池

运行管理人员应经常观测絮凝池中絮体颗粒大小和均匀度及时调整混合设备和投加量，做到混凝剂和原水快速充分混合，使胶体杂质失去稳定性，保证絮凝颗粒大、密实、均匀、与水分离度大。

控制絮凝颗粒从絮凝池到沉淀池的流速，做到絮凝颗粒进沉淀池时未受到破坏并且有利于沉淀。

絮凝池应及时排泥。沉淀池内积泥厚度增高，会缩小水流断面，缩短沉淀时间和降低沉淀效果。要经常检查排泥阀等设备，保持排泥畅通。

四、沉淀池

1. 平流式沉淀池

（1）每日检查进、出水阀门，排泥阀，排泥机械运行状况，并进行相应保养；检查排泥机械电源，传动部件、抽吸机械等的运行状况，并进行相应保养。排泥机械、电气，每月检修一次。

（2）出水浊度应控制在8～10NTU以内。

（3）无机械排泥设施的平流式沉淀池，应采取人工清洗，每年不少于两次；有机械排泥设施的，应每年安排人工清洗一次。藻类繁殖旺盛季节，应采取除藻措施，防止藻类进入滤池。

（4）混凝土池底、池壁，每年检查修补一次；金属部件每年油漆一次。沉淀池、排泥机械应3～5年进行检修或更换。

2. 斜管（板）沉淀池

（1）每日检查进、出水阀门，排泥阀，排泥机械、电气运行状况并进行保养；沉淀池不得在不排泥或超负荷的情况下运行。

（2）出水浊度应控制在8～10NTU以内。

(3) 每月对机械、电气检修一次，对斜管（板）每3～6个月冲洗清通一次。

(4) 排泥机械、阀门每年排空一次，检查斜管（板）、支托架、池底、池壁等，并进行检修、油漆。斜管（板）沉淀池3～5年应进行检修，对支承框架、斜管（板）等进行局部更换。

五、澄清池运行管理

澄清池应不间断运行，初始运行应符合以下要求：

(1) 初始水量宜为正常水量的1/2～2/3；初始投药量宜为正常投药量的1～2倍；原水浊度低时，可投加石灰、黏土，以尽快形成活性泥渣。

(2) 两个反应室沉降比达标后，方可减少投药量、增加水量；每次增加水量应间隔进行，每小时增加量不宜超过正常水量的20%。

(3) 澄清池每年放空清泥、疏通管道一次；金属部件每年检查、油漆一次；搅拌设备、刮泥机械等易损部件3～5年应进行检修更换。

澄清池运行中故障及处理方法，见表12-1。

表12-1　　澄清池运行中故障处理方法

故障情况	原因	处理方法
清水区细小矾花上升，水质变浑，第二絮凝室矾花细小，泥渣浓度越来越低	①投药不足；②原水碱度过低；③泥渣浓度不够	①增加投药量；②调整pH值；③减少排泥
矾花大量上浮，泥渣层升高，出现翻池	①回流泥渣量过高；②进水水流量太大超过设计流量；③进水水温高于池内水温、形成温差对流；④原水藻类大量繁殖，pH值升高	①增加排泥；②减少进水流量；③适当增加投矾量，彻底解决办法是消除温差；④预加氯除藻，或在第一絮凝室出口处投加漂白粉
絮凝室泥渣浓缩过高，沉降比在20%～25%以上清水区泥渣层升高，出水水质变坏	排泥不足	增加排泥
分离区出现泥浆水如同蘑菇状上翻，泥渣层趋于破坏状态	中断投药或投药量长期不足	迅速增加投药量（比正常大2～3倍），适当减少进水量
清水区水层透明，可见2m以下泥渣层，并出现白色矾花上升	加药过量	降低投药量
排泥后第一反应室泥渣含量逐渐下降	排泥过量或排泥闸阀漏水	关紧或检修闸阀
底部大量小气泡上穿水面，有时还有大块泥渣向上浮起	池内泥渣回流不畅，消化发酵	放空池子，清除池底积泥

六、过滤池运行管理

以地表水为水源的村镇水厂，常用的滤池多为普通快滤池或慢滤池。有的水厂还在过滤池前增加预沉池。

1. 慢滤池运行管理

慢滤池适用于原水浊度低的农村小型水厂，具有构造简单、不需投药、出水水质好、成本低等特点。

为了保持慢滤池的过滤能力，当池内滤速明显下降时，即停止进水和过滤，待砂层露出水面后，用铁铲刮去表层5cm厚的砂层，就可放水继续过滤。经数次刮砂后，砂层减薄到一定程度，就需将砂子全部取出，用清水冲洗洁净后重新铺入池中，再投入使用。

（1）宜24h连续运行；滤速不应超过0.3m/h。

（2）初期应半负荷、低滤速运行，半个月后可逐渐增大到设计值。

（3）应定时观测水位和出水流量，及时调整出水堰高度或阀开度，满足设计出水量和滤速要求；不能满足设计出水量要求时，应刮去表面20～50mm的砂层，并把堰口高度恢复到最高点或调整阀开度到原位。

（4）每年应补砂一次；补砂时，应先刮去表面50～100mm的砂层，补新滤料至设计厚度。每隔5年左右，应对滤料和承托层全部翻洗一次。

2. 普通快滤池运行管理

（1）操作人员每1～2h巡回检查一次，观察滤池水位，当水头损失达到2.0～2.5m或滤后水浊度大于2NTU时，滤池应按设计冲洗强度和滤料膨胀率进行反冲洗。反冲洗周期应根据水头损失、滤后水浑浊度、运行时间确定。一般情况下，可按季节变化调整反冲洗周期，冬季反冲周期在48～72h，夏季反冲周期8～24h。

（2）冲洗滤池前，应先关闭出水阀，待滤料层表面水位降至距滤料层200mm左右，关闭出水阀，缓慢开启冲洗阀，待气泡全部释放，将冲洗阀逐渐开至最大。控制滤料膨胀率在30％～40％为宜。

（3）冲洗结束时，排水的浑浊度不宜大于15NTU；冲洗后上水时，池中的水位不得低于排水槽，严禁暴露砂层。

（4）冲洗后，滤池的出水浊度仍不能满足要求时，应更换滤料。新装滤料应在含氯量0.3mg/L以上的溶液中浸泡24h消毒，经检验滤后水合格后，冲洗两次以上方能投入使用。

（5）夏季水温较高时，来水中常有多种藻类和水生物极易被带进滤池中繁殖。可通过加大滤前二氧化氯投加量的办法加以防止；如已发生藻类繁殖现象，可用高锰酸钾浸泡滤料并经常洗刷池壁和排水槽加以解决。

（6）定期观察反冲洗时是否有气泡，全年滤料跑失率不应大于10％；每年对每格滤池作滤层抽样检查，含泥量不应大于3％。采用双层滤料时，砂层含泥量不应大于1％，煤层含泥量不应大于3％。

（7）若滤池停用1周以上，应将滤池放空，恢复时必须进行反冲洗后才能重新启用。

（8）定期对定期对滤池各种监测仪表、阀门以及机电设备检查维修，保证设备完好率，便于随时观测水质变化情况。

七、一体化进水器的运行与维护

一体化净水器集混凝、沉淀、过滤等工艺于同一个装置，产品型号很多，工作原理相同，但内部结构和操作要求就有差异，运行管理应严格按照各自的操作规程进行。

适量、连续投药对维持净水器正常运转和良好出水水质至关重要。要按照沉降试验效果确定不同原水浊度时的投药量，并根据净水器出水浊度及时加以调整。

注意各种净水器的正常工作压力和安全运行的额定压力，不得超过。

反应沉淀区要按原水浊度情况进行定期排泥，做到勤排少放。有的净水器装有定时排泥的自动装置，亦应按原水浊度调整排泥时间。

净水器每半年或一年停机检查一次。停机检查时，应先关闭进水出水阀门，再打开放空阀门，放空过滤器内水体。打开人孔盖，检查滤料层，是否有结块现象，如发现结块现象，应清除结块滤料，并添加新的滤料。检查滤料层厚度是否达到设计要求，如因滤料自然损耗，或被水流挟带而减少，则应补足清洁的滤料。检查沉淀区斜管填料，由于填料在水中长期浸泡，易生青苔（藻类等），可配制二氧化氯或漂白粉溶液浸泡填料4～10h后人工用高压水进行冲洗。

任务二　调节构筑物的运行管理

由于水源来水、水厂净水设施出水比较均匀，而用户用水变化很大，需要在水厂或管网中设置调节构筑物。

饮用水工程中的调节构筑物主要有清水池、高位水池、水塔和压力罐等。一般情况下把位于水厂内的调节水池称之为清水池，把设在供水范围内高地上的水池称之为高位水池。水塔由于建设周期相对较长，施工工艺要求较高，运行期清洗维护不方便，因此，农村饮水安全工程工程目前已较少使用。气压水罐是利用密闭贮罐内空气的可压缩性贮存、调节和压送水量的装置，其作用相当于高位水箱和水塔，仅在小型供水中使用。

一、调节水池

（1）调节水池的一般要求：①水池应保持完整不漏水，表面无剥落；②通气孔无锈蚀，作用良好；③池内清洁无杂物；④铁梯应牢固安全，无锈蚀；⑤管路应通畅，无渗漏现象；⑥阀门启闭灵活；⑦水位显示装置明显、清楚、灵活、准确。

（2）清水池、高位水池必须安装水位计，设置上、下限水位，每小时监测一次或采取连续监测的方式。供水中，严禁超上、下限水位运行。

（3）清水池、高位水池顶部不得堆放有可能污染水质的物品。经常检查水池的覆土及护坡情况，保证覆土及护坡厚度。池顶覆土并进行绿化的，不得施肥。应保证清水池四周排水通畅，防止污水流（渗）入池内。

（4）定期对液位仪、透气孔等进行检查，清扫场地。每年清洗、消毒一次，检验合格后方可投入运行。完善安全防护设施；加强卫生防护，防止水质污染。

（5）清水池、高位水池清洗前，先将清水池水位降至下限运行水位后再进行清洗；清洗用水排至下水道。清洗清水池时，严防因地下水位过高将清水池浮起。清洗时要检查清水池结构，确保清水池无渗漏。

（6）每月对阀门检修一次，每季对长期开、关的阀门操作一次。机械传动水位计宜每年进行校对和检修一次。每年对水池内壁、池底、池顶、通气孔、液位仪、伸缩缝等检查一次。每5年将阀门解体，更换易损部件，对池底、池顶、池壁伸缩缝进行全面检修。

（7）清水池大修后，必须进行满水试验，渗水量应按设计水位下浸润的池壁和池底总面积计算，钢筋混凝土清水池不得超过 2L/(m^2·d)，砖石砌体水池不得超过 3L/(m^2·d)。满水试验时，地上部分应进行外观检查，发生漏水、渗水必须修补。

二、水塔

1. 水塔的保温、采暖

水塔的水来自地下水、地表水或地下水和地表水的混合水，在冬季对于室外温度为−8～−23℃地区的水塔应进行保温处理。冬季室外温度达到−23℃以上的地区，水塔除了进行保温外，还应采暖。

2. 水塔的运行管理

(1) 水塔应定期进行检查、排空和清洗，及时清除沉淀物，避免沉淀物从出水管进入供水系统以确保水质良好。

(2) 定期检修水塔内的所有阀门和管道接头，保证阀门的灵敏性和接头的密封性，以保证水塔的正常运行。

(3) 避雷设施要定期检修，在冬季到来之前应对保温、采暖设施进行全面检修。

(4) 水塔周围严禁挖土并防止雨水冲刷。

3. 水塔检修

(1) 塔体。塔体内外无脱熔及锈蚀现象。门窗、玻璃、照明等完好。上下梯子及栏杆牢固无脱焊及锈蚀情况。进人孔盖完整无缺损。

(2) 水箱。水箱内部清洁无杂物。

(3) 管道系统。管路完整无损，表面清洁，接头无渗漏。进、出水管路、排污、溢流管路均畅通无阻；所有的阀门启闭灵活，全部螺栓齐全、紧固。

(4) 附属设施。避雷装置要完整无损，水位装置运用灵活，能准确地反映水塔的水位。防冻、采暖符合设计要求。水塔护坡完整无损。

三、气压罐的运行管理

气压罐是利用封闭在受压容器内空气的可压缩性进行贮存和调节水量的装置。

罐体内外表面均应除锈，外面先涂两层防锈漆，再涂灰色或银灰色漆。罐内涂料应是无毒无污染的涂料，内壁应涂两遍环氧涂料。

气压罐进水管与水泵出水相连接，出水管则与供水管路连接。若采用排空方法补气，罐顶应装有进气阀，罐底应设排水阀，以排除罐内的沉积物。罐径大于 1m 的罐体，应设置检修孔，同时还应安装安全阀及水位计。

项目十三　供水管网的运行管理

给水管道按其功能分为输水管和配水管。输水管通常是指从水源将原水输送到净水厂或配水厂的管道。其特点是输水管内流量比较均匀，且沿程无出流。配水管一般是指水厂通向用户的管道系统，也称配水管网。配水管按布置方式可分为树枝状管网和环状管网。村镇供水和其他小型集中供水工程往往采用树枝状配水管网。配水管的特点是管道内流量随用户用水量变化而变化。

任务一　输配水管网的运行管理

一、供水管网运行管理的目的和内容

供水管网运行管理的目的是把符合标准的水送往每个用户，并最大限度地降低供水系统的运行成本，提高管网的安全运行，减小漏失率，改善管网水压、水质，保证供水系统的安全运行。

在正常供水的情况下，要控制管网的运行水压处于平稳状态，防止水压的忽高忽低，保证水池、阀门等的协调运行，并且能够有效地监视、预报和处理事故，特殊情况下（事故、消防及最大转输）能满足相关的要求。供水管网运行管理的主要内容包括建立管网技术档案，管道竣工水压试验，管网测压测流、检漏和修漏，管道设施的日常维护和事故抢修等。

二、建立管网技术档案

管线埋在地下，施工完毕覆土后难以看到，因此应及时绘制竣工图，将施工中的修改部分随时在设计图纸中订正。竣工图应在沟管回填土以前绘制，图中标明给水管线位置、管径、埋管深度、承插口方向、配件形式和尺寸、阀门形式和位置、其他有关管线（例如，排水管线）的直径和埋深等。竣工图上的管线和配件位置可用搭角线表示，注明管线上某一点或某一配件到某一目标的距离，便于及时进行养护检修。

管网维护时所需的技术资料有：

（1）管线图。标明管线的直径、位置、埋深以及阀门、消火栓等的布置，以及用户接管的直径和位置等。它是管网维护、检修的基本资料。

（2）管线的构造详图。

（3）阀门和消火栓记录卡。包括安装年月、地点、口径、型号、检修记录等；施工记录、变更说明，验收记录等。

（4）竣工图和竣工记录。完整的设计说明书、管网总平面图、水力计算图及所有输配水管道的施工图、竣工图，表明管线直径、材质、位置、埋深及各种阀门、消火栓等的布置、用户接管的管径和位置等。

三、管道水压试验

管道安装完毕后，应按设计要求对管道系统进行压力试验。按照不同管材和管道最大工作压力，确定不同的试验压力（表 13-1）。其中最大工作压力应根据管道最大动水压力和不输水时的最大静水压力确定。

表 13-1　各种管材的试验压力

管材种类	最大工作压力/MPa	试验内水压力/MPa
钢管	p	$p+0.5\geq0.9$
铸铁管	$p\leq0.5$	$2p$
	$p>0.5$	$p+0.5$
钢筋（筒）混凝土管	p	$1.5p$
塑料管	p	$1.5p$

注　根据 SL 310—2004《村镇供水工程技术规范》。

管道水压试验的程序、步骤方法如下：

（1）连接。将试压设备与试压的管道系统相连，试压用的各类阀门、压力表安装在试压系统中，在系统的最高点安装放气阀、在系统的最低点安装泄水阀。

（2）灌水。打开系统最高点的放气阀，关闭系统最低点的泄水阀，向系统灌水。试压用水应使用纯净水。待排气阀连续不断地向外排水时，关闭放气阀。

（3）检查。系统充水完毕后，不要急于升压，而应先检查一下系统有无渗水漏水现象。

（4）升压。充水检查无异常，可升压，升压用手动试压泵（或电动试压泵），升压过程应缓慢、平稳，先把压力升到试验压力的一半，对管道系统进行一次全面的检查，若有问题，应泄压修理，严禁带压修复。若无异常，则继续升压，待升压至试验压力的 3/4 时，再作一次全面检查，无异常时再继续升压到试验压力，一般分 2～3 次升到试验压力。

（5）持压。当压力达到试验压力后，稳压 10min，再将压力降至设计压力，停压 30min，以压力不降、无渗漏为合格。

（6）试压后的工作。试压结束后，应及时拆除盲板、膨胀节限位设施，排尽系统中的积水。

四、管网的水压和流量测定

管网的测压测流，是了解管网工作状况和薄弱环节、加强技术管理的重要内容。根据测压和测流结果分析了解管网是否存在供水不足的低压区，以便采取弥补措施，改善供水状况。

（一）管网的测压

1. 测压点的设置

测压点既要均匀合理布局，又要能真实反映附近地区的水压情况，一般设在较大干管上。测压点布置时一般应遵循以下原则：

（1）管网水力分界线。

（2）管网水力最不利点、控制点。

（3）大用户水压监测点。

（4）主要用水区域。

（5）大管段交叉处。

（6）反映管网运行调度工况点。

（7）管网中低压区压力监测点。

（8）供水发展区域预留监测点。

（9）管网测压点设置密度。

测压点一般设立在输配水干管的交叉点附近，大型用户的分支点附近，水厂、加压站及管网末端等处。按规定在供水管网干线末梢设立固定性测压点，进行定期测压，其服务压力不应低于工程设计压力；同时，也可按工程设计水力计算图的最不利点设置一处测压点，或在相对配水厂较远及地面高程相对较高的地方设置测压点。

供水管网在线测压点布置方法、步骤：

（1）根据一定的水力计算结果并结合经验在给水管网总图上初选测压点位置。

（2）现场勘察，具体分析所选拟建测压点位置建设的可行性，并且根据现场勘察情况可对初设测压点位置进行适当的调整以提高整个方案的可行性。

（3）在建设过程中采用分步建设的方法，先对必要性强，位置重要的测压点进行建设，待微观模型建立后，通过模拟计算结果对管网工况进行分析，在管网压力敏感区增设在线测压点及对先前设置的测压点位置进行适当调整。

2. 管网的测压

测压点都应有连续测定压力值，固定点每小时 4 次，临时点用水高峰期随时观测，地点、时间可变。固定点可用自动压力记录仪和无线遥测水压转示仪。无条件的水厂和临时测压点可用 U 形管和压力计测压。

记录填写管网各个测压点的压力变化表，绘制管道实际压力线图。水压线过密表示该地方水压降大，说明该段管线负荷过大，管径偏小。水压线过疏，说明负荷不大，管道尚有潜力。

根据测定的水压资料，绘制等自由水压线图，等水压线的标高减去各点的地面标高，即可绘出管道自由水压线图。从图上可以看高低压区位置，水压的合格与不合格地区范围的大小。

测定水压，有助于了解管网的工作情况和薄弱环节。根据最不利点的水压情况，合理调整水厂的出厂水压。

（二）管网的测流

测流的目的在于掌握管段内的水流方向、流速的变化和流量。管网流量测定首先应选好测流地点，根据管径大小，将毕托管管嘴插入水管中，根据压差计进行流量计算。采用便携式超声波流量计则更好。

测流点的布置。如需测定某干线的负荷状况，则将测流点布置在该管线的前端位置，如需研究提高某低压区水压的有效措施，则将该测流点设置的该区域有关的连接管或卡脖管段处。测流孔要设在直线管段上，前后管段的长度为 30～50 倍直径范围内不要分支管、弯头、闸门等。

测定时将毕托管插入待测水管的测流孔内。毕托管有两个管嘴，一个对着水流，另一个背着水流，液体为染色的 CCl_4、甲苯等，由此产生的压差 h 可在 U 形压差计中读出。根据式（13-1）即可算出管网流速，即

$$v=C\sqrt{2gh(1-r)} \tag{13-1}$$

式中　C——仪器系数；

h——U 形管内的液压差；

r——U 形管内的液体相对密度。

五、管网巡检

管网的巡检周期可结合单位自身规模、管网特点、管线的重要性等情况来合理制定，巡检周期越短越有利于管道的安全运行，通常情况下对一般管线巡检周期不宜大于 5～7d，对重要管段巡检周期以 1～2d 为宜。巡检应包括以下内容：

（1）查明管道沿线有无自来水明漏或地面严重塌陷现象。

（2）查明井盖、标志装置、牺牲阳极测试桩等管网附件有无丢失或损坏现象。

（3）查看各类阀门、消火栓及设施井等有无被损坏、被埋压的情况，管道上堆压物体应符合管道承受的安全要求。

（4）查看明装管道、架空管的支座、吊环等是否正常。

（5）查看管线周围的地理环境有无明显变化，管道安全保护距离内不应有根深植物、正在建造的建筑物或构筑物、开沟挖渠、挖坑取土、堆压重物、顶进作业、打桩、爆破、排放生活污水和工业废水、排放或堆放有毒有害物质等危害城镇供水设施安全的活动。

（6）查明管线上是否有偷盗水等违章用水的现象。

六、管网检漏

1. 管道漏水特征

（1）地面有积水或湿印痕迹，局部路面下陷，晴天出现潮湿的路面；管道上面花草茂盛；冬季局部路面积雪融化较早等现象，均可能是漏水所引起的。

（2）因金属管道锈蚀加快，造成漏水。上下游检查井水质、水量变化较大。

（3）供水量与售水量差别较大，或是管网局部压力变低、水量不足，可能是管网中漏水所致。

（4）供水量正常，但末端水量不足、水压变低，也可能是管网漏水所致。

2. 检漏方法

及时发现和堵塞管道渗漏是防止路面和建筑物坍塌、降低供水成本、提高管网水压和充分发挥给水系统效益的重要工作，应定期分区进行。

（1）观察法。适用于明显漏水和即将漏水的管道。留意管线附近的地面排水沟、岸边有否清水渗出，地面有否沉陷，墙壁有否开裂，积雪有否局部融化。

（2）听漏法。漏水一般都有声音，但有时比较微弱。在夜深人静无杂音时可用听漏棒或听漏仪沿管线查听。此法比较简单，效果也较好，是测漏的主要方法。

使用仪器查漏应注意：①应在晴天的夜深人静时进行；②查找、听漏的间距不超过2m，每次听漏时间不少于5min。

一般管网每季度至少检漏一次，主要管网及薄弱环节，应缩短检漏周期。

(3) 查漏水量法。在划定范围内，除一根支管外，关闭所有外通管道和用户支管上的阀门，通过支管流入测漏区内的水量，即得该区的漏水量。如果漏水量较大，先调度区内闸阀，找出漏水管段，然后听漏找出具体漏水处。如果漏水量小于规定数值，则不再查找漏水处。如果发现某一管段漏水情况频繁出现，应查找原因，必要时更新这一管段。

(4) 示踪气体检漏法。在管道内注入溶解于水且对人体无害的易测定气体（如一氧化二氮），然后通过专用仪器在地面上寻找泄漏气体，以确定管道漏水点的检漏方法。

七、附属设施和配件的养护

管网上的各种阀门、消火栓、增压泵站、调节水池、水塔以及仪表等都要经常养护，应加油润滑的部位要按期加油。每年对各种阀门井等附属设施检修、清理一次，并对钢制外露部分涂刷防锈漆。备用的和不常用的水泵、阀门和消火栓等要定期启动，以便及时发现问题和修理。

对各种阀门都应进行编号、建立卡片、标明型号、口径、安装年月、详细位置、埋深、阀门井结构、阀门启闭方向和转数、启闭记录、开启程度、批准人和维护检修等。

干管的闸阀和蝶阀每年至少要启闭和维护一次，支管阀门每两年启闭维护一次；排气阀每季度检查维护一次，发现排气阀漏水，关闭排气阀下面的检修阀进行检修或更换；对减压阀的运行和振动情况经常检查，对水锤消除器也要经常检查，发现问题及时进行维修或更换。

八、管道的清垢和防止污染

由于流水的侵蚀，管内壁往往结垢，壁面变糙，阻力增加，以致流水不畅、供水能力下降，并影响水质，此时可开启消火栓冲出管道中的沉积物。整个管网必须保持水中有剩余氯，大型管网可以考虑在管网中补充加氯。特别要防止混接（与不合格的水相连通），将导致不合格的水进入给水管网而造成污染。

1. 高速冲洗法

管内松软的积垢可提高流速进行冲洗。冲洗管道的流速比平时提高3～5倍，但压力不应高于允许值，每次冲洗长度为100～200m。如采用压缩空气和水同时冲洗，效果会更好。因为清洗简便，水管中无须放入特殊的工具；操作费用比刮管法、化学酸洗法为低；工作进度较其他方法迅速；用水流或气-水冲洗并不会破坏水管内壁的沥青涂层或水泥砂浆涂层。

2. 刮管法

坚硬的积垢须用刮管法清除。刮管器有多种形式，都是用钢丝绳绞车等工具使其在积垢的水管内来回拖动，适用于刮除小口径水管内的积垢。大口径水管可用旋转法刮管。刮管后再用水冲洗管道。

刮管器由切削环、刮管环和钢丝刷组成，使用时，先由切削环在水管内壁积垢上刻划深痕，然后刮管环把管垢刮下，最后用钢丝刷刷净，如图 13-1 所示。大口径水管刮管时可用旋转法刮管，安装情况和刮管器相类似，但钢丝绳拖动的是装有旋转刀具的封闭电动机。

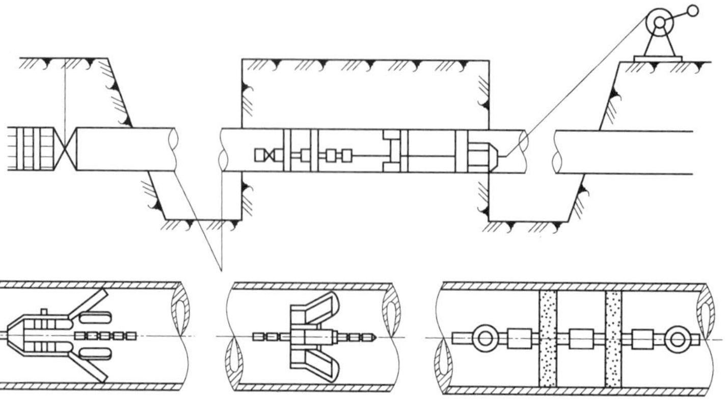

图 13-1　刮管器及刮管器安装

3. 清管器法

清管器用聚氨酯泡沫制成，其外表面有高强度材料的螺纹，外形如炮弹，外径比管道直径稍大，清管操作由水力驱动，大小管径均可适用。优点是成本低，清管效果好，施工方便且可延缓结垢期限，清管后如不衬涂也能保持管壁表面的良好状态。

清管时，通过消火栓或切断的管线，将清管器塞入水管内，利用水压力以 2～3km/h 的速度在管内移动。约有 10%的水从清管器和管壁之间的缝隙流出，将管垢和管内沉淀物冲走。

4. 酸洗法

将一定浓度的盐酸或硫酸溶液放进水管内，浸泡 14～18h 以去除碳酸盐和铁锈等积垢，再用清水冲洗干净，直到出水不含溶解的沉淀物和酸为止。这种方法的缺点是酸洗后，水管内壁变为光洁，如水质有侵蚀性，以后锈蚀可能更快。

九、维持管网水质

维持管网水质也是管理工作的任务之一。为保持管网的正常水量或水质，除了提高出厂水水质外，可以采取以下措施：

(1) 通过给水栓、消火栓和放水管，定期放去管网中的部分“死水”，并借此冲洗水管。

(2) 长期未用的管线或管线尽端，在恢复使用时必须冲洗干净。

(3) 管线延伸过长时，应在管网中途加氯，以提高管网边缘地区的剩余氯量，防止细菌繁殖。

(4) 尽量采用非金属管道。定期对金属管道清垢、刮管和衬涂水管内壁，以保证管线输水能力不致明显下降。

(5) 无论在新敷管线竣工后，或旧管线检修后均应冲洗消毒。

(6) 定期清洗水塔、水池和屋顶高位水箱。

任务二　管道的损坏及修理

一、给水网管漏损的原因及控制

管道漏损的原因复杂，其影响因素也很多，主要是由于管材质量、接口质量和施工质量不佳引起的。

1. 管材的问题

早期给水管网使用的管材主要是灰口铸铁，小口径管多是镀锌管或石棉管。通过对管道运行的长期观察，发现管道漏损的主要原因是灰口铸铁的漏失。灰口铸铁管漏水是由于灰口铸铁管自身的材质以及管道的制作工艺等缺陷引起的。

对于不同口径的管道应该采取不同的管道材料，现在多使用球墨铸铁、UPVC、PE等管材。

2. 接口的问题

供水管网中管道接口形式很多，接口的漏损概率较大，原因是接口处往往是应力的集中点。当管段由于温度变化而发生伸缩或者出现地势沉降时，应力传至接口处，容易使接口松动，甚至破裂。

现在推荐采用柔性接口，可承受一定的纵向位移和扭转角度，如球墨铸铁管的橡胶圈接口韧性大，抗震性强，是现在普遍采用的接口方式。

3. 管道的腐蚀问题

金属管道随着使用会发生变质现象也就是常说的管道腐蚀，主要表现为生[illegible]坑蚀以及脆化等。管道内壁防腐不好的金属管道一旦遇到 pH 值较低的水就有可能发生腐蚀。管道的内壁腐蚀会增加管道粗糙系数，对管道输水能力以及水质有较大的影响，管道壁变薄，强度下降，形成漏损隐患。对于外壁防腐不佳的管道，同样会发生腐蚀现象，也会使管壁变薄，引起管道局部发生漏损，严重时会发生管道爆裂。所以在施工过程中一定要做好给水管道的防腐工作。

4. 水锤对管道的损坏

由于机泵突然停止，闸门关闭过快等原因，使水流突然变化，可能引起压力高低起伏的水锤现象，水锤会引起很高的压力，给水管道越长，关闭阀门越快，水锤引发的压强越大，这时水压非常大可能使管道产生很大的形变甚至产生破裂。当多家水厂输送的水交汇并产生水锤时，有时会引起共振水锤，此时水锤产生的压强比单个管道水锤成倍增加，附近管道就很可能产生爆裂现象。要提高工作水压的合理性和管网调度的科学化，实现安全供水，减少水锤等现象的发生。

5. 给水管道附属设施漏水

管网中除管道本身出现漏水，管网的附属设施跑冒滴漏也很严重，是水量损失的一个重要部分，它们的单位时间漏量虽然有限，但因在闸井内，不易及时发现，通常都是水自井盖溢出后，才会被发现并修复的。因此这种管道漏损持续时间较长，而且发生漏水的现象十分普遍，数量大，使漏损水量由少变多。另外，当给水管网检修或者爆管时，有些阀门关闭不迅速甚至关闭不严，延长了抢修时间以及漏水时间，也增加了漏损的水量。

加强对管道附属设施的维护，减少闸井表井的跑、冒滴漏，提高闸井的完好率，降低给水管道附属设备的漏损。

二、管网管道的维修及抢修

管道维修根据管道的口径和漏水程度，可分为小维修、大维修和抢修。小维修是指管径在 D_N50 以下的管道维修及水表井内的维修；大维修是指 D_N75 以上管道的维修；抢修是指管身爆裂，严重跑水的情况下，在维修基础上对速度、时间要求更高的管道维修。

（一）融化冻管的维修

当管道冻结时，把水嘴卸下，同时把表井内水门打开往管内浇灌开水，只要管壁间的冻融化，在一端水压的作用下，冰柱会被挤出来。

（二）管道维修

1. 铸铁管的维修

（1）承插式接口常由于种种原因，填料被局部冲走发生漏水。如果是灰口，一般将接口流出的填料剔除重新填打，如果漏眼较小，也可直接填口；如果是铅口，一需要将已经冲走的局部青铅捻打入口内，再向口内补铅绒。如果是接口管道发生漏水，可以往大口内打灰，也可以用卡盘压紧橡胶来止水。如果承插口漏眼较小，上述补口即可，若漏眼较[illegible]在补完口后还需要用卡盘，以保证质量。

（2）管子产生不均匀沉降或水平受力不均匀及受到侧向的挤压时，而导致大口掰裂漏[illegible]用承插口用两合揣袖，它可以将大头包在里面，两端依靠挤压橡胶皮产生密封作用而止水，至于要不要关闭，可以视情况而定。

（3）若管身出现环向裂缝或者纵向裂纹时，前者可以用两合揣袖把漏眼包在里面，两端打口，现在多用柔口，尤其是两合柔口直接将漏眼包在里面，两头紧螺栓挤压橡胶皮止水。如果是纵向裂纹，要在裂纹两端钻孔，止住裂缝的发展，再用两合揣袖或者柔口处理。

（4）若管身纵向裂纹较大或者管身断裂要换管时，多用柔口加一段短节修复。

（5）铸铁管弯头等损坏时，用一种类似“大佛头”的零件，可以将弯头包在里面，依靠两端橡胶皮受到挤压产生密封作用而止水。

（6）当需要更换较长的铸铁管时，新管与新管之间必须是打口或者承口连接，新管与原管的两端可用柔口连接。一般不宜同时使用三个柔口修复直管。

2. 钢管的维修

钢管一般用于大口径给水管道，接口多为焊接。对于局部穿孔的管壁，若漏眼较小，可以垫 1～2 层胶皮后，用卡箍修复即可；若焊缝开裂，一般先用垫子把焊缝漏水量捻少，再用卡箍或者焊补一块钢板止水修复。对于腐蚀严重的管或者断裂的管道需要更换新管时，一般采用两个柔口外加一段短节修复。

3. 水泥压力管的维修

（1）管身裂缝的修理。一般采用环氧砂浆修补的方法。当管身破裂严重，环氧砂浆修补述难于修复而换管有困难时，可采用管身外焊制一钢板套管，两端作石棉水泥接口

处理。

环氧砂浆的修补，先将裂缝和管径大小，一般为 1.5～2.5cm 并露出钢筋。修补时先将开凿部位及周围刷净，然后抹环氧底胶和环氧砂浆。

（2）管身砂眼或碰伤。管身砂眼或管外侧有较大碰伤，应将砂眼或碰伤外管皮凿开，露出钢筋，然后刷净，吹干后先抹环氧底胶。再用环氧砂浆填补。填补处也须刮平压实。必要时也可贴一钢板，用扁钢卡子卡紧。

（3）接口漏水。由于胶圆不严密产生漏水且不严重时，可用将插口橡胶圈凸台剔除，如漏水较严重（滴水）成接口缝太小，不宜改刚性接口时，则在缝内填塞环氧砂浆。承口侧面漏水或插口挡舌处漏水，如不严重则可将表面凿毛，用环氧砂浆处理。如漏水严重则在上面处理（环氧砂浆处理）基础上，将整个接口包玻璃钢。承插口部分严重漏水，则可以承口处焊接钢套圈方法。

（4）换管修理。当管子确实无法修理或修理无效时，方能考虑换管修理。一般是将管子砸断取出另换铸铁管。

4. PE 管的维修

（1）管身破坏。切除直管段被破坏部分，可采用电熔套筒或热熔对接方式进行维修。

（2）管件破坏。直接更换电熔套筒。

（3）接口漏水。应切除扩口及其连接的直管段部分，采用电熔套筒或热熔对接方式进行维修，胶圈漏水就必须更换胶圈。

5. 钢塑复合管的维修

钢塑复合管的维修也分管件和管身漏水两种方式，其维修方式与镀锌钢管大致相同。

6. 阀门常见故障及维修、防治

（1）闸阀常见故障及措施，见表 13－2。

表 13－2　　闸阀常见故障及措施

常见故障	表观现象	维修措施
阀体（阀件）破裂	阀体裂纹、法兰盘断裂、阀杆断裂、压盖爆裂	更换同型号阀件； 更换阀门； 加装伸缩器
传动故障	阀杆卡阻、操作不灵活 阀门无法正常操作	润滑传动部位，借助扳手，并轻轻敲打，可消除卡死、顶死现象； 停水维修或更换阀门
阀门启闭不良	阀门开不启、或关不死、阀门无法正常操作	注入煤油，并配合手轮操作，润滑传动部位； 反复开闭阀门和用水力冲击异物； 停水维修，更换阀件； 更换阀门
漏水	阀杆芯漏水； 压盖漏水； 法兰胶垫漏水	轻微可将阀杆密封面抛光除锈； 关闭阀门、启用上密封、更换填料； 更换新螺栓、重新调整紧固螺栓位置

（2）蝶阀常见故障及措施，见表 13－3。

表 13－3　　蝶阀常见故障及措施

常见故障	表观现象	维修措施
阀体、阀件爆裂	阀体裂纹、传动箱体爆裂	调节限位螺钉； 更换传动箱体（同型号）； 更换阀门
传动故障	手轮空转； 传动卡阻	打开传动箱体，对传动件进行清洁、更换定位润滑养护； 调节定位螺钉； 更换同型号传动箱体； 更换阀门
阀门启闭不良	手轮能操作，阀板打不开或关不了； 手轮无法操作； 阀门启闭指示到位后仍有水声，阀板未处于全开或全关闭状态	参照“传动故障”部分，对传动件进行更换、维修、清洁； 调节限位螺钉、使齿、蜗轮、蜗杆传动与阀板同步； 停水状态下维修； 更换阀门
漏水	传动箱体漏水； 阀轴漏水； 法兰连接胶垫漏水	更换部分传动件； 增加更换密封件介质； 更换连接螺栓调整阀门位置、加装伸缩器

（三）抢修

在抢修工作开始前，阀门管理单位应根据现场情况，快速制定关阀方案，原则是停水范围尽量小，尽量少影响用户，因隔天抢修或阀门关闭不严等原因造成工作坑被水浸泡时，还要考虑开挖的基坑的安全保护措施，防止塌方现象的发生。

项目十四　主要机电设备运行管理

任务一　水泵运行管理

一、水泵运行

（一）工作原理

1. 离心泵

当离心泵启动后，泵轴带动叶轮一起做高速旋转运动，迫使预先充灌在叶片间液体旋转，在惯性离心力的作用下，液体自叶轮中心向外周做径向运动。液体在流经叶轮的运动过程获得了能量，静压能增高，流速增大。当液体离开叶轮进入泵壳后，由于壳内流道逐渐扩大而减速，部分动能转化为静压能，最后沿切向流入排出管路。所以蜗形泵壳不仅是汇集由叶轮流出液体的部件，而且又是一个转能装置。当液体自叶轮中心甩向外周的同时，叶轮中心形成低压区。在贮槽液面与叶轮中心总势能差的作用下，致使液体被吸进叶轮中心。依靠叶轮的不断运转，液体便连续地被吸入和排出。

2. 潜水泵

开泵前，水泵吸入管和水泵内必须充满液体。开泵后，叶轮高速旋转，其中的液体随着叶片一起旋转，在离心力的作用下，飞离叶轮向外射出，射出的液体在泵壳扩散室内速度逐渐变慢，压力逐渐增加，然后从泵出口，排出管流出。此时，在叶片中心处由于液体被甩向周围而形成既没有空气又没有液体的真空低压区。液池中的液体在池面大气压的作用下，经吸入管流入泵内，液体就是这样连续不断地从液池中被抽吸上来又连续不断地从排出管流出。

（二）开泵与停泵

1. 离心水泵的开泵与停泵

（1）启动前的准备。水池或吸水井的水位是否适于开机；检查来水阀门是否开启，出水阀门是否关闭；启动抽真空装置将泵内空气抽出，使真空值合格；检查轴承油位是否正常；检查密封水润管调节阀是否开启；按出水旋转方向盘车，检查泵内是否有异物及阻滞现象；启动前最好先将泵口处压力表节门关闭，启动后再慢慢将其打开，以避免冲击损坏。

（2）水泵充水。水泵灌水时应同时打开水泵顶部排气阀。若用真空泵，抽真空时应先打开顶部抽气阀，关闭真空箱放水阀。真空泵启动后，注意表上真空度是否上升，同时注意抽气管，若抽气管中水位上升，说明水泵已充满水。

（3）启动电动机。水泵启功后应立即关闭排气阀。注意真空表和压力表读数是否上升，轴承、填料函是否运转正常。通常填料处应滴水漏水，若不滴水表明填料压得过紧。若漏水多且进气，应将压盖压紧一些。

（4）打开出水阀。水泵运行后打开出水阀，直到出水管压力正常为止。电流表逐渐达到额定数值，表明水泵正常运行。再查、看、听机组运行及各种仪表等，填运行记录。然后进行巡回检查，监视机组运行。

（5）停泵。停泵前要慢慢关闭出水管上的阀，使电动机最后达到空载状态。待出水阀门完全关闭后，切断电源，电动机停止运行。

2. 深井泵的开泵与停泵

（1）启动时必须降压启动，以防传动物扭伤。降压启动设备，一般用自耦变压器或补偿器。

（2）启动前均应加水润滑。直接向压力管路送水的深井泵，启功前要将出水阀门全部打开。

（3）启动后或每远行24h后，应将填料黄油杯旋入一圈润滑填料。油杯内若少了，应随时将油填满备用。

（4）电动机润滑油增加时，油杯的油面线以停机时为准。

（5）深井泵关机后不允许立即再启动，若立即启动会增加传动轴上的扭力，使轴损坏。必须等管中水全部下降后才能再启动，一般10min左右。

3. 潜水泵的开泵与停泵

（1）用500V兆欧大量测电机绕组对地绝缘电阻值应不低5MΩ。

（2）启动前应检查各控制仪表的接线是否正确可靠。

（3）使用自耦降压器降压启动。

（4）停机后再启动，必须间隔5min以上。

（三）水泵运行注意事项

（1）声音与振动。水泵在运行中机组平稳，声音正常而不间断，如有不正常的声音和振动，应立即停机检查。

（2）温度与油量。水泵正常使用时，滑动轴承最大允许温度为85°，滚动轴承为90°。实际中可以用手触轴承座。若烫手不能停留时，说明温度过高，应停泵机查。

（3）仪表变化。水泵启动后，要注意各种仪表指针位置，在正常运行情况下，指针位置应稳定在一个位置上基本不变，若指针发生剧烈变化，要立即查明原因。

（4）水位变化。根据工艺要求，清水池和吸水井都有一个最低水位限制，运行人员必须遵守此规定。若水位过低应停泵，以免发生汽蚀。深井泵要经常量测井中水位的变化，防止水位下降过大，影响水泵正常工作。

（5）工作记录。值班工作人员，在机组运行中应认真做好记录。在水泵发生异常时应增加记录次数，分析原因，及时处理。交班时应把发现的问题和异常现象交代清楚。

二、水泵保养

（1）泵组的安装要准确牢靠，作业时不可有明显的震动。若水泵抽水时有异响或轴承烫手（温度高于60℃）以及泵轴密封处渗水每分钟大于60滴时，一定要查明原因，及时排除故障。

（2）日常拧动的螺丝，如填料压盖螺丝、灌水堵等，应用合适的扳手、合理的扭矩拆装，不要用手钳拧，以防丝扣或螺帽滑扣。放水螺丝不常用易锈死，应先将放水堵拧下，在丝扣上涂些机油和白铅油，以后每年换两三次新油。其余螺丝，可在上面抹些润滑油或定期用油布擦拭防锈。

（3）用机油润滑的水泵，每月应更换一次润滑油；用黄油润滑的每半年换一次。要注意，水泵用钙基润滑脂，电动机用钠基润滑脂，彼此不要用错。因钠基润滑脂亲水，在水泵上遇水会乳化成泡沫消散，而钙基润滑脂怕高温，用在电机上，温度升高后易化掉。

（4）不能抽含沙量太大的水，以免叶轮、口环和轴等处过早磨坏。还要设法预防缺水运行。缺水运行会损坏水封，易出现水泵漏水，甚至不出水的现象。

（5）严冬使用后要马上排尽泵内的水。排灌季节结束后，要随即认真清洗、检查水泵，发现有损坏或变形不可继续使用的零件要及时修好或更换。水泵如长期不用，应包装好放干燥处保存。

三、常见故障与维修

离心泵常见故障及处理方法见表 14－1。

表 14－1　常见故障原因及排除方法

故障现象	可能产生的原因	排除方法
水泵不出水	进出口阀门未打开，进出管路阻塞，叶轮流道阻塞； 电机运行方向不对，电机缺相转速很慢； 吸入管漏气； 泵没灌满液体，泵腔内有空气； 进口供水不足，吸程过高，底阀漏水； 管路阻力过大，泵选型不当	检查，去除阻塞物； 调整电机方向，紧固电机接线； 拧紧各密封面，排除空气； 打开泵上盖或打开排气阀，排尽空气； 停机检查、调整（并网自来水管和带吸程使用易出现此现象）； 减少管路弯道，重新选泵
水泵流量不足	先按水泵不出水原因检查； 管道、泵叶轮流道部分阻塞，水垢沉积； 电压偏低； 叶轮磨损	先按水泵不出水排除； 去除阻塞物，重新调整阀门开度； 稳压； 更换叶轮
功率过大	超过额定流量使用； 吸程过高； 泵轴承磨损	调节流量关小出口阀门； 降低吸程； 更换轴承
杂音振动	管路支撑不稳； 液体混有气体； 产生汽蚀； 轴承损坏； 电机超载发热运行	稳固管路； 提高吸入压力、排气； 降低真空度； 更换轴承； 按电机发热原因处理
电机发热	流量过大，超载运行； 碰擦； 电机轴承损坏； 电压不足	关小出口阀； 检查排除； 更换轴承； 稳压
水泵漏水	机械密封磨损； 泵体有砂孔或破裂； 密封面不平整； 安装螺栓松懈	更换； 焊补或更换； 修整； 紧固

四、泵房完好标准

（1）设备状况好。室内所有设备都完好，各项运行参数在允许范围以内，主体完整，附件齐全，不见脏、乱、缺、锈、漏等现象。室内设备、管线、阀门、电气线路、仪盘等安装合理，横平竖直，成行成线。

（2）维护保养好。认真执行岗位责任制及设备维护保养制等规章制度。维修工具、安全设施、消防器具等齐备完整，灵活好用，摆放整齐。

（3）建筑结构合理，室内整齐卫生好。水厂建筑设计先进施工优良，设备布局合理。室内四壁、顶棚、地面、仪表盘前后清洁整齐，门窗玻璃明亮无缺。沟见底，轴见光，设备见本色，室内物品放置有序。资料齐全保管好，各种规章制度齐全，运行记录、交接班日记等记录清晰。

任务二　机电设备运行管理

一、变压器

1. 工作原理

变压器是一种通过电磁耦合把能量从一个电路转移到另一个电路，而不需本身部件发生相对运动的电力设备。变压器包含两组或两组以上的线圈。它的主要用途是转变电压，改变阻抗，及分隔电路。

2. 变压器运行注意事项

（1）变压器的工作电压，一次侧应在额定值－5％～＋5％范围内变动，二次侧可在额定电流内运行。

（2）变压器运行时，上层油温不宜超过85℃。

（3）变压器的工作负荷应负荷下列规定：

1）运行电流在额定值范围内，油浸风冷式变压器所带不超过额定负荷的70％或变压器顶层油温不超过55℃时，可停止风扇运行；其允许负荷和持续时间制造厂无规定时，应符合现行的《变压器运行规程》第32条的规定。

2）变压器的昼夜负荷率小于1时，在高峰负荷期间，变压器的允许过负荷倍数和过负荷持续时间应符合现行的《变压器运行规程》第31条的规定。

3）夏季最高负荷低于变压器的额定容量时，则每低于1％，可允许冬季过负荷1％，但不应超过15％。

4）本指南2）、3）两款所述过负荷可以相加，但总的过负荷值对油浸自冷和油浸风冷式变压器不应超过30％。

5）对变压器的允许事故过负荷制造厂无规定时，应符合现行《变压器运行规程》第30条的规定。

6）变压器并列运行空载时，环流应符合有关标准的规定；带负荷时，负荷电流应按容量成比例的分配。

7）Y/Y0－12连接的变压器，其低压侧中性线电流不得超过低压相线额定电流的

25%，有特殊规定者除外。

（4）变压器运行时，应做到每两周至少巡视一次。环境潮湿、脏污或恶劣天气的情况下，应增加巡视次数。在接班时，应检查气体保护装置的信号动作，必须检查油枕和气体继电器油面。

（5）运行时应检查：三相电压变化情况；变压器运行温度，各散热器温度是否均匀；变压器运行声响是否变大，有无异常声响发生；套管表面有无积灰、破裂和放电痕迹；油位计是否清洁，油位是否符合环境温度下的位置；呼吸器内的吸潮剂是否达到饱和状态，集泥器集积油泥和水的状况；热虹吸过滤器变色硅胶是否有效，系统有无漏油；油箱与附件连接部位有无渗漏油；防爆管隔膜有无破损和裂纹；变压器通风冷却装置；变压器外壳接地是否完好；检查变压器室通风口，防止小动物进入的设施，门窗的完整，房屋漏雨等。

（6）运行中出现下列情况之一时，应立即断开变压器。

1）变压器内部有强烈的、不均匀的声响和爆裂声。

2）在正常负荷和正常冷却条件下，油温不断升高。

3）油枕向外喷油或防爆管喷油。

4）变压器严重漏油。

5）套管上出现大量碎块和裂纹、滑动放电或套管有闪络痕迹。

6）变压器着火。

3. 变压器维护保养

（1）日常保养项目、内容，应符合下列规定：

1）应保持变压器及周围环境的整洁。

2）油枕的油位低于正常范围时，应及时补充同牌号、合格的绝缘油。35kV 及以上变压器应进行油的简化试验。

3）吸潮剂失效时应及时更换。

4）防爆管隔膜有裂纹应更换。

5）渗漏油处应及时处理。

6）有载调压变压器的切换开关动作次数达到制造厂的规定时，应进行检修。

（2）定期维护项目、内容，应符合下列规定：

1）瓷套管应清除尘土、油垢，并应无裂纹、破损、闪络放电痕迹和松动；密封胶垫应无老化龟裂，渗漏油时应压紧或更换。

2）油箱外壳及附属装置的清扫、检查，应符合下列规定：各部位、各部分清洁，油漆完好，油箱与油枕、散热器、防爆管和气体继电器等各接合面紧密；清除油枕集泥器中的水和污泥，油位计玻璃管应清晰透明、无破裂，不渗油；气体继电器油路畅通，挡板式气体继电器试验跳闸触点灵活可靠；呼吸器玻璃罩完整清晰，出气瓣不得堵塞；温度计指示正确，温度报警整定值符合要求，测温管内变压器油应充满，必须清除水或污物；各阀门不堵塞、不渗漏油，转动部分必须灵活，开关位置标注明显，实际开、关位置符合运行要求；冷却风扇无变形和受损，转动灵活，风扇电动机外部清洁无油污。

3）各接线处连接应紧密，导线应无损伤、断股。

4）变压器一、二次绕组间及对地，冷却风扇电动机绕组及引线对地，气体继电器和温度继电器引线间及对地的绝缘电阻测量，应符合：变压器绕组绝缘电阻值不小于现行行业标准《电气设备预防性试验规程》的规定；绕组电压等级在500V及以下，其绝缘电阻值不应小于10MΩ，其余部分绝缘电阻值不小于1MΩ；以变压器上层油温作为测绝缘电阻值的温度；在同一温度下，本次测的绕组绝缘电阻值与上次测的数值比较，下降30%～50%时，及时查找原因。绝缘温度10～30℃，额定电压为35kV及以下者，吸收比（R60/R15）不宜小于1.3。接地装置连接应紧固、可靠，无锈蚀，多股导线应无断股。

4. 变压器常见故障及处理方法

变压器常见故障及处理方法见表14－2。

表14－2　　变压器常见故障及处理方法

常见故障	可能原因	处理方法
变压器发出异常声响	变压器过负荷，发出的声响比平时沉重； 电源电压过高，发出的声响比平时沉重； 变压器内部震动加剧或结构松动，发出的声响大且嘈杂； 绕组或铁心绝缘有击穿现象，发出声响大且不均匀或有爆炸声； 套管太脏或有裂纹发出吱吱声，且套管表面有闪络现象	减少负荷； 按操作规程降低电源电压； 减少负荷或停电维修； 停电修理； 停电清洁套管或更换套管
油温过高	变压器过载； 三相负载不平衡； 变压器散热不良	减少负荷； 调整三相负载的分配，使其平衡； 检查并改善冷却系统的散热情况
油面高度不正常	油温过高，油面上升； 变压器漏油、渗油，油面下降（注意天气变化对油面的影响）	见油温过高的处理方法； 停电维修
变压器油变黑	变压器绕组绝缘击穿	修理变压器绕组
低压熔丝熔断	变压器过负载； 低压线路短路； 用电设备绝缘损坏，造成短路； 熔丝的容量选择不当，熔丝本身质量不好或熔丝安装不当	减少负载，更换熔丝； 排除短路故障，更换熔丝； 修理用电设备，更换熔丝； 更换熔丝，按照规定安装
高压熔丝熔断	变压器绝缘击穿； 低压设备绝缘损坏造成短路，但低压熔丝未熔断； 熔丝的容量选择不当，熔丝本身质量不好或熔丝安装不当； 遭受雷击	修理变压器，更换熔丝； 修理低压设备，更换高压熔丝； 更换熔丝按照规定安装； 更换熔丝
防爆管薄膜破裂	变压器内部发生故障（如绕组相间短路等），产生大量气体，压力增大，致使防爆管薄膜破裂； 由于外力作用而造成薄膜破裂	停电修理变压器，更换防爆管薄膜； 更换防爆管薄膜
气体继电器动作	变压器绕组匝间短路，相间短路、绕组断线、对地绝缘击穿等； 分接开关触头表面熔化或灼伤；分接开关触头放电或各分接头放电	停电修理变压器绕组； 停电修理分接开关

二、变压器

（一）电动机运行注意事项

1. 电动机启动前应检查

检测三相电源电压；检查轴承油位及冷却系统；检查滑环与电刷的接触状态；检查启动装置；旋转电动机；不同型式的电动机，应按规定的操作方式合闸启动；电动机在冷状态下，连续启动不得超过 3 次，在热状态下连续启动不得超过 2 次，启动间隔时间不得小于 5min（30kW 以上）。

2. 电动机运行时应检查

运行电压、电流的变化情况；轴承的油位、油色及油环的转动状况；滑环与电刷的表面和接触状态；电动机和各种接触器有无异常声音，各部温度、振动及轴向窜动的变化状况及开关控制设备状况。

3. 电动机停机应符合

鼠笼型异步电动机从电源侧断电；绕组式异步电动机从电源侧断电，变阻器由短路恢复到启动位置；同步电动机从电源侧断电，励磁绕组连接灭磁电阻灭磁。

4. 应立即停机情况

电动机及控制系统发生打火或冒烟；电动机强烈振动；轴承过度发热；缺相运行；电动机所带的水泵发生故障；同步电动机出现异步运行；滑环严重灼伤；滑环与电刷产生严重火花及电刷剧烈振动；励磁机整流子环火。

5. 注意

电动机在运行中发生自动跳闸时，在未查明原因前，不得重新启动；因电源失压或非直流电源故障失励，可重新启动（有特殊技术要求者除外）。

（二）电动机维护保养

1. 电动机的日常维护

最重要的环节是巡回检查和及时排除任何不正常现象的引发的故障。保持电机清洁，电机内部不允许进入水珠、油污、灰尘等，并定期清除电机内外的灰尘。注意负载电流不要超过额定值。注意检查轴承发热，漏油等情况，尤其要按规定加注润滑油脂。电机的温升不能超过额定值（轴承温升小于 60℃，或不大于环境温度 40℃）。

2. 电机的定期维护和保养

（1）清擦电机。及时清除电机机座外部的灰尘、油泥。如使用环境灰尘较多，最好每天清扫一次。

（2）检查和清擦电机接线端子。检查接线盒接线螺丝是否松动、烧伤。

（3）检查各固定部分螺丝，包括地脚螺丝、端盖螺丝、轴承盖螺丝等。将松动的螺母拧紧。

（4）检查传动装置、检查皮带轮或联轴器有无裂纹、损坏，安装是否牢固；皮带及其联结扣是否完好。

（5）电机的启动设备，也要及时清擦外部灰尘、泥垢，擦拭触头，检查各接线部位是否有烧伤痕迹，接地线是否良好。

（6）轴承的检查与维护。轴承在使用一段时间后应该清洗，更换润滑脂或润滑油。清洗和换油的时间，应随电机的工作情况、工作环境、清洁程度、润滑剂种类而定，一般每工作3～6个月，应该清洗一次，重新换润滑脂。根据电动机级数更换润滑剂（定时更换时：2级电机每3个月一次，4级、6级电机每半年一次，8级电机每年一次）。油温较高时，或者环境条件差、灰尘较多的电机要经常清洗、换油。

（7）应经常检查绝缘电阻，还要注意查看电机机壳接地是否可靠。

（三）电机常见故障及处理方法

电机常见故障及处理方法见表14－3。

表14－3　电机常见故障及处理方法

故障现象	故障原因	处理方法
通电后电动机不能转动，但无异响，也无异味和冒烟	电源未通（至少两相未通）； 熔丝熔断（至少两相熔断）； 控制设备接线错误； 电机已经损坏	检查电源回路开关，熔丝、接线盒处是否有断点，修复； 检查熔丝型号、熔断原因，更换熔丝； 检查电机，修复
通电后电动机不转，然后熔丝烧断	缺一相电源，或定子线圈一相反接； 定子绕组相间短路； 定子绕组接地； 定子绕组接线错误； 熔丝截面过小； 电源线短路或接地	检查刀闸是否有一相未合好，或电源回路有一相断线；消除反接故障； 查处短路点，予以修复； 消除接地； 查出误接，予以更正； 更换熔丝； 消除接地点
通电后电动机不转，有嗡嗡声	定子、转子绕组有断路（一相断线）或电源一相失电； 绕组引出线始末端接错或绕组内部接反； 电源回路接点松动，接触电阻大； 电动机负载过大或转子卡住； 电源电压过低； 小型电动机装配太紧或轴承内油脂过硬，轴承卡住	查明断点，予以修复； 检查绕组极性；判断绕组首末端是否正确； 紧固松动的接线螺栓，用万用表判断各接头是否假接，予以修复； 减载或查出并消除机械故障； 检查是否把规定的△接法误接为Y接法；是否由于电源导线过细使压降过大，予以纠正； 重新装配使之灵活；更换合格油脂，修复轴承
电动机启动困难，带额定负载时，电动机转速低于额定转速较多	电源电压过低； △接法误接为Y接法； 笼形转子开焊或断裂； 定子、转子局部线圈错接、接反； 电机过载	测量电源电压，设法改善； 纠正接法； 检查开焊和断点并修复； 查出误接处，予以改正； 减载
电动机运行时响声不正常，有异响	转子与定子绝缘低或槽楔相擦； 轴承磨损或油内有砂粒等异物； 定子、转子铁心松动； 轴承缺油； 风道填塞或风扇擦风罩； 定子、转子铁心相擦； 电源电压过高或不平衡； 定子绕组错接或短路	修剪绝缘，削低槽楔； 更换轴承或清洗轴承； 检查定子、转子铁心； 加油； 清理风道，重新安装风罩； 消除擦痕，必要时车小转子； 检查并调整电源电压； 消除定子绕组故障

续表

故障现象	故障原因	处理方法
运行中电动机振动较大	由于磨损，轴承间隙过大； 气隙不均匀； 转子不平衡； 转轴弯曲； 铁心变形或松动； 联轴器（皮带轮）中心未校正； 风扇不平衡； 机壳或基础强度不够； 电动机地脚螺丝松动； 笼形转子开焊、断路、绕组转子断路； 定子绕组故障	检查轴承，必要时更换； 调整气隙，使之均匀； 校正转子动平衡； 校直转轴； 校正重叠铁心； 重新校正，使之符合规定； 检修风扇，校正平衡，纠正其几何形状； 进行加固； 紧固地脚螺栓； 修复转子绕组； 修复定子绕组
轴承过热	润滑脂过多或过少； 油质不好含有杂质； 轴承与轴颈或端盖配合不当； 轴承盖内孔偏心，与轴相擦； 电动机与负载间联轴器未校正，或皮带过紧； 轴承间隙过大或过小； 电动机轴弯曲	按规定加润滑油脂（容积的1/3～2/3）； 更换为清洁的润滑油脂； 过松可用黏结剂修复； 修理轴承盖，消除擦点； 重新装配； 重新校正，调整皮带张力； 更换新轴承； 矫正电机轴或更换转子
电动机过热甚至冒烟	电源电压过高，使铁心发热大大增加； 电源电压过低，电动机又带额定负载运行，电流过大使绕组发热； 定子、转子铁心相擦，电动机过载或频繁启动； 笼形转子断条； 电动机缺相，两相运行； 环境温度高，电动机表面污垢多，或通风道堵塞； 电动机风扇故障，通风不良； 定子绕组故障（相间、匝间短路；定子绕组内部连接错误）	降低电源电压（如调整供电变压器分接头），若是电机Y、△接法错误引起，则应改正接法； 提高电源电压或换相供电导线； 消除擦点（调整气隙或锉、车转子），减载，按规定次数控制启动； 检查并消除转子绕组故障； 恢复三相运行； 清洗电动机，改善环境温度，采用降温措施； 检查并修复风扇，必要时更换； 检查定子绕组，消除故障
电动机空载电流不平衡，三相相差大	绕组首尾端接错； 电源电压不平衡； 绕组有匝间短路、线圈反接等故障	检查并纠正； 测量电源电压，设法消除不平衡； 消除绕组故障
电动机空载电流平衡，但数值大	电源电压过高； Y接电动机误接为△接； 气隙过大或不均匀	检查电源，设法恢复额定电压； 改接为Y接； 更换新转子或调整气隙

三、柴油发电机

（一）柴油发电机的运行

1. 机组启动前准备

（1）检查柴油发电机组各部分是否正常，各附件及紧固件的连接是否可靠，操作机构是否灵活可靠，如有不正常现象和妨碍机组运转的杂物，应立即排除和处理。

（2）发电机组的各电气线路的连接，在出厂前均已接好，但由于长途运输的颠簸和震动，在启动机组前，还应仔细逐个检查线路各接头的螺丝是否松动，接触是否良好，对照电气原理图和电气接线图，检查各电路是否正确。

(3) 由于长期放置的电机，电气线路是否受潮、绝缘是否合格，主回路和控制回路应用500V摇表，测量冷态下的绝缘电阻不得小于2MΩ（注意硅整流元件在测绝缘时应短接，若电线受潮应用电阻电流法烘干，直至合格，控制箱应找出绝缘薄弱点予以处理）。

(4) 检查电启动系统的接线是否正常，蓄电池充电是否充足，电解液的密度不应低于1.27g/cm^3（15℃时），液面过低应及时加注蒸馏水。

(5) 检查冷却系统是否正常，开式冷却系统应接通水源，其水位应高于发动机，闭式冷却系统应检查冷却水是否已经加满，水量不足应加足冷却水。

(6) 检查燃油系统是否正常，油箱内油量是否充足，打开燃油系统开关，必要时可用燃油手压泵充油，充油时旋松喷油泵上的放气螺钉和燃油滤清器上的放气小螺塞，排除燃油系统中的空气，直至溢出的燃油无气泡后，即可拧紧放气螺钉，再继续加泵油，直至回油管有回油后，再将手压泵旋紧。

(7) 检查机油的油面是否在油标尺的刻度范围内，若机油量不足，必须用相同牌号的机油加足至刻线范围。

(8) 检查进气系统是否正常，空气滤清器是否处于良好工作状态。

(9) 检查发电机组输出电路接线有无异常，控制屏上的仪表、开关等是否正常可靠。

(10) 输出空气开关处于断路状态。

2. 机组的启动

(1) 调整转速到机组额定转速，将钥匙打开，带保护装置的机组应检查机油低油压警报灯是否良好，灯亮说明良好，4～5s后即可启动机组。

(2) 装有空气预热装置的发动机，需预热时，应先接通预热电热塞10s。然后使柴油机启动，如果在10s以内未能启动，即应松开启动按钮，过2min后第二次启动，如果连续三次不能启动时，应停止启动，找出原因并排除故障后，才可再次启动。

(3) 机组启动运转后，立即松开启动按钮。充电电流表指针转向正向位置，表明充电机工作正常。带保护装置的机组此时低油压警报灯应熄灭，若紧急灯不能熄灭，说明机油压力太低，应立即停车检查原因。

(4) 机组启动后，应密切注意各仪表的读数是否正常，并立即检查机组各部位机件的运转情况，若发现异常，应立即排除和处理，正常后应记录启动运行时间。

3. 机组的停车

(1) 应逐步卸去发电机负载，断开输出空气开关。

(2) 逐步降低转速，运转3～5min后再停车，尽可能不要全负荷状态下急停车，以防出现过热等事故。把电钥匙打到关闭位置，取出钥匙。

(3) 把燃油系统恢复到开机前的状态，关闭油箱供油阀。

(4) 开式冷却系统，应断开水源及关闭水阀。在冬季环境温度低于0℃时，为防止冻坏机件，停车后应把冷却系统中的水放净（添加防冻液的除外）。

(5) 长期不工作的柴油发电机组，应按要求进行油封，未进行油封的每周必须启动一次，运转5～10min，以防止机件特别是内部机件的锈蚀。

(6) 柴油发电机组的紧急停车。在紧急或特殊情况下为防止机组发生严重事故，必须采取紧急停车，此时应迅速断开输出空气开关，卸去机组负荷按下紧急停机按钮或用力拨动紧急停车油门控制手柄至停止供油位置，机组即停止运转。

(7) 机组停止运转后，应及时检查和清洁机组外部，擦净机组的油污灰尘，使机组处于随时即可工作状态，并记录其停车时间。

（二）柴油发电机的维护保养

(1) 每周对柴油发电机组做好日常维护工作，主要为：检查燃油箱燃油量；检查油底壳中机油平面；检查喷油泵调速器机油平面；检查三漏（水、油、气）情况；检查柴油机各附件的安装情况；检查各仪表；检查喷油泵传动连接盘；清洁柴油机及附属设备外表。

(2) 累计工作100h或每隔1个月，应做好柴油发电机组一级技术保养，主要为：检查蓄电池电压和电解液相对密度；检查三角橡胶带的张紧程度；清洗机油泵吸油粗滤网；清洗空气滤清器；清洗通气管内的滤芯；清洗燃油滤清器；清洗机油滤清器；清洗涡轮增压器的机油滤清器及进油管；更换油底壳中的机油；加注润滑油或润滑脂；清洗冷却水散热器。

(3) 累计工作500h或每隔6个月，应做好柴油发电机组二级技术保养，主要为：检查喷油器；检查喷油泵；检查气门间隙，喷油提前角；检查进、排气门的密封情况；检查水泵漏水情况；检查气缸套封水圈的封水情况；检查传动机构盖板上的喷油塞；检查冷却水散热器和机油散热器，机油冷却器；检查主要零部件的坚固情况；检查电器设备；清洗机油、燃油系统管路；清洗冷却系统水管道；清洗涡轮增压器的气、油道。

(4) 累计工作1000～1500h或每隔一年，应做好柴油发电机组三级技术保养，主要为：检查气缸盖组件；检查活塞连杆组件；检查曲轴组件；检查传动机构和配气相位；检查喷油器；检查喷油泵；检查涡轮增压器；检查机油泵、淡水泵；检查气缸盖和进、排气管垫片；检查充电发电机和启动电机。

（三）柴油发电机常见故障及处理方法

紫油发电机常见故障及处理方法见表14-4。

表14-4　　柴油发电机常见故障及处理方法

故障现象	可能引起的原因	处　理　方　法
机组无法启动	机组启动电瓶容量不足	对电瓶进行维护（充电、补液）必要时更换机组电瓶
	控制屏没有上电	检查控制屏上熔断器是否熔断
	启动继电器故障	更换此继电器
	启动马达故障	分析原因，必要时更换
	机组卡死，人工无法盘车	彻底检查，寻找原因
启动困难或启动时间过长	机组启动电瓶容量不足	对电瓶进行维护（充电、补液）必要时更换机组电瓶
	启动前预热不足	检查预热元器件
	部分电调机组启动油门电位器过小	参阅随机电子调速器说明书，适当调大该电位器

续表

故障现象	可能引起的原因	处　理　方　法
启动困难或启动时间过长	机组处于低温状态	设法提高机体温度，建议选用机组加热器
	机组处于高原空气稀薄条件	不能一次全速启动，必须在怠速下运行一定时间后才能升到全速运行
	使用了错误类型或牌号的燃油	必须更换
	燃油中有水	更换燃油，建议加装油水分离器
	燃油系统中有空气或无燃油	将空气排除，通过手动燃油泵使燃油正常地从回油管中流出
	燃油滤清器堵塞严重	定期更换燃油滤清器
	进气系统堵塞严重	定期更换空气滤清器
	喷油泵及喷油嘴故障（堵塞）	请授权人员检查油泵，分析原因，大多数是由于长时间使用不合格的燃油所致
	输油泵故障	检查修理，必要时更换
	停机电磁阀故障	检查修理，必要时更换
	排气系统严重堵塞	检查并排除故障
	电子调速板故障	检查是否上电，必要时更换
机组启动后不能保持运行	燃油中有水	更换燃油，建议加装油水分离器
	燃油系统中有空气或无燃油	将空气排除，通过手动燃油泵使燃油正常地从回油管中流出
	燃油滤清器或空气滤清器堵塞	定期更换“二滤”
	空气稀薄地区怠速运行时间不足	适当延长怠速运行时间，确保机组暖机
	使用错误类型或牌号的燃油	必须更换燃油
机组启动时容易超速	电子调速机组启动油门及爬坡速度电位器调整不当	参阅随机电子调速器说明书，对油门及爬坡速度电位器略做调整
	超速保护值设定偏小	超速保护值略做调整，最大不超过17%
	对于机械式调速结构	检查油门拉杆是否灵活，并确保正确调节
	喷油泵（系统）故障	请授权人员检查维修
机组启动冒黑烟	进气系统阻塞	定期更换三滤
	使用错误类型或牌号的燃油	必须更换燃油
	发动机温度过低	待发动机达到正常温度后再观察
	高原空气稀薄地区	高原发动机应减功率运行
	进气温度过高	进气温度不应高于40℃
	燃油管及燃油滤清器堵塞	清洗燃油管，更换燃油滤清器及燃油粗滤
	涡轮增压器磨损严重	检修，必要时更换
	气门间隙不对	检查并调整气门间隙
	供油定时不对	查看喷油泵数据并请授权人员检修调整

续表

故障现象	可能引起的原因	处理方法
冒蓝烟	发动机润滑油过多	检查润滑油油位
	使用错误类型或牌号的润滑油	更换润滑油和滤清器，确保使用正确类型的润滑油
冒白烟	使用错误类型或牌号的燃油	更换，并确保使用正确类型的燃油
	气缸头漏水	检查缸头和缸垫，必要时更换
	发动机已到大修期限	大修发动机
机组达不到额定转速	机组工作在超载状态	降低负载，不超过机组额定负载使用
	电子调速板转速电位器设置有错误	参阅电子调速器随机说明书，给予正确设置或更换
	电子调速系统故障	检修或给予更换
	机械调速机构油门控制调整不当（或有松动）	检查并调整
	燃油管阻塞（或太细）	检修（更换）
	燃油中有水	更换燃油，建议加装油水分离器
	三滤更换不及时	定期更换三滤
	频率（转速）表故障	更换
机组游车	机械式调速结构油门拉杆松动	检查，调整到正确位置
	电子调速系统调速器调整不当	参阅电子调速器随机说明书，正确设置“增益”“稳定度”电位器
	调速机构失控	请相关授权人员检修
	燃油系统有空气或水	检查并排除（更换燃油）
	负载起落较大且频繁	尽量控制负载
机组运行不稳，振动	燃油系统有空气或水	检查并排除（更换燃油）
	空气滤清器阻塞	定期更换三滤
	润滑油过多，或润滑油牌号不对	检查润滑油油位或更换润滑油和滤清器，确保使用正确类型的润滑油
	发动机进气温度过高	进气温度不应高于40℃
	排气管阻塞（或背压过高）	减少背压，使发动机排气通畅
	喷油泵（系统）故障	请授权人员检修
	气门间隙不正确	检查并调整气门间隙
	冷却风扇受损	检查并修复，必要时更换
	机组基础不平整，减震器安装位置不正确	检查并调整位置
	使用条件恶劣，发动机提前进入大修期	大修发动机
润滑油压力过低	润滑油油位不正确	检查润滑油油位，增加或排放
	润滑油品牌不正确	更换正确的品牌润滑油
	润滑油长时间没有更换	定期更换润滑油
	润滑油滤清器堵塞	定期更换三滤

续表

故障现象	可能引起的原因	处 理 方 法
润滑油压力过低	润滑油温度超高	检查修理或更换润滑油冷却器
	曲轴轴承磨损或损坏	检修或更换并寻找原因
	减压阀损坏	更换减压阀
	油底壳吸油滤阻塞	检查修理或更换吸油管并清理吸油滤
	润滑油报警开关（传感器）或仪表故障	检查控制屏、仪表、机体传感器，修理或更换，排除故障
冷却液温度过高	冷却液不足	添加冷却液
	散热器散热片阻塞	寻找解决阻塞原因，清洗散热器
	散热器通风不畅	按安装要求，增大通风有效面积，确保通风畅通
	冷却风扇运行不正常	检查风扇皮带张紧度，必要时更换皮带
	风扇损坏	检修或更换
	水泵损坏	检修或更换
	节温器故障	更换
	喷油泵故障	请授权人员检修或更换
	供油定时不正确	查看喷油泵数据并请授权人员检修调整
	环境（进气）温度过高	保持机房通风，合理降低机房温度
	机组过载严重	控制负载，禁止机组长时间超载运行
	冷却液报警开关（传感器）或仪表故障	检查控制屏、仪表、机体传感器，修理或更换，排除故障
燃油消耗超标	外部或内部燃油泄漏	检查并排除泄漏
	空气滤清器阻塞	定期更换
	高原空气稀薄	降低功率运行
	发动机温度过低	寻找原因
	机组过载严重	控制负载，禁止机组长时间超载运行
	排气管受阻（背压过高）	检查排气管，控制背压
	供油定时不正确	查看喷油泵数据并请授权人员检修调整
	气门间隙不正确	检查并调整气门间隙
	机组进入大修期限	大修机组
滑油消耗超标	润滑油泄漏	检查并排除泄漏
	润滑油类型或牌号不对	更换润滑油和滤清器，确保使用正确的润滑油
	涡轮增压器密封圈和轴承磨损	检修或更换
	活塞、缸套、曲轴箱磨损严重	检查原因，是否进入大修期
机组输出功率不足	相对于额定功率机组已超载	降低负载运行
	高原地区造成功率不足	海拔超过 1000m 对柴油机功率需修正
	燃油管过细或燃油滤器阻塞	检查，增大燃油管口径，减少燃油管阻力，更换燃油滤清器
	使用错误类型或牌号的燃油	更换燃油和滤清器，确保使用正确类型的燃油

续表

故障现象	可能引起的原因	处　理　方　法
机组输出功率不足	回油管阻塞或油箱排气孔阻塞	检查并排除故障
	排气管阻塞（背压过高）	检查排气管，控制背压
	进气量不足（空滤阻塞）	定期更换三滤
	进气（机房）温度过高	保持机房通风，合理降低机组进气温度
	燃油温度过高	设法控制输入燃油温度小于70℃
	喷油泵或调速系统故障	请授权人员检修或更换
	涡轮增压器叶轮损坏或故障	检修或更换
	气门间隙不正确	检查并调整气门间隙
	供油定时不正确	查看喷油泵数据并请授权人员检修调整
	机组已进入大修期限	大修机组
机组无法停机	自启动机组，ATS开机信号切断，机组仍运行	属正常情况，机组进入冷却运行后停机
	停机电磁阀失控	检查线路接线是否正确，必要是更换电磁阀
	电子（机械）调速器故障	请授权人员检修
	控制屏先断钥匙开关后，再按停机按钮	错误的操作，必须先按停机按钮后，再关断钥匙开关
	油机控制仪表故障	检修或更换
机组停机	无燃油或燃油中有水或空气	检查并排除，建议加装油水分离器
	燃油、空气滤清器阻塞	检查
	电子调速器故障	请授权人员检修
	停机电磁阀保护停机动作	检查报警内容（代码），排除停机故障
	机组控制屏（系统）故障	按控制屏使用说明书检修机组控制屏

四、电气设备及自动化控制

（一）电气设备

村镇供水工程中，常用到的电气设备有电源互投装置、电源配电装置及电容补偿装置。其中，电源互投装置的作用是连接常用电源（电网）和备用电源（电网或发电机），以备在一路电源发生故障时进行电源之间的自动切换，以保证供电的可靠性和安全性；电源配电装置是由电源互投装置引入，具有多路电源分配及配电保护功能；电容补偿装置是采用并联电容器的方式，达到提高功率因数的效果。

1. 电气设备运行

(1) 工作电压应符合下列规定：电气设备和电力电缆应在1.15倍额定电压以内运行。电容器应在1.05倍额定电压范围内运行；在1.1倍额定电压范围内运行每天不得超过6h。温度低于标准值10℃时，可连续运行。整流装置应在－10％～＋5％额定电压范围内运行。

(2) 工作负荷应符合下列规定：电气设备运行电流不应超过额定电流值。母线最大变流不应大于安全载流量允许值。电流互感器不得长期超过额定电流运行。电力电缆负荷电流不得超过安全载流量允许值（临时故障短时间过负荷除外）。电容器组相间电流的差值不应大于5%。

（3）温度控制应符合下列规定：在额定电流范围内，母线温度不应大于70℃，各导体连接点温度不应大于80℃。

（4）电气设备的运行应符合相关设备要求。

2. 电气设备维护

（1）日常保养项目及内容应符合：保持配电装置区域内的整洁。严格监视其运行状态。充油设备油量不足应补充，油质变坏应更换。出现故障时，应进行维护检修。

（2）定期维护项目及内容应符合：清除各部位、各部件的积尘、污垢。母线表面应光洁平整，无裂损。软母线应无断股、烧伤，弧垂应符合设计要求；硬母线伸缩接头装置有断片应剪掉，超过1/4必须更换，有腐蚀层应处理。架构及各部位螺栓应紧固。混凝土架构应无严重裂纹和脱落，钢架构应无锈蚀。各部位瓷绝缘应完好，无爬闪痕迹，瓷铁胶合处无松动。各导电部分连接点应紧密。充油设备出气孔（或出气瓣）应畅通，油量不足应补充，油质变质应更换。操作和传动机构的各部件应完好、无变形，各部位销子、螺丝等紧固件不得松动和短缺，分、合闸必须灵活可靠。各处接地线应完好，连接紧固，接触良好。二次回路导线绝缘电阻值应大于1MΩ，潮湿场所，不得低于0.5MΩ。抽屉式和手车式配电柜、电力电容器、低压电器、电压保护装置等均需要按照规定进行检查。

（二）自动化控制设备

村镇供水工程中自动化控制设备主要包括水源井泵控制系统、全自动变频控制系统、加压泵启动系统、液位井泵控制系统及计算机通信系统。

1. 日常检查

（1）运行温度和周围环境的温度和湿度是否符合要求。如果温度过高应改善通风情况。温度过高会导致变频控制设备过热报警，严重的会直接导致变频控制设备功率器件损坏、电路短路；空气过于潮湿会导致变频控制设备内部直接短路。

（2）变频控制设备是否有异常响声、异常震动和异味。有没有大量灰尘和污损。

（3）变频控制设备的电压、电流显示，是否偏大或变化幅度太大，输出UVW三相电压与电流是否平衡。

（4）指示灯和显示面板，是否能正常显示，其显示值是否正常，有无故障告警。

（5）冷却排风系统，风机是否有异常声音。风扇旋转是否流畅，进风口是否有灰尘及堵塞物。

（6）导体导线是否由于过热而变形变色、腐蚀现象，电线护套是否有破损。

2. 定期维护

（1）清扫冷却排风系统及内部灰尘，可采用电动除尘器或压缩空气吹扫。印制电路板电子器件等处的灰尘进行清洁时，注意采取防静电措施。

（2）检查各固定部件的螺丝钉、螺栓以及即插件等是否松动、变形。

（3）主回路端子是否有接触不良的情况，电缆或铜排连接处、螺钉等是否有过热痕迹。

（4）电力冷压接头是否松动，连接处的绝缘包扎带是否老化、脱落。

（5）制动电阻器、电抗器，有没有绝缘体开裂。

（6）接触器的触点是否有打火痕迹，严重的要进行更换。

（7）风扇使用时间是否使用寿命（一般为 2 万～4 万 h）。如果达到应立即更换。

（8）路滤波电解电容器无液体漏出，安全阀是否突出。是否达到实用寿命（一般为 5 年）。如果达到应立即更换。一般其容量减少 20%以上应更换。

（9）存放的备用变频控制设备，最好每隔半年进行一次通电试验，每次时间半小时以上，变频控制设备可以空载运行。

任务三　消毒与净化设备运行管理

在所有消毒方法中，村镇水厂以二氧化氯法和次氯酸钠法消毒居多。

一、二氧化氯发生器

1. 设备运行前检查

加氯机或其他加氯设备在使用前应该做好准备，操作人员事先要学习有关安全用氯知识，熟悉加氯机的构造和性能，接受培训并达到能够独立操作的能力，方可进行运行管理。

设备运行前应检查加氯间内检修工具和材料以及防氯面具是否完好。检查水射器、计量泵、氯气导管、加氯管道及压力水管是否正常，检查加氯间漏氯报警装置是否完好。同时应检查加氯机或二氧化氯发生器等各种部件有无故障。

在设备运行中要严格按照加氯设备操作规程的先后次序和要求进行操作和检查。

另外，平时要做好加氯设备的维护保养工作，设备运行管理人员应在接受设备生产厂的培训学习后，按照有关要求设有专人负责进行加氯设备的维护保养，发现故障及时进行排除。

2. 设备运行与维护

（1）检查进水阀门是否打开，确认无误后将发生器丌关打开。开机后检查流量表是否正常运行，并观察各指示灯是否正常。

（2）在设备正常运行时，应注意原料要及时补加（酸和氯酸钠不能混淆）。设备运行中应观察所有管路有无泄露，一旦发现应立即停机，并进行修理。观察指示灯、压力表、计量泵运转是否正常，若有异常，应立即处理或停机并进行修理。定期更换易损部件。

（3）设备临时停用，不得将抽 ClO_2 压力水进水阀关闭，此阀必须在停机 20min 后关闭，使余气抽出，防止余气外溢。设备停用时，先关计量泵，切断电源。水射器压力进水阀 30min 后关闭，打开残液阀放空残液（每天 3～4 次）。

（4）设备长期不用时，关闭电源，要取出计量泵底阀放入清水容器中，抽水清洗计量泵，并放空贮槽然后刷洗干净，以备下次运行。

（5）设备正常运行 1～2 个月，应清洗一次。断开电源，排空所有槽内液体，用清水冲洗。

（6）做好危险品酸的防护工作，操作时要穿戴防护用具。设备必须有专人操作管理。

消毒间应准备胶皮手套、口罩、护目镜等劳动保护用品，并置于明显、固定的位置，防止加药和设备维修过程中发生危险。储存盐酸和氯酸钠的容器应密闭并保持一定距离。消毒间及库房不得有明火。发生二氧化氯泄漏时，应迅速撤离泄漏区人员至上风处；灭火器应使用二氧化碳、泡沫或干粉灭火器。

3. 应急处理

（1）二氧化氯发生泄漏后的应急处理。切断发生器主机电源，并用清水清洗发生器及其周围环境；尽量让加氯间通风。当班员工应立刻上报技术员和上级领导，并穿戴防毒面具作一般稀释处理，疏散其他不相关人员。继续让缓冲器运行直到泄漏量不会对人体造成伤害，技术员才可以对设备进行检查。在泄漏过程中，当班员工应对水体消毒采用应急措施，投加存储的消毒剂来满足消毒效果。

（2）盐酸发生泄漏后的应急处理。处理人员应穿着防酸服，戴防毒面具。用大量自来水冲洗泄漏处，稀释后的废水必经过排水沟流入水厂外鱼塘，必须利用反应池和沉淀池的排泥水对盐酸废液进一步稀释。人员被动接触盐酸后应作如下处理：皮肤接触后应用大量清水或生理盐水清洗后就医。吸入盐酸后应尽快远离现场至空旷地方，如呼吸困难应立即就医。误服盐酸使应立即用水漱口并就医。

二、次氯酸钠消毒设备

1. 次氯酸钠消毒设备的运行

（1）溶盐。首先在盐斗中投加一定配比的食盐，按3%～4%的浓度调配，打开进自来水阀门进行溶解并打开泵溶盐阀门，溶解完成后，静止15min左右，然后找开进高位盐箱阀门，把稀盐水用泵加到高位盐箱中备用。

（2）运行。打开进盐液阀，调节好流量调节阀，流量控制在5～6L/h，同时打开出药阀和冷却水阀，再启动整流电源，电流调节在50A之内一般电压5V左右，如电压过高说明盐水浓度低，反之则盐水浓度高。

（3）反冲洗。每班运行完毕，必须反冲洗一次，反冲洗时先打开放空阀，把结存在管道中的盐水排掉，然后打开反冲洗放空和反冲洗进水处来水阀，冲洗10min左右，然后把放空阀门找开排掉积水，待下次使用。

（4）酸洗。发生器累计运行250h需酸洗一次，根据水质情况相应延长或缩短酸洗周期，酸洗时，先打开所有排空阀门，把管道中的积存盐水排掉，然后打开进酸阀门和出酸阀门，直到出酸放空管有机管流出酸水后，关闭进酸阀门，待酸水在电极管中浸泡1～2h后再把酸水排掉，然后再反冲洗一次，一般稀盐酸调配浓度为10%左右。

（5）注意事项。一般自动工作时，无须专人管理，投盐一次可工作7～10d，缺盐水时自动停机并报警，投盐时必须对发生器反冲洗一次，工作1个月左右必须酸洗一次。设备运行时，严禁无冷却运行，如遇停水设备严禁使用。定期检查电源接线栓是否松动发热，高位盐箱中的滤网是否堵塞，及时排除。室内尽量避免烟火，保持通风良好。

2. 次氯酸钠消毒设备的维护

（1）每日检查储存输送管道、阀门是否泄漏并清洁检修；检查加注系统设备是否正常并检修。检查相关计量仪器、电气设备是否正常并清洁检修。检查设备周围是否有腐蚀气体和流体；检查气压管路的密封性，若有出现漏气现象应及时修补。

（2）每月应检查阀门是否灵活、畅通。检查罐身是否有生锈、破损并及时修补。检查螺丝是否松动和失效。

（3）加注设备每年解体检修 1 次，更换磨损部件、润滑脂、密封件。每年检查焊缝是否牢固、密封圈是否老化。每年对罐体油漆一遍作防锈处理。

附录　农村饮水安全工程实例——集中供水工程

一、项目区概况

黄鲁镇位于宾湖西部，全镇总面积 83km^2，其中集镇区面积 2.8km^2。下辖 8 个行政村和 1 个居委会，总人口 4.3 万人。供水区内有大型企业，人口 24121 万人（现状），饮水不安全人口 10577 人，均为分散式供水工程。

二、水资源概况

据统计，宾湖沿岸约 3000 家工矿企业，每年约有 2.36 亿 t 工业废水（90%未经处理）通过河道排入宾湖，其中含氮约为 11315t，含磷约 619t。流域内城镇人口 120 万人，年生活污水排放量 1.04 亿 t，宾湖闸建成后宾湖形成半封闭水域，外源性营养物和污染物累计系数较高，为藻类大量繁殖提供了良好的营养条件，铜绿微囊藻和螺旋鱼腥藻迅速生长，年产量上亿吨，已成为全国富营养化程度最严重的湖泊。近年来，经环保项目治理全区境内的宾湖水质已降到Ⅳ类地面水，总氮、总磷等指标均低于Ⅲ类地面水标准。柘河现为Ⅲ类地表水，但由于上游集镇生活及工业污水排放量大，没有得到很好控制，水质随时可能恶化，给沿河两岸农村居民生活用水造成严重威胁；兆丰河现为Ⅲ类地表水，由于其上游是阳江县化工业基地，污染源多，水质严重恶化，枯水期有明显气味，pH 值经常出现偏酸、偏碱现象，给取用水的城镇、农村居民生活用水造成严重威胁。

拟建设的黄鲁水厂位于江淮丘陵地带，为垄岗地貌，现为坡地，位于现黄鲁自来水厂北侧，地形由西向东倾斜，详述如下：

（1）耕土。灰褐色，湿，含植物根茎，层厚 0.3～0.4m，层底高程 8.10～10.40m。

（2）粉质黏土。棕黄色，湿，可硬塑状，含铁锰结核，韧性高，干强度高，无摇震反应，具光泽反应。层顶高程 8.10～10.40m，最大揭露厚度 9.6m。

场地土为中硬土，场地覆盖层厚度为 30m，场地类别为Ⅱ类，属抗震有利地段。

三、水源选择

（一）水源的确定

根据黄鲁镇水资源分布情况、结合解决农村人口饮水安全的类型特点以及水利工程的位置，应优先选择地表水源及水源保证率高的中型水库、湖泊；水源选择时还应该考虑运行成本与工程投资，应充分利用现有的水资源。

自来水厂的供水水源，首先从量的方向选择，根据本区水文地质条件，地下水分布零散，储量不大，不能作为新建水厂的供水水源，只能就地表水源进行选择。对黄鲁镇范围内地表水源进行调查，水源主要是黄鲁水库和宾湖。有两种方案可对比，对比如下：

（1）黄鲁水库为小（2）型水库，集水面积 5.84km^2，总库容 73 万 m^3，兴利库容 31 万 m^3。该水库作为黄鲁重要灌溉水源，兼有防洪等作用的综合利用水库，容量有限，补给源不足，干旱年份，其水量得不到保证，仅能保证 75%保证率下的农田灌溉需水量。

（2）宾湖多年平均入湖径流量为 36.51 亿 m^3，最大年径流量 77.8 亿 m^3，最小年径流量2.34亿m^3。水源保证率大于98%，根据环保部门提供的资料，宾湖张家疃处属于Ⅱ类地表水，可作为饮用水水源，经净化处理后，能达到饮用水安全标准。

根据P=95%保证率地表水水源水量平衡计算，本次工程所用的宾湖作为水源，能满足农村安全饮水的要求。

（二）水源水质分析

根据宾湖市环境保护监测站出具的《宾湖流域地表水例行监测监测报告》，宾湖张家疃段水质较好，为Ⅱ类水体。

四、工程类型

黄鲁自来水厂工程规模为4000m^3/d。根据SL 310—2004《村镇供水工程技术规范》的规定，确定其工程类型属于集中供水Ⅲ型，最高日居民生活用水量为70L/(人·d)。

五、取水工程

本供水工程水源地为宾湖黄鲁镇张家疃段，工程取水泵站确定在宾湖堤防背水侧，通过离心式水泵抽吸至黄鲁镇自来水厂，新建矩形取水泵房，取水头部采用混凝土箱体结构，箱体底高程为1.45m，布置宾湖岸边的水下。

取水泵房设计供水规模按4200m^3/d设计，采用2台IS125－100－200A型单级单吸式离心泵，一用一备，单机设计流量186m^3/h，设计扬程为43m，单机功率为37kW。

泵房采用矩形布置，平面尺寸为7.6m×4.5m，泵房底板高程根据为9.50m，由于泵房建在堤防背水侧采用自吸式抽水，泵房操作平台高程可根据实际使用情况进行确定为13.0m。厂房净高为4.5m，屋面大梁底高程为17.5m。机组置于泵房底板之上，抽水机组自吸式抽水，能够满足设计要求。

六、输水管道

输水管线是把宾湖的原水输送到黄鲁镇自来水厂，按照设计规范要求，考虑输水的安全，原水输水管不宜少于两条，考虑到工程筹措资金问题，本设计采用单根管道输水。

输水管道采用UPVC管，管径为D_e280，输水管道从宾湖张家疃段堤防段的取水泵站接出，沿道路铺设，经过张家疃西侧后折向东边，沿公路向西北方向铺设，最后接入黄鲁镇自来水厂。

七、净水厂位置及工艺的确定

（一）净水厂位置

净水厂厂址位置选择在张疃路东，恒源水业公司东侧。具体为：南至刘林海下埂，东至荒塘西埂，北至小戴村抗汗沟南，西至恒源水业公司，占地面积5.45亩。

（二）净水厂工艺

原水水质状况和对处理后的水质要求，决定了净水厂水处理工艺的选择，同时，水处理工艺选择还需要考虑建设场地的地形情况以及水厂建成后的运行管理能力等。

宾湖张家疃段水体未受到污染，水质较好，各项水质指标基本满足国家GB 3838—2002《地表水环境质量标准》中的Ⅱ类水质标准。

1. 混合形式的选择

目前采用的混合形式一般分4种：管式混合，隔板混合，水泵混合及机械搅拌混合。

本工程设计方案采用管式静态混合器。

2. 絮凝池类型选择

絮凝、沉淀是给水处理的最重要的工艺环节。一般常规的反应型有：穿孔旋流反应池、折板反应池、机械反应池、隔板反应池、网格反应池。

本工程根据原水水质选择网格反应池，反应效果较好，反应时间较短，构造简单，施工方便。

3. 沉淀池类型选择

沉淀池的主要类型有：平流式沉淀池、斜管沉淀池等。

因本工程场地较小，处理水量较小，因此本工程设计中采用斜管沉淀池，和网格反应池合建。

4. 滤池类型选择

过滤一般是指以石英砂等粒状滤料层截留水中悬浮杂质，从而使水获得澄清的工艺过程，滤池一般有以下几种形式：虹吸滤池、普通快滤池、钟罩管敞开式滤池。

本工程设计采用钟罩管敞开式滤池，结构紧凑、占地面积小、净水效果好、管理方便。

5. 消毒方法选择

水的消毒处理是生活饮用水处理工艺中的最后一道工序，其目的在于杀灭水中的有害病原微生物（病原菌、病毒等），防止水致传染病的危害。

考虑到本工程规模小，加氯量小，同时参考其他水厂运行经验，本设计采用二氧化氯消毒。

本设计中采用的工艺流程如附图1所示。

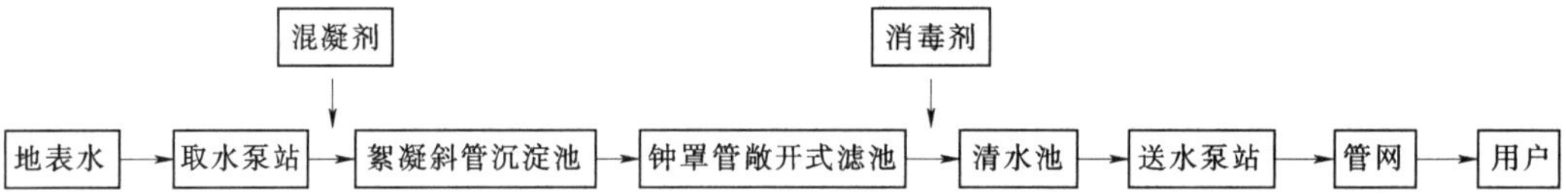

附图1　工艺流程图

八、配水管网及管材

（一）配水管网

配水管网的任务是将净水厂处理过的自来水安全输送到各用水区域和各用水户，并能够满足用户对水量、水压、水质的要求。考虑到本项目是村镇供水，以及施工维修方便和经济等因素，本工程采用枝状管网布置。

管线布置原则：结合地形沿供水范围区现有、规划的道路路边布置，合理分布于整个用水区，尽量避免穿越村镇居民区、河流沟渠、高岗地以及腐蚀性地段，并尽可能缩短配水管线的长度。

本项目配水管网如附图2所示。

（二）管材的选择

适合本工程配水管的管材有钢管、预应力钢筋混凝土管、球墨铸铁管、夹砂玻璃钢管

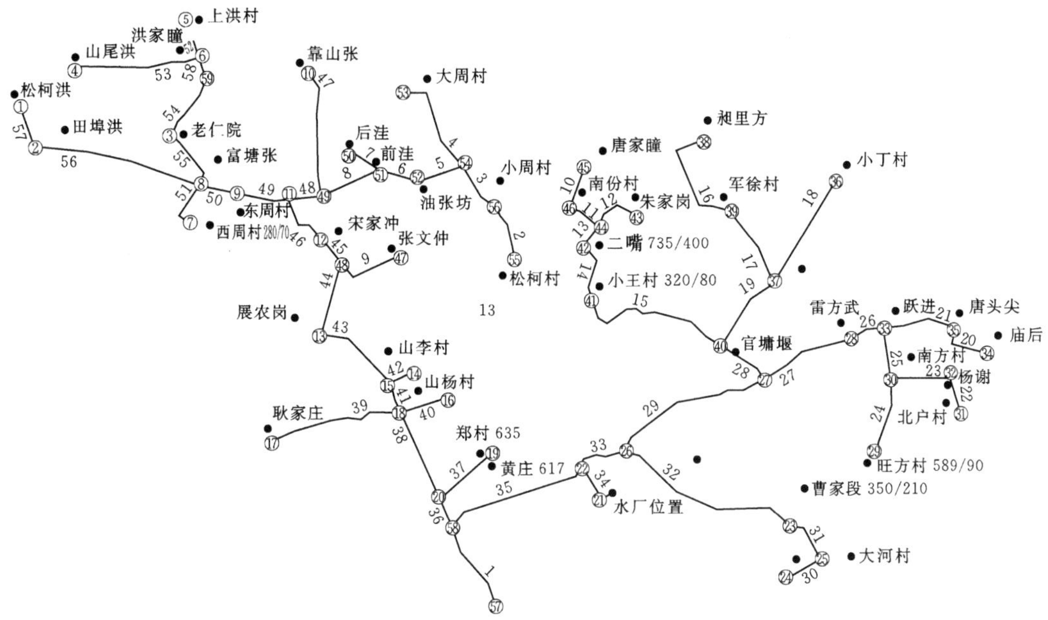

附图 2 配水管网图

和 PE 管等。

管材选择应进行经济技术分析，并从以下 5 个方面评定：①管材性能稳定可靠，能承受要求的内压和外荷载；②管材来源有保证，管件配套方便，运输费用低；③施工安装容易；④使用年限长，维修工作量小；⑤输水能力能长期保持相同水平，工程造价低。

本着节约投资、经久耐用的原则，结合黄鲁镇经济状况，本次设计供水管道推荐采用 UPVC 管，管道内压耐压等级均为 1.0MPa。并符合 GB/T 17219《生活饮用水输配水设备及防护材料卫生安全评价标准》。

九、工程永久占地

黄鲁水厂以宾湖为水源地，取水头部位于黄鲁镇张家疃行政村，取水泵房位于宾湖大道与张疃路交叉处（即 34K＋500m），取水泵房永久占地 40m^2。

净水厂厂址位置选择在张疃路东，恒源水业公司东侧，需向建中委员会征地 5.45 亩（3600m^2）用于水厂建设。该部分为工程永久占地。

输、配水管道采用地埋式铺设，基本沿公路、渠道旁铺设，少量的占地属临时用地。

十、工程设计

（一）取水工程设计

本水厂取水泵站确定在来张家疃宾湖堤防背水侧，新建矩形取水泵房，取水头部采用混凝土箱体结构。

取水泵房设计供水规模按 4200m^3/d 设计，采用 2 台 IS 125－100－200A 型单级单吸离心泵，一用一备，单机设计流量 186m^3/h，设计扬程为 43m，单机功率 37kW。

泵房采用矩形布置，平面尺寸为 7.6m×4.5m，泵房底板高程为 9.50m，由于泵房建在堤防被水侧采用自吸式抽水，泵房操作平台高程可根据实际使用情况进行确定为13.00m。厂房净高为4.0m，屋面大梁底高程为17.5m。机组置于泵房底板之上，抽水机组自吸式抽水，能够满足设计要求。

（二）输水管道设计

输水管道采用D_e280的UPVC管，设计输水流量为175m³/h，输水管线长度3.0km。

1. 取水泵站扬程

（1）水头损失计算。根据《村镇供水工程技术规范》，管道水头损失计算采用：

1）沿程水头损失：

$$i=0.000915\frac{Q^{1.774}}{d^{4.774}}=0.0027187$$

$$H_f=iL=0.001577\times3000=8.156(\mathrm{m})$$

2）局部水头损失。按照沿程水头损失的8%计算。

$$h_j=8\%h_f=0.08\times4.673=0.652(\mathrm{m})$$

总水头损失：$h=h_f+h_j=8.156+0.652=8.808$（m）

（2）净扬程计算。根据宾湖的水文资料，按照95%的供水保证率，取水口的正常水位4.01m（黄海高程），自来水厂反应池水位为32.0m（黄海高程），所以所需净扬程26.99m。水泵吸水管路水头损失经计算为1.68m，水泵出口至UPVC管连接处出水钢管的水头损失及泵自身水头损失合计为4m。

故取水泵站的总扬程为

26.99m+8.808m+1.68m+4m+2m(富余水头）=43.478m

取水泵站的扬程为44m。

2. 输水管的附属设施

其设施有控制阀门、排气阀、泄水阀等。

输水管上需安装控制阀门，以满足事故检修时的隔断需要，采用管网蝶阀。

排气阀安装在管线的隆起部位，用以在投产时、平时或检修后排出管内的空气，在产生水锤时可自动进入空气，以免管内形成负压。

泄水阀安装在管线的最低处，用以排出管道中的沉淀物或放空管道进行检修。

（三）净水工程

1. 混合工艺设计

（1）混凝剂的选择。混凝剂品种的选择及用量，应根据原水混凝沉淀时，能生产的矾花，净水效果好坏，对水质有没有影响等方面综合考虑选择。常用混凝剂的比较：

明矾：呈白色固体状，又称钾、铝矾，实际是硫酸铝、硫酸钾的复盐，主要成分Al_2O_3含量10%，呈块状，溶于水起水解作用生成氢氧化铝胶状沉淀，其用量20～25kg/1000m³水，适应于pH值6～8，因效果差又有酸涩味，已很少用于水处理。

聚合氯化铝（PAC）：是无机高分子物。主要成分Al_2O_3含量30%+1为无色或黄色树脂颗粒状固体，其溶液为无色或黄褐色透明液体。有时因含杂质而呈黑色。固体产品中氯化铝含量为20%～40%，碱式氯化铝含量为20%左右，黄色聚合氯化铝含量大于30%。聚合氯化铝适应pH值7～8。聚合氯化铝在水解过程中拌有凝聚、吸附和沉淀等物理化学过程，可以除去水中悬浮物、除铁、除镉、除氟、除放射性污染、除漂浮物等。其效果是明矾的5倍以上。

本工程设计混凝剂选择聚合氯化铝，具有絮凝效果好、对人体健康无害、适用方便、价格低廉等优点，取最大投加量为30mg/L。

（2）混凝剂的投加。溶液池容积按下式计算：

$$W_2=\frac{aQ}{417cn}$$

式中　W_2——溶液池容积，m^3；

Q——处理水量，m^3/h；

a——混凝剂最大投加量，mg/L；

c——溶液浓度，取10%；

n——每日调制次数，取$n=2$。

经计算溶液池的体积为$0.63m^3$。

本此设计混凝剂投加设备选用ZJ型自动加药设备。该设备主要特点有在药剂室之间设立的过滤装置，因而药液在进入药液室前就进行了过滤，除去了遗留残渣，保证了溶药系统正常运行；该设备占地小，安装和移动方便，安装就位后只要接上水电即可使用操作简单方便，而且该设备自带反冲洗系统，减少了劳动人员的操作强度。

ZJ型自动加药设备剖面图如附图3所示。

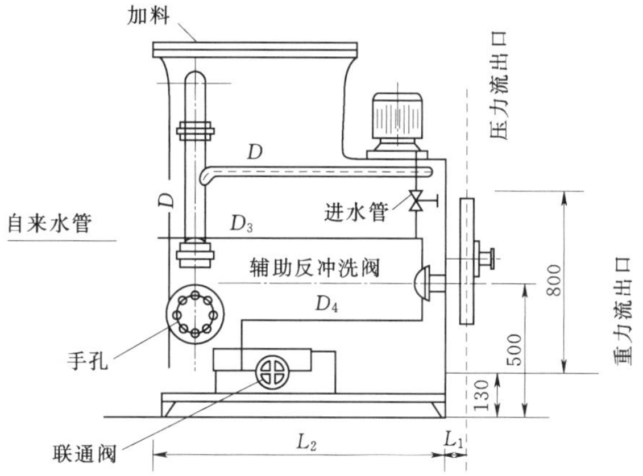

附图3　加药设备构造图

选用ZJ-650型自动加药设备，外形尺寸为1.23m×1.078m×1.4m，进水管D为20mm，投药管D为20mm，反冲洗出水管D为50mm，电机功率0.75kW，加药方式为泵后加药，设备安装在加药间。

（3）混合设备。设计选用管式静态混合器1台。如附图4所示。

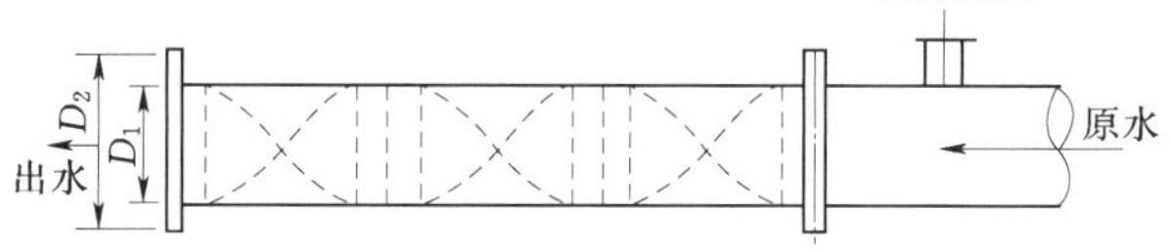

附图4　管式静态混合器

设计流量为

$$Q=\frac{4200}{24\times3600}=0.0486(m^3/s)$$

设计流速$v=1.0m/s$，则管径为0.248m，取$D_N=250mm$则实际流速$v=0.97m/s$。

水头损失约 0.5m。

投加点到起始净水构筑物的距离不宜超过 120m，混合后的原水在管道内的停留时间不宜超过 120s。混合器的位置见水厂平面布置图。

2. 网格絮凝池设计

(1) 平面布置。絮凝池分为一组，设计流量 $Q=0.0486m^3/s$。

平面布置形式：采用 24 格，如附图 5 所示。

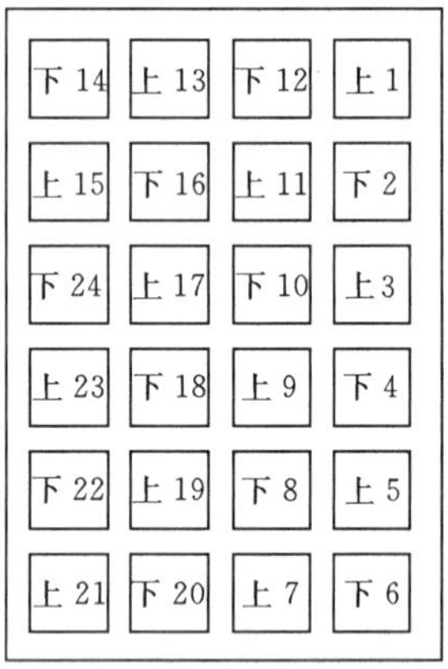

附图 5　网格絮凝池平面布置图

(2) 设计参数选取。

絮凝时间：$T=13.5min=810s$，有效水深 $H'=4.1m$（与后续沉淀池水深相配合），超高 0.3m，池底设泥斗及快开排泥阀排泥，泥斗高 0.6m。

絮凝池总高度为 $H=4.1+0.3+0.6=5.0(m)$。

絮凝池分为三段：

前段放密网格，过网流速 $v_{1网}=0.30m/s$，竖井平均流速 $v_1=0.12m/s$；

中段放疏网格，过网流速 $v_{2网}=0.24m/s$，竖井平均流速 $v_2=0.12m/s$；

末段不放网格，竖井平均流速 $v_3=0.12m/s$。

前段竖井的过孔流速为 0.3～0.2m/s，中段 0.2～0.15m/s，末段 0.14～0.1m/s。

(3) 平面尺寸计算。

每组池子容积为 $V=QT=0.0486\times840=40.8(m^3)$

池面积　$$A=\frac{V}{H'}=\frac{40.8}{4.1}=9.96(m^2)$$

分格面积　$$f=\frac{Q}{V_0}=\frac{0.0486}{0.12}=0.405(m^2)$$

竖井尺寸采用 $0.63\times0.63m$，则单格面积为 $0.3969m^2$。

分格数　$$n=\frac{A}{f}=\frac{9.96}{0.3969}=24(格)$$

内墙厚度取 0.2m，外墙厚度取 0.3m。

池子总宽　$L=4\times0.2+2\times0.3+0.63\times5=4.55(m)$

总长　$B=5\times0.2+1\times0.3+0.63\times5=4.45(m)$

(4) 网格设计。选用网格材料为扁钢。

1) 前段放置密网格。前段网格空眼为正方形，边长为 80mm，共 25 个网格。

网格面积　$$A_{1网}=0.08\times0.08=0.0064(m^2)$$

实际过网流速　$$v'_{1网}=\frac{0.0486}{25\times0.0064}=0.30(m/s)$$

2) 中段放置疏网格后。中段网格空眼为正方形，边长为 100mm，共 20 个网格。

网格面积　　$A_{1网}=0.1\times0.1=0.01(m^2)$

实际过网流速　　$v'_{1网}=\frac{0.0486}{20\times0.01}=0.24(m/s)$

(5) 竖井隔墙孔洞尺寸确定。如 1 号竖井隔墙孔洞的过水面积为

$$A=\frac{流量}{过孔流速}=\frac{0.0486}{0.3}=0.16(m^2)$$

孔洞宽度 B 为 0.63m，则孔洞高度为

$$H=\frac{A}{B}=\frac{0.16}{0.63}=0.26(m)$$

其余各竖井孔洞的计算尺寸见附表 1。

附表 1　　竖井隔墙孔洞尺寸

序号	孔洞号	孔洞流速 $v/(m\cdot s^{-1})$	孔洞高度 h/m	孔洞尺寸 b/m
1	1-2	0.3	0.26	0.63
2	2-3	0.28	0.28	0.63
3	3-4	0.26	0.30	0.63
4	4-5	0.24	0.32	0.63
5	5-6	0.23	0.34	0.63
6	6-7	0.22	0.35	0.63
7	7-8	0.21	0.37	0.63
8	8-9	0.20	0.39	0.63
9	9-10	0.19	0.41	0.63
10	10-11	0.18	0.43	0.63
11	11-12	0.17	0.45	0.63
12	12-13	0.16	0.48	0.63
13	13-14	0.15	0.51	0.63
14	14-15	0.15	0.51	0.63
15	15-16	0.15	0.51	0.63
16	16-17	0.14	0.55	0.63
17	17-18	0.14	0.55	0.63
18	18-19	0.13	0.59	0.63
19	19-20	0.13	0.59	0.63
20	20-21	0.12	0.64	0.63
21	21-22	0.12	0.64	0.63
22	22-23	0.11	0.70	0.63
23	23-24	0.10	0.77	0.63
24	出水孔洞	0.10	0.77	0.63

(6) 水头损失计算。

$$h=\sum h_1+\sum h_2=\sum \xi_1 \frac{v_1^2}{2g}+\sum \xi_2 \frac{v_2^2}{2g}$$

式中　h——各段总水头损失，m；

h_1——每层网格的水头损失，m；

h_2——每个孔洞的水头损失，m；

ξ_1——网格阻力系数，前段取1.0，中段取0.9；

ξ_2——孔洞阻力系数，取3.0；

v_1——竖井过栅流速，m/s；

v_2——各段孔洞流速，m/s。

经计算孔洞水头损失为0.123m；

过网格水头损失为0.277；

所以总水头损失为0.123+0.277=0.4(m)。

(7) 排泥设计。采用穿孔排泥管排泥，排泥管直径为D_N150，共设4根排泥管。

3. 斜管沉淀池设计

采用上向流斜管沉淀池，水从斜管底部流入，沿管壁向上流动，上部出水，泥渣由底部滑出。斜管材料采用厚0.4mm蜂窝六边形塑料板，管的内切圆直径$d=35$mm，长$l=1000$mm，斜管倾角$\theta=60°$。

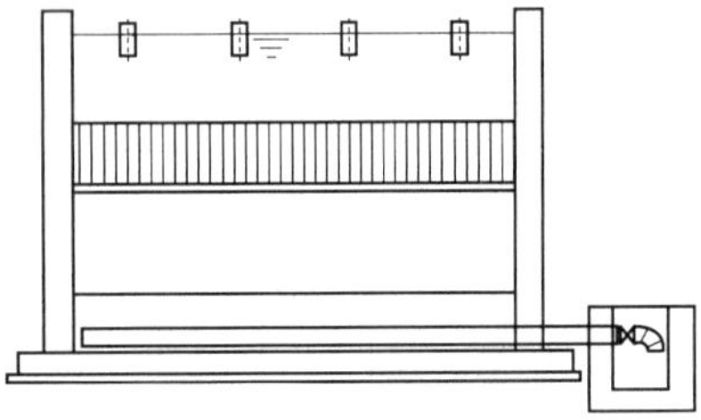

附图6　斜管沉淀池剖面图

如附图6所示，斜管区由六角形截面的蜂窝状斜管组件组成。斜管与水平面成60°角，放置于沉淀池中。原水经过絮凝池转入斜管沉淀池下部。水流自下向上流动，清水在池顶用穿孔集水管收集；污泥则在池底也用穿孔排泥管收集，排入下水道。

(1) 设计参数。

斜管沉淀池也设置一组，设计流量$Q=0.0486m^3/s$。

表面负荷取$q=7.5m^3/(m^2/h)=2.08mm/s$。

(2) 沉淀池面积。

1) 清水区有效面积F'为

$$F'=\frac{Q}{V}=\frac{0.0486}{0.00208}=23.33(m^2)$$

2) 沉淀池初拟面积F。斜管结构占用面积按5%计，则

$$F=F'\times1.05=23.33\times1.05=24.5(m^2)$$

设计平面尺寸为4.78m×5.1m。

(3) 池体高度。

保护高$h_1=0.3$m；

斜管高度$h_2=l\times\sin\theta=1\times\sin60°=0.87(m)$；

配水区高度$h_3=1.5$m；

清水区高度$h_4=1.1$m；

池底穿孔排泥槽高 $h_5=0.8$m。

则池体总高为

$$H=h_1+h_2+h_3+h_4+h_5=0.3+0.87+1.5+1.2+0.8=4.57(\mathrm{m})$$

（4）复核管内雷诺数及沉淀时间。

1）管内流速 v_0 为

$$v_0=\frac{v}{\sin\theta}=\frac{2.08}{\sin60^\circ}=2.40(\mathrm{mm/s})$$

2）斜管水力半径 R 为

$$R=\frac{d}{4}=0.875(\mathrm{cm})$$

3）雷诺数 Re 为

$$Re=\frac{Rv_0}{v}=\frac{0.875\times0.24}{0.01}=21$$

4）管内沉淀时间 t 为

$$t=\frac{l}{v_0}=\frac{1000}{2.40}=416.7\mathrm{s}=6.95(\mathrm{min})$$

（5）集水渠。取集水渠宽 $b'=0.35$m，设计流速取 0.6m/s，则渠中水深：

$$h'=\frac{0.0486}{(0.35\times0.6)}=0.23(\mathrm{m})$$

（6）集水系统。

1）集水槽个数 $n=4$。

2）集水槽中心距 1.20m。

3）槽中流量 $q_0=0.0122\mathrm{m}^3/\mathrm{s}$。

4）槽中水深 H_2。

经计算：槽宽 $b=0.16$m，槽中水深为 0.2m。

集水方法采用淹没式自由跌落。淹没深度取 5cm，跌落高度取 5cm，槽的超高取 0.15m，则集水槽总高度 $H_3=0.2+0.05+0.05+0.15=0.45$（m）。

5）孔眼计算。

a. 所需孔眼总面积 ω。由 $q_0=\mu\omega\sqrt{2gh}$ 得

$$\omega=\frac{q_0}{\mu\sqrt{2gh}}$$

式中　q_0——集水槽流量，m^3/s；

μ——流量系数，取 0.62；

h——孔口淹没水深，取 0.05m。

所以 $\omega=0.02\mathrm{m}^2$。

b. 单孔面积 ω_0。孔眼直径采用 $d=30$mm，则单孔面积

$$\omega_0=\frac{\pi}{4}d^2=0.0007(\mathrm{m}^2)$$

c. 孔眼个数 $n=28.6$ 个，取 28 个。

d. 集水槽每边孔眼个数 n' 为

$$n'=\frac{n}{2}=\frac{28}{2}=14(个)$$

e. 孔眼中心距离 s_0 为

$$s_0=\frac{B}{14}=\frac{4.65}{14}=0.33(m)$$

（7）排泥。采用穿孔排泥管，沿池宽设 3 条排泥管，排泥管管径为 D_N200，横向铺设 3 条 V 形槽，排泥管距两侧边墙 0.85m，排泥管间中心间距 1.7m，排泥管上装快开闸门。

4. 钟罩管敞开式滤池设计

（1）设计参数。滤速 $v=9/h$，平均冲洗强度 $q=13L/(s\cdot m^2)$，冲洗历时 $t=5min$。

（2）滤池面积。

滤池总面积　$$F=\frac{1.05Q}{v_{平}}=\frac{175}{9}=19.44(m^2)$$

滤池分为 4 格，则每格面积为

$$f=\frac{F}{4}=\frac{19.44}{4}=4.86(m^2)$$

滤池的边长　$$a=4.86^{0.5}=2.20(m)$$

（3）滤池高度。滤池底部集水渠道高度 $H_1=0.3m$；尼龙网多孔配水滤板厚 $H_2=0.10m$；砾石承托层厚度 $H_3=0.2m$；滤料层厚度采用 $H_{4+}=0.70m$；滤层上面最大水深 $H_3=3.30m$；超高 $H_3=0.40m$；所以滤池的高度为

$$H=0.3+0.4+0.1+0.2+0.7+3.1=5.0(m)$$

（4）冲洗水箱。

$$V=0.06qFt=0.06\times13\times2.3\times2.3\times5=20.63(m^3)$$

式中　V——冲洗水箱容积，m^3；

q——冲洗强度，$L/(s\cdot m^2)$；

F——滤池面积，m^2；

t——冲洗时间。

设计取冲洗水箱长 4.2m，宽 4.78m，高 1m。

滤池内水位和出水槽堰板顶高差取 1.4m，则冲洗水箱最高水位距离池底为 4.6－1.4＝3.2(m)。

（5）管道计算。滤池出水到清水池流速取 0.6m/s，经计算选择管径 D_N300，实际流速为 0.634m/s。

5. 消毒设计

消毒采用二氧化氯消毒，加氯点设在清水池进水管上。

（1）加药量的确定。

设计水量　$$Q=4200m^3/d=175m^3/h$$

最大投氯量　$$a=1.0mg/L$$

加氯量　$$q=0.001aQ=0.001\times1.0\times175=0.175(kg/h)$$

（2）设备选型。选用 HCB－200 型二氧化氯发生器 2 套，一用一备，一套设备二氧化

氯产量为200g/h。

(3) 加氯间。加氯间配防毒面具、手套等工具，对操作人员进行防护。加氯间、氯瓶库内增设测定空气中氯气浓度的仪表和报警装置。

6. 清水池

清水池的有效容积，应根据产水曲线、自用水量及消防储备水量等确定，并应满足消毒所需接触时间的要求；若资料缺乏，则可按水厂最高日设计水量的10%～40%计算。本设计中，结合当地供水特色和本处理工艺特点，结合相关部门的要求，清水池的容积取日供水规模的12.5%，则总水量为500t，设清水池1座，有效容积500m^3，净尺寸16.2m×8.2m，池深4m，有效水深3.8m，加入消毒剂后，能保证消毒时间大于30min。清水池进水管管径设计为D_N300，出水管考虑到用水量的时变化，清水池出水管管径设计为D_N400。

池内设导流隔墙和集水坑，池底以5%的坡度向集水坑。清水池顶设通气孔、人孔。清水池顶覆土绿化，以增加水厂绿化面积。

7. 污泥处置

对于国内小型净水厂，一般不设污泥脱水装置，靠自然干化来处理污泥，本设计将絮凝沉淀池排泥及滤池反冲洗排泥通过管道排至厂外一凹地，静沉后清水溢流排入附近水域，对水体不产生影响，沉淀后的泥浆自然干化后，不定期人工清理。

8. 加药加氯间

加药加氯间合建。药库房面积根据用药量，按供应和运输时间设计，存贮30d的用药量。加药间和加氯间中间设置值班室。

加药加氯间平面尺寸为17.34m×6m。

9. 辅助构筑物设计

水厂附属构、建筑物按0.4万m^3/d规模设计，根据建设部组织编制的《城镇给水厂附属建筑和附属设备设计标准》和当地的具体情况，确定水厂附属建筑物面积见附表2。

附表2　水厂辅助构筑物一览表

名称	使用面积/m^2	建筑系数	建筑面积/m^2	外观尺寸/m×m	备　注
综合办公楼	240	0.55～0.65	402	20.3×9.9（共2层）	含生产管理用房、行政办公用房、化验室等
机修间	50	0.8～0.9	60	10.0×6.0	
电修间	30	0.8～0.9	36	10×3.6	
车库	40	0.8～0.9	48	8.0×6.0	
仓库	50	0.8～0.9	60	10.0×6.0	
食堂	50	0.7～0.8	72	6.0×12.0	
传达室	13.6	0.75～0.85	16	4.0×4.0	
宿舍	72	0.8～0.9	90	6.0×15.0	含单身宿舍和值班宿舍

10. 净水厂总体布置

(1) 总平面布置。净水厂厂址位置在张疃路东，恒源水业公司东侧。具体为：南至刘林海下埂，东至荒塘西埂，北至小戴村抗汗沟南，西至恒源水业公司。

沿大门向水厂内布置主干道1条，宽4m，将生活区和生产区分开。生活区位于主干道东侧，包括综合办公楼、食堂、宿舍、车库等。为了尽量减少道路噪声影响，同时和生产区相隔离，在主干道和生活区之间设置绿化带。

生产区布置在主干道西侧，主要构筑物包括：网格反应斜管沉淀池（1座）、钟罩管敞开式滤池设计（4座）、清水池（1座）、送水泵站（1座），以及相应的生产辅助设施，如维修车间、仓库。

(2) 水厂竖向布置。

厂内部地势平整，各构筑物的地面高程27.4m（黄海高程）。

各构筑物的正常水位高程分别如下：

网格反应池：31.7m；

斜管沉淀池：31.27m；

滤池：30.95m；

清水池最高水位：28.05m。

(3) 工艺管线。厂区内工艺管线主要包括生产管线、污水管线、雨水管线、废水管线等。

生产管线包括原水管、加药管、加氯管等，根据工艺要求具体布置。

污水管线主要接纳厂区内产生的各种污水，主要包括综合楼、化验室等构筑物产生的污水。生产过程中产生的污泥经废水管线排出。雨水管线单独设计，实现雨污分流。排水管线沿道路布设，雨水通过铸铁篦子收集进入检查井，再通过雨水管排出厂外。

废水管线主要排除反应沉淀池产生的泥水和滤池的反冲洗水，排至厂区外低洼处，静沉后清水溢流排入附近水域。

(4) 其他公用工程布置。净水厂其他公用工程主要包括通信、燃气、消防等设施的建设和布置。水厂与外界的通信采取自设总机的电话网络的形式。由于净水厂规模较小，燃气设施可暂不考虑。水厂消防严格按照GBJ 16《建筑防火设计规范》进行设计。具体措施为：构筑物、建筑物间距及道路布置必须满足消防要求，在办公楼前设置室外消火栓一个；变配电间及其他需要消防的构、建筑物，配置干粉灭火器等消防器材。

(四) 配水管道设计

本工程配水管网按供水规模4000m^3/d进行计算，采用枝状管网布置。管网布置根据项目区各村庄规划设想，结合农村供水现状，按近、远期统筹考虑，分期实施的原则。重点解决项目区内不安全人口饮用水问题，管道优先铺设至不安全人口所在乡村。

管网水力计算按最高日最高时设计流量进行。

1. 设计流量

由人均综合用水量（人均综合用水量＝供水规模/设计人口）和各村镇的用水人口数量，可以确定每个村镇的用水量，也即节点流量。由于是枝状管网，很容易由节点流量平衡得到管段的设计流量。

2. 设计管径

配水管道的设计管径应由设计流量和经济流速确定，经济流速采用附表 3 中数据。

3. 水头损失计算

附表 3　经济流速表

管径/mm	平均经济流速/(m·s^{-1})
D=100～400	0.6～0.9
D≥400	0.9～1.4

管道水头损失由沿程水头损失和局部水头损失组成，根据 SL 310—2004《村镇供水工程技术规范》，沿程水头损失采用维列公式，局部水头损失按沿程水头损失的 8% 计算。

$$h=h_f+h_j=(1+8\%)h_f=(1+8\%)iL$$
$$=1.08\times0.000915\times Q^{1.774}L/D^{4.774}$$

式中　h——沿程水头损失，m；

h_f——沿程水头损失，m；

h_j——沿程水头损失，m；

Q——管道流量，m^3/s；

D——管道直径，m。

经管网水力计算后，要求各个节点的自由水头满足最小服务水头 10m，管网计算成果如附图 7 所示。

根据管网水力计算结果，本工程采用公称压力为 0.8MPa 的 UPVC 管，敷设的管线见附表 4。

4. 管道附属设施

管网的附属设施有控制阀门、排气阀、泄水阀，减压阀等。

管网中需安装控制阀门，以满足事故检修时的隔断需要，采用管网蝶阀，靠近管网节点布置，安装在连接管的下游。

排气阀安装在管线的隆起部位，用以在投产时、平时或检修后排出管内的空气，在产生水锤时可自动进入空气，以免管内形成负压。

泄水阀安装在管线的最低处，用以排出管道中的沉淀物或放空管道进行检修。

（五）建筑设计

1. 建筑设计

黄鲁自来水厂在建筑设计上力求新颖、简洁、实用，注重空间绿化环境设计，把水厂建成花园式现代化水厂。

水厂平面设计上分区明确，生产区布置紧凑，厂前区留有较大面积绿地，通过绿化以及建筑的设计形成花园式水厂。综合楼为厂区主要建筑物，建筑面积约 400m^2、设有办公、化验、会议几部分。综合楼与生产厂区围合成一完整的厂前空间，使大门入口处有一个好的风景。其他辅助建筑体量均较小、布置上尽量集中，使厂区在建筑布置上不显得分散、零乱。

水厂立面设计上，力求全厂风格上协调、统一，有一个主格调。处理上通过高低虚实对比使建筑富有韵律感。全厂在色彩处理上，大面积采用白色，檐口部分采用灰蓝色做对比色，不采用过多颜色，使全厂给人一种清洁、干净的感觉。

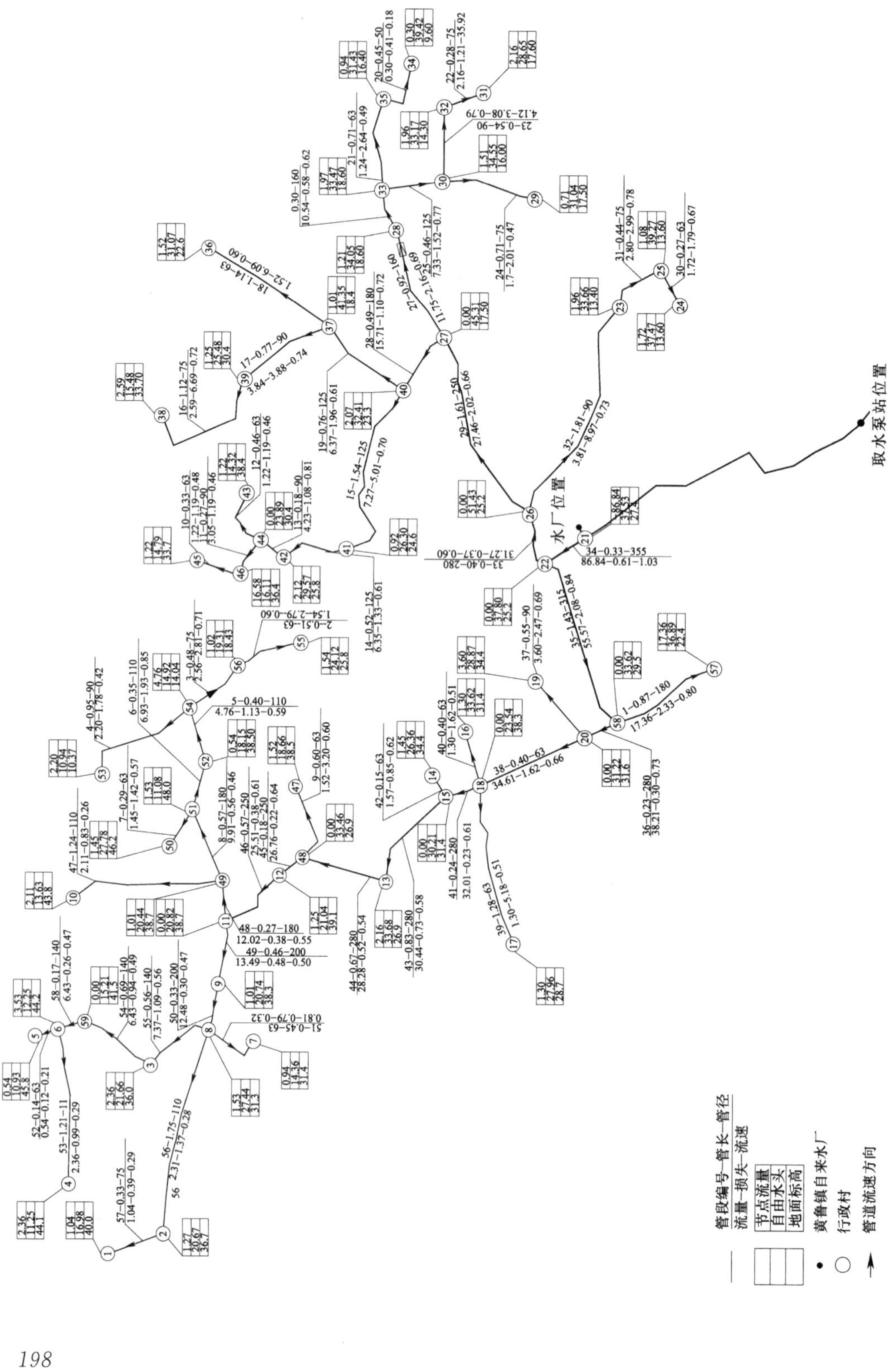

附图7　配水管网计算示意图

附表 4 管线统计表

管径/mm	长度/km	管径/mm	长度/km
350	0.33	110	4.95
315	1.43	90	5.07
250	2.36	75	3.36
200	0.79	63	6.73
180	2.20	50	0.45
160	9.87		

主要装饰标准：外墙面贴墙面砖，外门窗采用铝合金窗，内墙采用乳胶漆。

2. 结构设计

黄鲁自来水厂场地内第②层粉质黏土分布稳定，厚度大，强度高，建议拟建物以第②层粉质黏土为基础持力层，采用天然地基，独立基础。基坑可采用明开挖，开挖允许坡度值为 1∶1.10。

（1）取水工程结构型式。取水泵房下部采用钢筋混凝土矩形结构。取水头部采用混凝土箱体结构，建在宾湖岸边水下，底高程为 1.6m。泵房底板平面尺寸为 7.6m×4.5m，底板高程 9.50m，操作台高程为 13.0m，采用开挖施工。厂房上部结构采用砖混结构，平面尺寸为 7.6m×4.5m，净高为 4.0m，屋面大梁底高程为 17.5m。

（2）净水工程结构型式。网格反应池、斜管沉淀池：钢筋混凝土结构。

滤池：钢筋混凝土结构。

清水池：钢筋混凝土结构，大开挖施工。

送水泵房：下部为钢筋混凝土结构，大开挖施工。上部为砖混结构。

其他附属建筑物均采用砖混结构。

根据 GB 18306—2001《中国地震动参数区划图》，本工程区抗震设防烈度为Ⅵ度，水厂所有建筑物均遵照有关抗震设计规范按Ⅵ度抗震设防。

（六）供配电设计

1. 供电电源

黄鲁自来水厂取水泵房和送水泵房分别距附近 10kV 电源相距不远，取水泵房选用 1 台变压器供电；送水泵房选用 1 台变压器供电。水厂负荷为送水负荷，供电电源可采用一用一备型式，利用附近原有 10kV 线路 T 接作为外部供电电源，能够满足水厂工艺对用电需要。

2. 电气主接线

黄鲁水厂取水泵房和送水泵房全厂用电总负荷经统计分别为 130kVA、150kVA，变压器容量选择取网络损失系数为 1.05，负荷系数为 0.9，同时率为 0.85。取水泵房选用 1 台变压器型号为：S11-160/10 型 160kVA，10±5%/0.4kV 的变压器；送水泵选用 1 台变压器型号为：S11-160/10 型 160kVA，10±5%/0.4kV 的变压器。

10kV 电源进线由专用输电线路终端杆引入专用变电所，变压器低压侧电源采用低压电缆引入配电柜。取水泵房低压配电室内布置有 1 台 GCS-型低压进线柜、1 台 GCS-型低压馈电控制柜、1 台 XL－21 型低压动力配电箱、1 台 XRM－11 照明箱、1 台 LBP－GM 型变频控制柜、1 台动力检修箱。送水泵房变压器室内布置有 1 台 GCS－型低压进线柜、1 台 GCS－型低压馈电控制柜、1 台 XL－21 型低压动力配电箱、1 台 XRM－11 照明箱、1 台 LBP－GM 型变频控制柜、1 台动力检修箱。

水泵电机启动均采用全压直接启动。

电费计量采用高供低计方式。

3. 电气设备选择

为保证所选电气设备运行安全、可靠，根据 SDGJ 14—1986《导体和电器选择设计技术规定》规定：除按正常工作状况下所在回路的最高工作电压和最大工作电流进行选择外，还按最大运行方式下最不利的短路情况，对电气设备的动、热稳定进行校验，保证电气设备在短路情况下，不致受破坏，并安全切断电流，避免短路故障事态的扩大。经选择和校验，10kV 侧：电源进线采用 RW10－10F，20/20 熔断器；0.4kV 侧：采用 GCS 型低压抽出式开关柜，柜内选配 CM1E 自动空气开关，LMK3 型电流互感器。

厂区室外馈电电缆选配 YJV22 型交联聚乙烯护套绝缘电缆直埋；室内电力电缆为 YJV 型交联聚乙烯绝缘电缆沿电缆桥架或电缆沟敷设。

4. 防雷接地

建筑物房顶四周装设避雷带以作直击雷保护用。泵站防雷接地、工作接地、保护接地的接地装置合并一个总的接地设置。其工频接地电阻不大于 4Ω。接地体采用 40mm×4mm 镀锌扁钢，沿泵房四周，距泵房 3m 敷设，埋设深度 1m。10kV 高压电气设备的外壳均接地，采用接地保护。0.4kV 低压配电系统均采用接地型式 TN－C－S 系统，即系统中的中性线与保护线有一部分合用，有一部分分开，所有 0.4kV 电气设备均采用接零保护。

电厂电气设备见附表 5。

附表 5　　水厂电气设备一览表

序号	名称及规格	单　位	数　量	备　注
1	变压器 S11－160/10/0.4kV	台	2	
2	RW10－10F，20/20 熔断器	组	2	
3	Y5WS－12/46 避雷器	组	2	
4	GCS 型低压配电开关柜	台	4	
5	XL－21 型动力配电箱	台	2	
6	XRM－11 照明箱	块	2	
7	动力检修箱	块	2	
8	LBP－GM 型变频控制柜	台	2	
9	LGJ－35 钢芯铝绞线	100m	21	
10	YJV－3×185＋1×95 低压电缆	100m	0.8	
11	YJV－3×35＋1×16 低压电缆	100m	2.6	
12	YJV－3×25＋1×16 低压电缆	100m	1.8	

（七）仪表及通信设计

设计内容包括对取水泵站、净水厂生产过程中的工艺参数、电气参数的测量及设备控制，同时包括取水泵房、净水厂与外界的联络通信。

工艺参数检测项目包括以下内容：

(1) 取水泵房：流量、浊度、温度、pH 值。

(2) 沉淀池：出水浊度。

(3) 滤池：滤池水位、滤后水浊度。

(4) 加药间：加氯量、泄氯、溶液池液位。

(5) 清水池：水位。

(6) 送水泵房：出厂水浊度、余氯、压力、pH 值、温度。

工艺过程检测仪表主要选用国产优质仪表，具体设备选型见主要设备材料表。

为保证黄鲁自来水厂和外界取的可靠联系，准确及时地执行上级下达的调度命令，必须设置一定的通信设施。水厂的通信主要是生产调度通信，综合楼内设一台带传真程控电话机，送水泵房、取水泵房各设一台程控电话机，以实现管理处内部调度及对外通信。

（八）主要设备材料表

主要设备材料见附表 6。

附表 6　　主要设备材料表

序号	名称及规格	单位	数　量
	第二部分：机电设备及金属结构及安装工程		
一	泵站工程		
(一)	取水泵站		
1	水力机械		
	单级离心水泵 IS 125-100-200A	套	2
	YQX-11 型潜水泵	台	1
	真空泵 SZB-4	台	2
	电动蝶阀 D_N250（D941X-10）	只	2
	电动蝶阀 D_N400（D941X-10）	只	3
	手动蝶阀 D_N250（D241X-10）	只	2
	排气闸阀 D_N75	只	1
	排气闸阀 D_N300	只	2
	缓闭止回阀 D_N250（HXB44×1.0）	只	2
	电动单梁悬挂起重机 DX2	台	1
	电动葫芦 0.5t	台	1
	超声波流量计 D_N400	个	1
	轴流风机（包括风管 $Q=8513m^3/h$）	个	1
	钢管 D_N250（2m）	t	0.04
	钢管 D_N300（6.6m）	t	0.15

续表

序号	名 称 及 规 格	单位	数　　量
2	电气设备		
	变压器 S11－315/10/0.4kV	台	1
	RW10－10F 熔断器	组	1
	Y5WS－12/46 避雷器	组	1
	GCS 型低压配电开关柜	台	2
	XL－21 型动力配电箱	台	1
	XRM－11 照明箱	块	1
	动力检修箱	块	1
	LBP－GM 型变频控制柜	台	1
	YJV－3×185＋1×95 低压电缆	100m	0.4
	YJV－3×35＋1×16 低压电缆	100m	1.3
	YJV－3×25＋1×16 低压电缆	100m	0.9
	LGJ－35 钢芯铝绞线	100m	11
（二）	送水泵站		
1	水力机械		
	单级离心水泵 IS 125－100－200A	套	3
	YQX－11 型潜水泵	台	1
	真空泵 SZB－4	台	2
	电动蝶阀 D_N250（D941X－10）	只	3
	电动蝶阀 D_N400（D941X－10）	只	1
	手动蝶阀 D_N250（D241X－10）	只	6
	缓闭止回阀 D_N250（HXB44×1.0）	只	3
	电动单梁悬挂起重机 DX2	台	1
	电动葫芦 0.5t	台	1
	压力表 0～10kg/cm^2	个	3
	超声波流量计 D_N400	个	1
	钢管 D_N25（9m）	t	0.01
	钢管 D_N250（3m）	t	0.06
	钢管 D_N300（13m）	t	0.29
	钢管 D_N400（14m）	t	0.41
2	电气设备		
	变压器 S11－315/10/0.4kV	台	1
	RW10－10F 熔断器	组	1
	Y5WS－12/46 避雷器	组	1
	GCS 型低压配电开关柜	台	2

续表

序号	名称及规格	单位	数量
	XL-21 型动力配电箱	台	1
	XRM-11 照明箱	块	1
	动力检修箱	块	1
	LBP-GM 型变频控制柜	台	1
	YJV-3×185+1×95 低压电缆	100m	0.4
	YJV-3×35+1×16 低压电缆	100m	1.3
	YJV-3×25+1×16 低压电缆	100m	0.9
	LGJ-35 钢芯铝绞线	100m	10
二	净水厂工程		
	絮凝沉淀池		
	排泥阀 D_N150	只	5
	排泥阀 D_N200	只	3
	滤池		
	闸阀 D_N100	只	4
	清水池		
	手动闸阀 ϕ300	只	2
	液位显示、报警装置	套	2
	加药、加氯间		
	计量泵	台	2
	加药设备	台	2
	二氧化氯发生器 HCB-200	台	2
	手动塑料阀 D_N20	只	4
	轴流风机（包括风 $Q=1400m^3/h$）	个	1
	电动葫芦	台	1
	工艺管线		
	生产管线 D_N250	m	4.80
	生产管线 D_N300	m	14.40
	生产管线 D_N400	m	8.40
	加药管线 D_N25ABS	m	30.00
	加氯管线 D_N25UPVC	m	48.00
	排水管线 D_N100UPVC	m	12.00
	给水管线 D_N50UPVC	m	62.40
	给水管线 D_N110UPVC	m	52.80
	废水管线 D_N315UPVC	m	6.00
	污水管线 D_N110UPVC	m	38.40

续表

序号	名 称 及 规 格	单位	数　　量
	污水管线 D_N160UPVC	m	69.60
	污水管线 D_N225UPVC	m	6.00
	雨水排水管 D_N300 钢筋混凝土	m	156.00
	雨水排水管 D_N400 钢筋混凝土	m	18.00
	接二级泵站管 D_N400	m	6.00
三	输水工程		
	ϕ315U－PVC 管道安装	m	3000
	虹吸管 D_N250	m	240.00
	闸阀 D_N315	个	5
	进排气阀 D_N400	个	2
	管道附件（弯头、三通等）	项	1
四	配水管网工程		
	ϕ355U－PVC 管道安装	m	333
	ϕ315U－PVC 管道安装	m	1430
	ϕ280U－PVC 管道安装	m	3260
	ϕ250U－PVC 管道安装	m	2360
	ϕ200U－PVC 管道安装	m	790
	ϕ180U－PVC 管道安装	m	2200
	ϕ160U－PVC 管道安装	m	1220
	ϕ140U－PVC 管道安装	m	1250
	ϕ125U－PVC 管道安装	m	2820
	ϕ120U－PVC 管道安装	m	460
	ϕ110U－PVC 管道安装	m	4820
	ϕ90U－PVC 管道安装	m	5070
	ϕ75U－PVC 管道安装	m	3360
	ϕ63U－PVC 管道安装	m	6890
	ϕ50U－PVC 管道安装	m	450
	ϕ40U－PVC 管道安装	m	
	检修阀门（不包括水表的）	个	60
	排气阀	个	13
	泄水阀	个	19
	减压阀	个	1
	水表（包括旁通、止回阀）	个	18
	管道附件（弯头、三通等）	项	1

十一、施工组织设计

净水厂厂址位置在张疃路东，恒源水业公司东侧。具体为：南至刘林海下埂，东至荒塘西埂，北至小戴村抗汗沟南，西至恒源水业公司。对外交通比较方便，场内需修临时道路。

取水工程为固定式取水构筑物，取水头部位于黄鲁镇张疃行政村，泵房坐落于宾湖大道与张疃路交叉处，紧邻宾湖大道。工程对外交通比较方便，部分地段需修建施工临时道路。

管网工程线路长，沿线建筑物工程量不大。施工布置沿线设 4 个施工点，包官塘堰，宋家冲，上洪村，唐家疃供水点各设一个施工点。每个施工点分别设置生产和生活设施。施工共需临时生产房屋 1440m^2，施工用电就近接线；施工用水主要是从各个施工点附近村庄拉水，备水车六辆。

管网工程共开挖 4.37 万 m^3 土（自然方），回填土方 4.27 万 m^3（自然方），弃土外运 777m^3（自然方）。

管网工程临时占地 52.35 亩。

十二、劳动及环境保护

黄鲁自来水厂工程对环境的影响主要在施工期和运营期。施工期大多是暂时性的，通过一定的环境保护措施可减免对环境的影响，施工期结束后，工程区附近环境可恢复到原有水平。劳动和环境保护设计包括生活以及生产废水处理、工人劳动健康保护、声环境、大气环境保护以及防火等。

十三、工程管理

根据本工程等级及标准结合本地区、工程的实际情况，岗位定员人数拟定为 16 人，其中单位负责类 1 人、行政管理类 1 人、技术管理类 3 人、财务与资产管理类 2 人、运行计量检测类 6 人、安装维修类 2 人，其他辅助类岗位 1 人。

十四、工程概算

宾湖市居巢区黄鲁镇 2009 年度农村饮水安全工程内容包括：取水工程、泵站工程、净水厂工程、配水管网工程。

工程总投资 558.67 万元，其中：建筑工程 180.35 万元、设备及安装工程 320.88 万元、临时工程 10.02 万元、独立费用 28.45 万元、基本预备费 16.19 万元，水保、环保费 2.78 万元。

十五、经济评价

黄鲁自来水厂工程各项经济指标均满足工程经济合理性的要求，经济净现值 639.37 万元，远大于 0；经济内部收益率 33.98%，大于社会折现率 12%；经济效益费用比 1.94，大于 1；本项目还本年限为 5.03 年，本工程在经济上是合理的。

该项目经济效益显著，工程技术可行，经济合理。本次农村饮水安全工程建设，对农村的社会稳定、生活的改善、经济的发展具有重要意义。

参　考　文　献

［1］ T/CHES 18—2018《农村饮水安全评价准则》［S］

［2］ GB 5749—2022《生活饮用水卫生标准》［S］

［3］ GB/T 43824—2024《村镇供水工程技术规范》［S］

［4］ 水利部．2023中国水利发展报告［M］．北京：中国水利水电出版社，2023.

［5］ 周双，李连香，张汉松，柴晨旭．农村应急供水体系建设思考［J］．中国水利，2023（22）.

［6］ 李连香．“十四五”时期农村供水市场发展需求分析［J］．中国水利，2022（3）.

［7］ 刘昆鹏．农村供水“十四五”发展对策建议［J］．水利发展研究，2020（5）.

［8］ 徐佳，曲钧浦，闻童，张薇薇．构建农村供水合理水价机制初探［J］．中国水利，2019（14）.

［9］ 李丽，张震宇，杨金田．农村饮用水源水质现状分析及保护政策建议［J］．科学技术与工程，2007（9）.

［10］ 严煦世，范瑾初．给水工程［M］．北京，中国建筑工业出版社，1999.

［11］ 倪文进、马超德．中国农村饮水安全工程管理实践与探索［M］．北京：中国水利水电出版社，2010.

［12］ 周志红．农村饮水安全工程建设与运行维护管理培训教材［M］．中国水利水电出版社，2010年.

［13］ 周晓文，等．农村饮用水安全及水厂运行管理［M］．南京：河海大学出版社，2011.

［14］ 孙士权．村镇供水工程［M］．郑州：黄河水利出版社，2008.

［15］ 倪福全，邓玉，张莹．农村饮水安全工程—设计、施工与管理［M］．北京：中国水利水电出版社，2018.

［16］ 魏清顺．农村供水工程［M］．北京：中国水利水电出版社，2011.